颠覆性技术·区块链译丛
丛书主编 **惠怀海** 丛书副主编 张 斌 曾志强 马琳茹 张小苗

区块链在信息安全保护中的应用

Blockchain for Information
Security and Privacy

[印度] 乌代·普拉塔普·拉奥（Udai Pratap Rao）
[印度] 皮尤什·库马尔·舒克拉（Piyush Kumar Shukla）
[印度] 香登·特里维迪（Chandan Trivedi）　　　　主编
[印度] 斯韦塔·古普塔（Sweta Gupta）
[南非] 泽拉朗·辛塔耶胡·西贝石
（Zelalem Sintayehu Shibeshi）

曾志强　宋　衍　甘　翼　等译
王良刚　王亚涛　审校

国防工业出版社

·北京·

著作权合同登记　　图字:01-2023-0635号

图书在版编目(CIP)数据

区块链在信息安全保护中的应用/(印)乌代·普拉塔普·拉奥等主编;曾志强等译. —北京:国防工业出版社,2024.5

(颠覆性技术·区块链译丛/惠怀海主编)

书名原文:Blockchain for Information Security and Privacy

ISBN 978-7-118-13331-8

Ⅰ.①区… Ⅱ.①乌… ②曾… Ⅲ.①区块链技术—应用—信息系统—安全技术 Ⅳ.①TP3

中国国家版本馆 CIP 数据核字(2024)第 089560 号

Blockchain for Information Security and Privacy 1st Edition by Udai Pratap Rao; Piyush kumar Shukla; Chandan Trivedi; Sweta Gupta; Zelalem Sintayehu Shibeshi/ISBN:9781032146287

Copyright© 2022 by CRC Press.

Authorized translation from English language edition published by CRC Press, part of Taylor & Francis Group LLC; All rights reserved.

本书原版由 Taylor & Francis 出版集团旗下 CRC 出版公司出版,并经其授权翻译出版。版权所有,侵权必究。

National Defense Industry Press is authorized to publish and distribute exclusively the Chinese (Simplified Characters) language edition. This edition is authorized for sale throughout Mainland of China. No part of the publication may be reproduced or distributed by any means, or stored in a database or retrieval system, without the prior written permission of the publisher.

本书中文简体翻译版授权由国防工业出版社独家出版,并限在中国大陆地区销售。未经出版者书面许可,不得以任何方式复制或发行本书的任何部分。

Copies of this book sold without a Taylor & Francis sticker on the cover are unauthorized and illegal.

本书封面贴有 Taylor & Francis 公司防伪标签,无标签者不得销售。

※

国防工业出版社出版发行

(北京市海淀区紫竹院南路23号　邮政编码100048)
雅迪云印(天津)科技有限公司印刷
新华书店经销

＊

开本710×1000　1/16　印张26¼　字数445千字
2024年5月第1版第1次印刷　印数1—2000册　定价148.00元

(本书如有印装错误,我社负责调换)

国防书店:(010)88540777　　书店传真:(010)88540776
发行业务:(010)88540717　　发行传真:(010)88540762

丛书编译委员会

主　编　惠怀海
副主编　张　斌　曾志强　马琳茹　张小苗
编　委　（按姓氏笔画排序）

　　　　　王　晋　王　颖　王明旭　甘　翼
　　　　　丛迅超　庄跃迁　刘　敏　李艳梅
　　　　　杨靖琦　何嘉洪　沈宇婷　宋　衍
　　　　　宋　彪　宋城宇　张　龙　张玉明
　　　　　周　鑫　庞　垠　赵亚博　夏　琦
　　　　　高建彬　曹双僖　彭　龙　童　刚
　　　　　魏中锐

本书翻译组

曾志强　宋　衍　甘　翼　张小苗
李艳梅　张　斌　惠怀海　马琳茹
王　颖　王　晋　庄跃迟　何嘉洪
曹正君　李　铮　张玉明　张冬亮
王　迪　张　宇　陈立哲　杨历阁

《颠覆性技术·区块链译丛》
前 言

以不息为体,以日新为道,日新者日进也。随着新一轮科技革命和产业变革的兴起和演化,以人工智能、云计算、区块链、大数据等为代表的数字技术迅猛发展,对产业实现全方位、全链条、全周期的渗透和赋能,凝聚新质生产力,催生新业态、新模式,推动人类生产、生活和生态发生深刻变化。加强数字技术创新与应用是形成新质生产力的关键,作为颠覆性技术的代表之一,区块链综合运用共识机制、智能合约、对等网络、密码学原理等,构建了一种新型分布式计算和存储范式,有效促进多方协同与相互信任,成为全球备受瞩目的创新领域。

将国外优秀区块链科技著作介绍给国内读者,是我们深入研究区块链理论原理和应用场景,并推进其传播普及的一份初心。译丛各分册中既有对区块链技术底层机理与实现的分析,也有对区块链技术在数据安全与隐私保护领域应用的梳理,更有对融合使用区块链、人工智能、物联网等技术的多个应用案例的介绍,涵盖了区块链的基本原理、技术实现、应用场景、发展趋势等多个方面。期望译丛能够成为兼具理论学术价值和实践指导意义的知识性读物,让广大读者了解区块链技术的能力和潜力,为区块链从业者和爱好者提供帮助。

秉持严谨、准确、流畅原则,在翻译这套丛书的过程中,我们努力确保技术术语的准确性,努力在忠于原文的基础上使之更符合国内读者的阅读习惯,以便更好地传达原著作者的思想、观点和技术细节。鉴于丛书翻译团队语言表达和技术理解能力水平有限,不足之处,欢迎广大读者反馈与建议。

终日乾乾,与时偕行。抓住数字技术加速发展机遇,勇立数字化发展潮头，引领区块链核心技术自主创新，是我们这代人的使命。希望读者通过阅读译丛，不断探索、不断前进，感受到区块链技术的魅力和价值，共同推动这一领域的发展和创新。让我们携手共进，以区块链技术为纽带，"链接"世界，共创未来。

丛书编译委员会
2024 年 3 月于北京

译者序

区块链构建了一种去中心化信任的基础构架与分布式计算范式,其所具有的容错健壮、去中心化、灵活性强、不可篡改等特点,使其能够在多个领域发挥特长。比如在数据流转领域,通过密码技术、共识机制和智能合约技术,实现数据生产资料的定价和确权,为实现基于权属和价值的数据交换奠定基础,使得数据生产者能够放心地生产、共享数据,消费者能够顺畅、正确地消费数据,从而推动形成安全、有序、繁荣的数据经济生态。

区块链是一种按照时间顺序将数据区块以链条的方式组合而成的数据结构,并以密码学方式保证不可篡改和不可伪造的分布式账本。区块链整合了以下几种关键技术:对等网络技术、分布式账本技术、非对称密码技术和智能合约技术等。采用对等网络结构的信息系统具有去中心、可靠容错、负载均衡等优点。分布式账本技术本质上是一种分布式数据库,只是去掉了改和删这两种数据基本操作,保留了增和查,并采用冗余式存储。分布式能够获取更高的并发访问能力;没有改和删操作,以及冗余式存储则保证了数据的完整性和不可篡改性。非对称密码技术包括数据加密、数字签名、数据哈希等,保证了匿名性、不可否认性和真实性。智能合约同样具有分布式、存证、可信执行等特性,因此一旦该智能合约被加入到区块链中,就可以不受任何一方影响,客观、准确地执行,智能合约封闭了区块链网络中各节点的复杂行为,赋予了区块链底层数据的可编程性。

本书以区块链的应用开篇,通过其对教育和社会的影响展开介绍和讨论,通过在物联网和大数据领域的应用和分析提出问题和需求,具有很强的实用性。在简单介绍区块链原理、特点和前景之后,逐步在医疗、投票、车联网、联合云环境、网络安全数据管理等方面提出了基于区块链的安全解决方案,对区块链在多领域的应用具有较强的借鉴意义。

作为《颠覆性技术·区块链译丛》之一,本书结合典型应用,重点阐述了区块链技术的网信安全和隐私问题,对于相关科研、应用人员拓展视野,取长补短,具有十分重要的意义。

译　者
2024 年 3 月

前　言

本书为读者提供了关于区块链在分布式环境下安全、信任和隐私方面的最新知识,这是非常及时和必要的。因为分布式和点对点应用几乎每天都在增加,攻击者试图采用新机制来威胁这些环境中用户的安全和隐私。本书还提供了有关面向区块链的软件、应用程序和工具的技术信息,以便向计算和软件工程领域的研究人员和开发人员提供针对当前网络空间中的安全、信任和隐私问题的解决方案和自动化系统。

区块链是一种以加密技术为基础的去中心化技术。在物联网(Internet of Thing,IoT)安全方面,区块链前景广阔,将影响许多领域,包括制造业、金融、医疗健康、供应链、身份管理、电子政务、国防、教育、银行和贸易等。本书概述了区块链技术在物联网中的应用领域,如车联网、电网、云计算、边缘计算等。本书还对区块链安全和隐私保护技术的几种现有方法进行了分类和比较,涉及特定的安全目标、效率、限制、计算复杂性和通信开销。

信任是一个关键因素,因为物联网的实体需要依赖由各种组织控制的资源和资产,如边缘计算、雾计算和云计算。尽管现实中有无数框架在试图协助这种资源和资产的整合,但这些框架在平台独立性、安全性、资源管理和多应用执行方面还存在局限,本书为找出这些问题的解决方案提供了思路。去中心化的数字分布式账本技术也使人能够创建易于通过移动应用访问的加密数字身份,而且可以按必要的方式和时间验证身份。本书将讨论如何在各种身份管理应用程序和选举投票的身份验证中使用区块链技术。

在基于区块链的金融应用中,安全和隐私方面的挑战可以在更短的时间内得到解决。在安全方面,区块链具有分布式共识能力,会减少中间人盗窃数据的可能。本书展示了在每个产品堆栈层上实现细粒度数据安全的主要工具,同时允许在商业系统中共享特定信息。智能电表、智能家居、智慧城市和智能服务应用不断普及,引起了改善基础数据技术架构以确保用户数据透明度、安全性和隐私性的特殊需求。在应对这些需求上,区块链是一种颇有前景的技术。本书还将聚焦各种智能应用的安全和隐私问题,同时通过与这些应用相关的案例研究来面对现有的问题和挑战。

新兴的区块链技术通过提供具有重复性、永久存储和加密功能的应用程序,展示了提升现有系统和物联网效能的潜力。在本书中,我们将从工业角度探讨区块链和物联网的结合,介绍包括基本方法、原则、应用和重要挑战在内的区块链增强的物联网架构。除此之外,本书还探讨了各种基于区块链的系统,如车联网(Internet of Vehicle,IoV)、电子医疗记录(Electronic Healthcare Record,EHR)、版权管理和域名代理服务,以及区块链是如何确保信息的安全和高可用性的。

主编简介

乌代·普拉塔普·拉奥(Udai Pratap Rao),萨达尔·瓦拉布哈伊国立理工学院(苏拉特)计算机工程系助理教授。2014年,他获得了萨达尔·瓦拉布哈伊国立理工学院(苏拉特)计算机工程专业的博士学位,其研究方向包括信息安全与隐私、基于位置的隐私、物联网与信息物理系统的安全、大数据分析、分布式计算和促进跨学科教育的方法。

皮尤什·库马尔·舒克拉(Piyush Kumar Shukla),印度博帕尔拉吉夫·甘地·普罗多吉吉·维什瓦维迪亚拉亚理工大学(中央邦科技大学)计算机科学和工程系副教授。他具有15年的教学研究经验,曾完成信息安全教育与认知项目第二阶段的博士后研究。

香登·特里维迪(Chandan Trivedi),尼尔玛大学计算机科学和工程系的助理教授。他拥有6年多的教学经验,具有拉贾斯坦技术大学(科塔)计算机科学工程专业的技术学士学位,以及萨达尔·瓦拉布哈伊国立理工学院(苏拉特)计算机工程专业的技术硕士学位。

斯韦塔·古普塔(Sweta Gupta),杰格兰湖城大学工程技术学院计算机科学和工程系的助理教授。她拥有10多年的学术经验和行业经验。

泽拉朗·辛塔耶胡·西贝石(Zelalem Sintayehu Shibeshi),南非罗德斯大学高级讲师。他拥有罗德斯大学的博士学位(2016),以及埃塞俄比亚的斯亚贝巴大学的物理学学士学位(1989)、计算机科学副学士学位(1999)以及信息科学硕士学位(2001)。

供稿者简介

L. 贾维德·阿里（L. Javid Ali）
圣约瑟夫理工大学信息技术系
印度

巴瓦纳·巴帕依（Bhavna Bajpai）
钱德拉塞卡拉·拉曼大学信息技术系
印度

安库尔·邦（Ankur Bang）
萨达尔·瓦拉布哈伊国立理工学院
印度

斯米塔·班颂德（Smita Bansod）
沙阿与安卡库奇工程学院信息技术系
印度

普罗纳亚·巴塔查里亚（Pronaya Bhattacharya）
尼尔玛大学理工学院计算机科学和工程系
印度

马杜里·巴夫萨尔（Madhuri Bhavsar）
尼尔玛大学理工学院计算机科学和工程系
印度

乌梅什·博德克赫（Umesh Bodkhe）
尼尔玛大学理工学院计算机科学和工程系
印度

普丽缇·钱德拉卡尔（Preeti Chandrakar）
国立理工学院计算机科学和工程系
印度

S. 钱德拉普拉巴（S. Chandraprabha）
KPR 工程技术学院电气与计算机工程系
印度

苏布拉塔·乔杜里（Subrata Chowdhury）
斯里文卡特斯瓦拉工程技术学院
印度

纳伦德拉·库马尔·德万甘（Narendra Kumar Dewangan）
国立理工学院计算机科学和工程系
印度

拉姆·基尚·德万甘（Ram Kishan Dewangan）
塔帕尔工程与技术学院计算机科学和工程系
印度

阿尤什·德维韦迪（Ayushi Dwivedi）
阿米提大学科学与技术学院、阿米提法医学学院
印度

巴韦什·N. 戈希尔（Bhavesh N. Gohil）
萨达尔·瓦拉布哈伊国立理工学院计算机科学和工程系
印度

S. 戈马蒂（S. Gomathi）
英国国际资格认证有限公司
阿联酋

尼尔马尔·库马尔·古普塔（Nirmal Kumar Gupta）
马尼帕尔大学（斋浦尔）
印度

拉杰夫·库马尔·古普塔（Rajeev Kumar Gupta）
潘迪特·迪恩达亚尔能源大学
印度

舒巴姆·古普塔（Shubham Gupta）
萨达尔·瓦拉布哈伊国立理工学院计算机科学和工程系
印度

斯韦塔·古普塔（Sweta Gupta）
杰格兰湖城大学
印度

安查·汉达（Aanchal Handa）
汇丰科技
印度

阿迪蒂亚·希拉帕拉（Aditya Hirapara）
萨达尔·瓦拉布哈伊国立理工学院计算机科学和工程系
印度

阿坎沙·贾因（Aakanksha Jain）
普尔尼玛大学计算机科学工程系
印度

阿希士·贾恩（Ashish Jain）
马尼帕尔大学（斋浦尔）
印度

阿维纳什·贾斯瓦尔（Avinash Jaiswal）
萨达尔·瓦拉布哈伊国立理工学院计算机科学和工程系
印度

达瓦尔·贾（Dhaval Jha）
尼尔玛大学理工学院计算机科学和工程系
印度

阿达瓦·卡尔塞卡（Atharva Kalsekar）
萨达尔·瓦拉布哈伊国立理工学院计算机科学和工程系
印度

S. 乌沙·基鲁蒂卡（S. Usha Kiruthika）
韦洛尔理工大学计算机科学和工程学院
印度

罗金·科希(Rogin Koshy)
萨达尔·瓦拉布哈伊国立理工学院计算机科学和工程系
印度

里沙布·库马尔(Rishabh Kumar)
萨达尔·瓦拉布哈伊国立理工学院计算机科学和工程系
印度

S. A. 希瓦·库马尔(S. A. Siva Kumar)
阿育王女子工程学院电气与计算机工程系
印度

S. 戈库尔·库马尔(S. Gokul Kumar)
罗斯科技(航空与国防)公司技术供应链系
印度

S. 萨蒂什·库马尔(S. Satheesh Kumar)
KPR 工程技术学院电气与计算机工程系
印度

萨维什·库马尔(Sarvesh Kumar)
巴布·巴纳拉西达斯大学
印度

乌伊瓦尔·库马尔(Ujjwal Kumar)
萨达尔·瓦拉布哈伊国立理工学院计算机科学和工程系
印度

萨米尔·曼德洛伊(Sameer Mandloi)
萨达尔·瓦拉布哈伊国立理工学院计算机科学和工程系
印度

尼莎·曼苏里(Nisha Mansoori)
EZDI 医疗健康解决方案公司
印度

阿彼锡·梅塔(Abhishek Mehta)
帕鲁尔大学帕鲁尔计算机应用学院
印度

阿马尔纳特·米什拉(Amarnath Mishra)
阿米提大学科学与技术学院、阿米提法医学学院
印度

迪普·米斯特里(Deep Mistry)
萨达尔·瓦拉布哈伊国立理工学院计算机科学和工程系
印度

阿姆鲁塔·穆雷(Amruta Mulay)
萨达尔·瓦拉布哈伊国立理工学院计算机科学工程系
印度

拉吉·奈尔(Rajit Nair)
INurture 教育解决方案私人有限公司
印度

乌特卡什·尼加姆(Utkarsh Nigam)
L. D. 工程学院土木工程系
印度

尼哈尔·帕萨尼亚(Nihal Parsania)
帕鲁尔大学帕鲁尔计算机应用学院
印度

桑吉塔·帕特尔(Sankita Patel)
萨达尔·瓦拉布哈伊国立理工学院计算机科学和工程系
印度

维维克·库马尔·普拉萨德(Vivek Kumar Prasad)
尼尔玛大学理工学院计算机科学和工程系
印度

拉塔·L. 拉哈(Lata L. Ragha)
弗雷·C. 罗德里格斯理工学院计算机工程系
印度

S. 卡纳加·苏巴·拉哈(S. Kanaga Suba Raja)
伊斯瓦里工程学院信息技术系
印度

C. J. 拉曼(C. J. Raman)
圣约瑟夫工程学院信息技术系
印度

尼基尔·兰詹(Nikhil Ranjan)
昌迪加尔大学计算机科学工程系
印度

乌代·普拉塔普·拉奥(Udai Pratap Rao)
萨达尔·瓦拉布哈伊国立理工学院计算机科学和工程系
印度

帕雷什·拉瓦特(Paresh Rawat)
S. N. 理工学院
印度

凯文·沙阿(Kevin Shah)
萨达尔·瓦拉布哈伊国立理工学院
印度

B. 马鲁提·尚卡尔(B. Maruthi Shankar)
斯里克里希纳工程技术学院电气与计算机工程系
印度

里沙布·夏尔马(Hrishabh Sharma)
萨达尔·瓦拉布哈伊国立理工学院计算机工程系
印度

皮尤什·库马尔·舒克拉(Piyush Kumar Shukla)
拉吉夫·甘地·普罗多吉吉·维什瓦维迪亚拉亚理工大学计算机科学和工程系
印度

德布拉塔·辛格(Debabrata Singh)
SOA 大学技术教育和研究学院计算机应用系
印度

库什·索兰基(Khushi Solanki)
帕鲁尔大学帕鲁尔计算机应用学院
印度

穆克什·索尼(Mukesh Soni)
杰格兰湖城大学计算机科学和工程系
印度

普里亚·斯瓦米纳拉扬(Priya Swaminarayan)
帕鲁尔大学帕鲁尔计算机应用学院
印度

希万吉·坦瓦(Shivangi Tanwar)
约翰·迪尔技术中心
印度

香登·特里维迪(Chandan Trivedi)
尼尔玛大学理工学院计算机科学和工程系
印度

阿什温·维尔马(Ashwin Verma)
尼尔玛大学理工学院计算机科学和工程系
印度

米哈克·瓦德瓦尼(Mehak Wadhwani)
莫纳什大学
澳大利亚

阿尼尔·库马尔·亚达夫(Anil Kumar Yadav)
IES理工学院
印度

穆罕默德·祖海尔(Mohd Zuhair)
尼尔玛大学理工学院计算机科学和工程系
印度

目 录

第1章 区块链对教育和社会的影响 / 1

1.1 简介 / 2
1.2 本节涵盖的主题 / 3
1.3 教育领域的区块链 / 5
  1.3.1 应用类别 / 6
  1.3.2 益处 / 7
  1.3.3 在教育领域采用区块链技术面临的挑战 / 8
1.4 讨论 / 9
  1.4.1 采用区块链技术为教育开发的应用 / 9
  1.4.2 区块链技术带给教育的益处 / 11
1.5 未来研究领域 / 14
1.6 结论 / 15
参考文献 / 15

第2章 区块链技术在物联网和大数据领域的应用和分析 / 19

2.1 区块链技术 / 20
  2.1.1 集中式、去中心化和分布式 / 20
  2.1.2 区块链类型 / 21
2.2 区块链和物联网系统 / 22
2.3 区块链物联网平台 / 23
2.4 IOTA 的需求 / 23
2.5 区块链集成到物联网的挑战 / 24
  2.5.1 可扩展性 / 24

2.5.2　安全性　　/ 24
　　2.5.3　互操作性　　/ 24
　　2.5.4　合法、合规及监管　　/ 25
2.6　物联网中的区块链：实际应用与解决方案　　/ 25
　　2.6.1　供应链物流　　/ 25
　　2.6.2　汽车行业　　/ 25
　　2.6.3　智能家居行业　　/ 25
　　2.6.4　医药行业　　/ 26
　　2.6.5　Mediledger 平台　　/ 26
2.7　基于区块链的物联网系统安全混合方案实例　　/ 26
　　2.7.1　物联网设备的安全管理　　/ 26
　　2.7.2　物联网设备固件的安全更新　　/ 27
　　2.7.3　信任物联网设备中可信计算库的评估结果　　/ 27
　　2.7.4　物联网设备身份验证　　/ 28
　　2.7.5　访问控制信息的安全数据存储系统　　/ 28
　　2.7.6　基于区块链的智能家居物联网设备安全架构　　/ 29
　　2.7.7　医疗物联网设备的可靠性提高　　/ 30
2.8　挑战与未来研究　　/ 31
2.9　大数据中的区块链　　/ 32
　　2.9.1　提供职场机遇的数字分布式账本　　/ 35
　　2.9.2　区块链和大数据在信息调查方面的进步　　/ 35
　　2.9.3　区块链和大数据：保护隐患　　/ 36
　　2.9.4　区块链和大数据：以基于社区的数据预测比特币价格　　/ 37
　　2.9.5　大数据领域的区块链用例　　/ 37
2.10　结论　　/ 38
参考文献　　/ 38

第 3 章　区块链：趋势、角色和发展前景　　/ 43

3.1　加密货币简介　　/ 44

3.1.1 加密货币的优点 / 45
3.1.2 加密货币的缺点 / 45
3.1.3 加密货币面对的批评 / 45
3.1.4 加密货币的类型 / 46
3.2 区块链技术和结构简介 / 47
3.2.1 区块链去中心化 / 49
3.2.2 区块链透明性 / 50
3.2.3 区块链类型 / 50
3.2.4 对区块链技术的需求 / 51
3.2.5 区块链技术的工作原理 / 51
3.2.6 优点和缺点 / 52
3.2.7 保护区块链的方式 / 52
3.2.8 区块链中的工作量证明和分布式账本 / 52
3.2.9 智能合约(区块链 2.0) / 52
3.3 区块链的方法 / 53
3.4 区块链应用 3.0 / 54
3.4.1 电子政务中的区块链 / 54
3.4.2 用于卫生保健的区块链 3.0 技术 / 54
3.5 区块链平台比较表 / 55
3.6 区块链技术的未来趋势 / 56
3.6.1 区块链测试 / 57
3.6.2 去中心化趋势 / 57
3.6.3 大数据分析 / 58
3.6.4 人工智能 / 58
3.7 机器学习集成到基于区块链的应用中 / 58
3.8 当前区块链研究中涉及的研究主题 / 60
3.9 区块链当前研究点 / 61
3.10 区块链未来研究指南 / 62
3.11 结论 / 63
参考文献 / 64

第 4 章　区块链技术的网络安全和隐私问题　/ 67

4.1　简介　/ 68
    4.1.1　基本的加密货币形式　/ 68
    4.1.2　货币的意义　/ 68
    4.1.3　数字货币简史　/ 69
    4.1.4　区块链的组成部分　/ 69
    4.1.5　区块链的去中心化　/ 75
    4.1.6　为何权力下放很重要　/ 75
    4.1.7　去中心化的优点　/ 75

4.2　区块链的工作原理　/ 76
    4.2.1　区块链的工作　/ 78
    4.2.2　操作确认　/ 79
    4.2.3　区块链的结构　/ 79
    4.2.4　结构化区块链的优点　/ 80
    4.2.5　区块链类型　/ 81
    4.2.6　安全和隐私问题：未来趋势　/ 81

4.3　管理投资风险　/ 82

4.4　案例研究　/ 83

4.5　银行间交换　/ 84
    4.5.1　智能合约　/ 84
    4.5.2　存储网络的可识别性　/ 85

4.6　保护维护策略　/ 85
    4.6.1　区块链上的隐私　/ 85
    4.6.2　区块链类型　/ 86

4.7　结论　/ 87

参考文献　/ 88

第 5 章　结合使用区块链与离散小波变换边缘系数的鲁棒数字医学图像水印和加密算法　/ 91

5.1　简介　/ 92

5.2 医学图像水印 / 95

5.3 前期相关研究 / 95

5.4 用于水印的基本转换 / 97

5.5 基于区块链的水印验证 / 98

5.6 基于离散小波变换 – 奇异值分解的
区块链加密水印方法 / 100

5.7 结果 / 101

5.8 结论 / 105

参考文献 / 106

第6章 在电子投票流程中提高选民身份的隐私性和安全性 / 109

6.1 简介 / 110

 6.1.1 动机和目标 / 111

 6.1.2 章节编排 / 111

6.2 文献综述 / 111

6.3 区块链中的拟用电子投票系统 / 113

 6.3.1 选民身份生成 / 114

 6.3.2 投票前流程 / 115

 6.3.3 投票流程 / 117

 6.3.4 投票后流程 / 118

6.4 系统实现与实验分析 / 118

 6.4.1 密钥生成 / 118

 6.4.2 候选人登记 / 119

 6.4.3 投票流程 / 119

 6.4.4 计票和结果 / 120

6.5 安全和隐私分析 / 120

 6.5.1 安全分析 / 120

 6.5.2 隐私管理和遵守《通用数据保护条例》 / 121

6.6 比较和结果 / 122

6.7 结论和展望 / 124

参考文献　　/ 125

第 7 章　区块链赋能车联网安全：解决方案分类、架构和未来方向　/ 129

7.1　简介　/ 130
  7.1.1　车联网的架构、特点及应用　/ 131
  7.1.2　车联网平台　/ 133
7.2　车联网安全　/ 134
7.3　车联网攻击分类　/ 135
  7.3.1　身份认证　/ 135
  7.3.2　基于责任的攻击　/ 137
7.4　基于区块链的安全车联网生态系统　/ 138
7.5　攻击对策　/ 140
7.6　车联网中基于区块链的证书生成方案研究　/ 142
7.7　车联网的研究挑战和未来研究方向　/ 143
7.8　结论　/ 144
参考文献　　/ 145

第 8 章　基于区块链的联合云环境：问题和挑战　/ 151

8.1　简介　/ 152
  8.1.1　内容概述　/ 155
  8.1.2　章节编排　/ 155
  8.1.3　研究范围　/ 156
8.2　背景　/ 156
8.3　多云环境中的区块链：解决方案分类　/ 158
  8.3.1　云数据溯源　/ 159
  8.3.2　安全性　/ 159
  8.3.3　服务级别协议验证　/ 161
  8.3.4　访问控制　/ 161
  8.3.5　云资源调度　/ 162
  8.3.6　云存储可靠性　/ 162

　　　　8.3.7　服务质量监控　　/ 163

　　　　8.3.8　联合云环境中的资源共享　　/ 164

　8.4　未解决的问题和挑战　　/ 165

　8.5　结论　　/ 167

　参考文献　　/ 168

第9章　基于区块链的机密网络安全数据管理　　/ 175

　9.1　简介　　/ 176

　9.2　系统概述　　/ 176

　9.3　国防部门的区块链　　/ 177

　　　　9.3.1　目标/框架　　/ 177

　　　　9.3.2　工作动机　　/ 178

　　　　9.3.3　现有概念证明　　/ 178

　9.4　可信防御系统需求　　/ 179

　9.5　区块链所需的测试类型　　/ 179

　9.6　区块链的初步评估　　/ 180

　9.7　国防工业中的数据操作　　/ 180

　9.8　国防数据存储配置的要求　　/ 181

　9.9　提出的架构及其实现　　/ 182

　9.10　设计变更　　/ 184

　9.11　验收程序　　/ 185

　9.12　Enigma 编码推广　　/ 185

　9.13　基于方法的评估和讨论　　/ 185

　9.14　基于需求的评估和讨论　　/ 186

　9.15　挑战和限制　　/ 186

　9.16　结论　　/ 186

　9.17　未来工作　　/ 187

　参考文献　　/ 187

第10章　基于区块链技术解决物联网系统隐私安全问题及挑战　　/ 189

　10.1　物联网系统的隐私和安全问题　　/ 190

10.2 物联网的安全架构 / 190
10.3 物联网的安全问题分析 / 192
    10.3.1 感知层 / 192
    10.3.2 传输层 / 195
    10.3.3 应用层 / 197
    10.3.4 物联网整体安全问题 / 199
10.4 物联网与传统网络面临的安全问题比较 / 199
10.5 区块链概念 / 200
    10.5.1 区块链的结构 / 200
    10.5.2 区块链的工作原理 / 201
    10.5.3 区块链的类型 / 203
    10.5.4 物联网的区块链解决方案 / 204
    10.5.5 含区块链的物联网框架 / 205
    10.5.6 整合区块链与物联网的困难 / 207
10.6 结论 / 207
参考文献 / 207

第11章 使用区块链的安全在线投票系统 / 211

11.1 本章目标 / 212
11.2 简介 / 212
11.3 理论背景 / 213
    11.3.1 超级账本 / 213
    11.3.2 超级账本 Composer / 216
    11.3.3 电子投票系统 / 218
11.4 使用区块链确保在线投票的安全 / 221
    11.4.1 现有投票系统 / 221
    11.4.2 拟用系统 / 221
    11.4.3 模块化设计 / 223
11.5 执行方法 / 224
    11.5.1 对等网络 / 224

11.5.2 区块链 / 227
11.5.3 REST 服务器 API / 229
11.5.4 客户端应用 / 230
11.6 结果与分析 / 232
11.7 结论和展望 / 233
参考文献 / 234

第 12 章 使用区块链确保电子健康记录的安全 / 237

12.1 本章目标 / 238
12.2 简介 / 238
    12.2.1 应用 / 239
    12.2.2 动机 / 239
    12.2.3 内容概述 / 239
    12.2.4 本章组织结构 / 239
12.3 背景研究 / 240
    12.3.1 电子健康记录 / 240
    12.3.2 区块链 / 241
    12.3.3 心脏病学 / 242
    12.3.4 印度医学委员会 / 242
12.4 使用区块链确保电子健康记录的安全 / 243
    12.4.1 实体 / 243
    12.4.2 架构 / 244
    12.4.3 系统的工作方法 / 245
    12.4.4 配置 / 248
    12.4.5 实现 / 253
12.5 结论 / 260
12.6 未来工作 / 260
参考文献 / 260

第 13 章 区块链对数字身份管理中安全性和隐私性的影响 / 263

13.1 数字身份管理简介 / 264

13.1.1　数字身份管理模式　/ 264
　　　13.1.2　现实世界中的身份问题　/ 267
　　　13.1.3　区块链技术身份管理　/ 268
　　　13.1.4　不同身份管理系统　/ 270
　　　13.1.5　区块链对身份管理安全及隐私的影响　/ 273
　　　13.1.6　益处与挑战　/ 275
　13.2　结论　/ 275
　参考文献　/ 277

第 14 章　一种采用区块链的新型数字身份验证生态系统　/ 281

　14.1　简介　/ 282
　14.2　背景和相关研究　/ 283
　　　14.2.1　哈希算法　/ 283
　　　14.2.2　区块链及其应用　/ 284
　　　14.2.3　超级账本 Fabric 的私有链和公有链　/ 285
　　　14.2.4　关于 KYC 规则所用区块链的相关研究　/ 288
　14.3　提出架构　/ 289
　14.4　实现　/ 291
　14.5　结果及讨论　/ 294
　　　14.5.1　超级账本区块链的区块示例　/ 294
　　　14.5.2　超级账本区块链的交易区块示例　/ 297
　14.6　结论和展望　/ 299
　参考文献　/ 300

第 15 章　区块链智能合约的安全与隐私　/ 303

　15.1　区块链与智能合约简介　/ 304
　　　15.1.1　智能合约的运作流程　/ 305
　　　15.1.2　物联网安全和区块链智能合约的影响　/ 307
　15.2　区块链智能合约领域的挑战和近期研究　/ 308
　　　15.2.1　智能合约创建阶段的挑战　/ 308

15.2.2　部署阶段的挑战　　　/ 309

　　　15.2.3　执行阶段的挑战　　　/ 310

　　　15.2.4　完成阶段的挑战　　　/ 310

　15.3　智能合约的应用　/ 311

　　　15.3.1　分布式系统安全方面的智能合约　　　/ 312

　　　15.3.2　公共部门方面的智能合约　　　/ 312

　　　15.3.3　金融方面的智能合约　　　/ 313

　　　15.3.4　物联网方面的智能合约　　　/ 313

　　　15.3.5　数据溯源方面的智能合约　　　/ 314

　　　15.3.6　共享经济方面的智能合约　　　/ 315

　15.4　关于使用区块链智能合约保障云安全的案例研究　　　/ 315

　15.5　结论　/ 319

　参考文献　/ 320

第16章　选举中数字身份管理的区块链应用　/ 325

　16.1　简介　/ 326

　16.2　选举过程中的安全漏洞　/ 327

　16.3　区块链解决方案　/ 329

　16.4　基于区块链的电子投票系统　/ 331

　　　16.4.1　智能合约形式的选举　/ 331

　　　16.4.2　选举方法　/ 332

　16.5　评估区块链作为电子投票服务的情况　/ 333

　16.6　设计和实现　/ 334

　16.7　结论　/ 336

　参考文献　/ 337

第17章　利用区块链技术提供去中心化的域名代理服务　/ 341

　17.1　简介　/ 342

　　　17.1.1　应用　/ 342

　　　17.1.2　动机　/ 342

17.1.3 目标 / 343
   17.1.4 组织结构 / 343
17.2 域名系统简介 / 343
   17.2.1 域名 / 343
   17.2.2 术语 / 344
   17.2.3 域所有权验证 / 345
   17.2.4 访问注册数据库的数据 / 346
17.3 区块链技术的背景 / 347
   17.3.1 区块链 / 347
   17.3.2 详细比较以太坊和 EOS / 350
   17.3.3 智能合约安全威胁 / 350
17.4 当前实现方法 / 351
   17.4.1 域代理 / 351
   17.4.2 注册人之间的域转让 / 352
   17.4.3 典型的(集中式)托管服务 / 352
   17.4.4 集中式方式的问题 / 353
   17.4.5 相关研究 / 353
17.5 基于区块链的域代理系统 / 354
   17.5.1 优点 / 354
   17.5.2 实现 / 355
17.6 选择工具 / 357
17.7 系统分析与讨论 / 358
   17.7.1 去中心化组成部分面临的攻击 / 359
   17.7.2 区块链的局限 / 360
17.8 结论和公开的挑战 / 361
参考文献 / 363

第18章 基于区块链的数字版权管理 / 365

18.1 简介 / 366
18.2 数字版权的基本概念和内涵 / 366
   18.2.1 版权的起源 / 366

18.2.2　版权的获取　　　/ 367
　　　18.2.3　数字版权　　　/ 368
18.3　数字版权产业的发展现状与问题　　　/ 369
　　　18.3.1　数字版权保护　　　/ 370
　　　18.3.2　数字版权产业存在的问题　　　/ 370
　　　18.3.3　版权确认难　　　/ 370
　　　18.3.4　侵权监测难　　　/ 371
　　　18.3.5　取证难　　　/ 371
　　　18.3.6　版税结算难　　　/ 372
　　　18.3.7　限制内容广泛传播难　　　/ 372
18.4　区块链在授予数字版权方面的作用　　　/ 373
　　　18.4.1　确定数据权利的归属　　　/ 373
　　　18.4.2　防篡改性、防伪性和可追溯性　　　/ 373
　　　18.4.3　确保安全交易的智能合约　　　/ 374
　　　18.4.4　侵权证据整合　　　/ 374
　　　18.4.5　数字版权交易结算透明　　　/ 374
18.5　基于区块链的数字版权保护服务　　　/ 375
　　　18.5.1　技术架构　　　/ 376
　　　18.5.2　关键技术和方法　　　/ 377
18.6　区块链数字版权应用面临的挑战　　　/ 379
　　　18.6.1　多部门整合　　　/ 379
　　　18.6.2　区块链平台互联　　　/ 379
18.7　区块链数字版权应用的发展趋势　　　/ 380
　　　18.7.1　更广泛的发展范围　　　/ 380
　　　18.7.2　区块链数字版权服务的快速发展　　　/ 380
18.8　改进措施　　　/ 381
　　　18.8.1　政府层面　　　/ 381
　　　18.8.2　企业层面　　　/ 381
　　　18.8.3　技术层面　　　/ 382
18.9　结论　　　/ 382
参考文献　　　/ 383

《颠覆性技术·区块链译丛》后记　　　/ 385

第 1 章

区块链对教育和社会的影响

S. 戈马蒂

穆克什·索尼

乌特卡什·尼加姆

巴瓦纳·巴帕依

苏布拉塔·乔杜里

1.1 简介

2008年,区块链作为一种新兴技术问世。这是记录到比特币加密货币系统[1]中的交易首次被用作点对点账本。当时的目标是取消中间人(或第三方),让用户直接交易。区块链目前已经发展成一个去中心化的对等节点网络。每个网络节点:①包含交易记录的一个副本;②在该网络节点从其他网络节点收到共识时,将该网络自身的记录写入一个条目;③将网络用户传输的任何交易广播到网络上的其他节点;④定期验证网络记录是否与全网的记录相同[2]。随着比特币越来越受欢迎,研究人员和从业人员均意识到其底层技术具有巨大潜力[3]。区块链具备多个关键优点:防篡改性、透明性和可信性,除了加密货币领域,还有许多领域也把区块链用作一种服务。

因此,各个领域里基于区块链的应用开发得越来越多[4]。按照Gatteschi等[5]的说法,基于区块链的应用开发可分为:1.0、2.0和3.0三个关键阶段。一开始的区块链1.0针对的是加密货币,目标是完成单笔现金交易。后来,针对财产和智能合约,推出了区块链2.0。这些智能合约在注册到区块链之前强制执行特定的要求和标准。区块链的注册无须第三方参与。在政府[6]、教育[7]、卫生[8]和科学[9]等不同行业中,许多应用是采用区块链3.0搭建的。

区块链在教育行业的应用仍然处于早期阶段,仅少数教育机构完全依赖区块链技术,其中大多数采用区块链技术来确认和分享学生的学术和学习成果。但是,教育领域的研究人员认为区块链技术还有不少潜力,未来将彻底改变这个领域。Nespor[10]认为,区块链也许能够逐渐打破教育机构作为证书提供者所占有的关键地位。虽然近几年有关区块链应用的文献有所增加,但目前还没有这个主题的系统性分析。本章通过探讨如何在教育中使用区块链技术,为有关教育技术的文献作出了原创且及时的贡献。本章的主要目标受众是希望保护自身专业知识,以及希望了解区块链技术如何能对教育领域产生深远影响的管理者、领导者、研究人员和科学家。

1.2 本节涵盖的主题

1. 教育如何从区块链中受益

区块链技术可为教育提供巨大效益,包括:高度安全,低成本,改进学生考评,改进数据访问控制,改进可追溯性和透明度,实施身份验证,提高信任度,提升数据记录性能,支持学生的职业选择,加强学生之间的互动。

2. 教育领域的挑战

尽管区块链已展现出自身在教育领域的前景,但在使用区块链技术时,仍然存在许多挑战。本章总结了几个主要类别的挑战。

3. 教育领域的区块链应用

尽管教育领域目前基于区块链的应用越来越多,但迄今为止公开发布的却很少。如上一节所述,这种情况可以分为几大类。每一类都涉及教育领域的信任度问题、隐私问题或保护问题。

4. 学生记录和认证

一些机构发现区块链是一个非常适合存储、追溯和使用学生证书的平台。一张区块链证书就能使学生迅速而高效地查看自己的记录,与未来雇主分享这些信息。雇主无须直接联系各院校就可以调查学生的成绩。

5. 版权和数字版权保护

学术抄袭是一个非常严重的问题。区块链系统可以用于控制受版权保护的材料在互联网上的发布。这种技术的主要功能就是安全存储记录在一条链中的数据,因此区块链中的数据无法手动修改,这是因为有高级加密措施在保护这些数据。

后面几段通过系统综述解释了这5种措施是如何实施的。以下研究问题基于本报告的意图而制定。

(1)哪些应用是采用区块链技术开发并用于教育目的?

(2)区块链技术能给培训带来哪些益处?

(3)教育区块链技术面临哪些挑战?

相关文章

为汇编与区块链系统综述相关的文章,笔者在线检索了多个学术数据库,如美国计算机协会数字图书馆(ACM Digital Library)、IEEE Xplore 数据库和泰勒-弗朗西斯(Taylor Francis)数据库。检索的数据库还包括 SAGE Papers、ProQuest、施普林格(Springer)和科学网(Web of Science)。这些数据库是在莫纳什大学图书馆网站上选择的[6]。这个网站由一所世界顶尖大学编制,该大学以其卓越的教学和科研质量而闻名。莫纳什大学图书馆网站提供了 9 个关键数据库,这 9 个数据库均以其在教育和信息技术领域的高影响力、高质量论文而闻名。最近一次检索发生在 2019 年 4 月。查询时采用的术语是"区块链与教育""区块链与学习"以及"区块链与教学"。每个数据库都单独采用一种检索语法,因此,表 1.1 列出了每个查询中使用的字符串。

表 1.1 查询中使用的字符串

字符串	来源
区块链与教育(Blockchain AND education)、区块链与学习(Blockchain AND learning)、区块链与教学(Blockchain AND teaching)	Sciencedirect
((区块链)与教育)((Blockchain) AND education)、((区块链)与教学)((Blockchain) AND teaching)、((区块链)与学习)((Blockchain) AND learning)	IEEE Xplore
[全部区块链]与[全部教育]([All Blockchain] AND [All education])、[全部区块链]与[全部教学]([All Blockchain] AND [All teaching])、[全部区块链]与[全部学习]([All Blockchain] AND [All learning])	SAGE 期刊数据库
数字图书馆(区块链 + 教育)(digital library(Blockchain + education))、(区块链 + 学习)(Blockchain + learning)、(区块链 + 教学)(Blockchain + teaching)	ACM
[全部:区块链]与[全部:教育]([All: Blockchain] AND [All: education])、[全部:区块链]与[全部:教学]([All: Blockchain] AND [All: teaching])、[全部:区块链]与[全部:学习]([All: Blockchain] AND [All: learning])	泰勒-弗朗西斯在线平台
区块链与教育(Blockchain AND education)、区块链与教学(Blockchain AND teaching)、区块链与学习(Blockchain AND learning)	Springer
((区块链)与题名/摘要/关键词(教学))((Blockchain) AND TITLE - ABS - KEY(teaching))、(题名/摘要/关键词(区块链)与题名/摘要/关键词(学习))((TITLE - ABS - KEY(Blockchain) AND TITLE - ABS - KEY(learning)))	Scopus
主题:(区块链)与主题:(教育)(TOPIC:(Blockchain) AND TOPIC:(education))	科学网
区块链与教育(Blockchain AND education)、区块链与教学(Blockchain AND teaching)、区块链与学习(Blockchain AND learning)	ProQuest

在后续的报告编写阶段,还用谷歌学术(Google Scholar)检索了更多论

文,目的是找到在最初查询数据库期间未能确定的其他优质文章。但由于检索需要的参考文献未经同行评审,因此谷歌学术的检索结果仅限于知名出版社发布的文章,如 AACE、澳大利亚教育计算机发展协会(Australasian Society for the Advancement of Education Computers)、加拿大教育创新网络(Canadian Education Innovation Network)、学术出版联盟(Consortia Academia Publishing)和远程编辑(Distance Editorial)。检索时,采用了谷歌学术的高级检索页面把检索结果限制于具体编辑。此次检索中,在"返回已发布对象"栏输入了出版社的名称,同时使用表 1.1 中所示查询字符串在"包含所有单词"栏进行输入。

(1)检索结束后,按预先确定的包含和不包含要求检索出多篇论文。研究人员查阅这些论文的标题和摘要,完成检索。

①省略了无法在线查阅全文的论文。

②省略了区块链不适用于教育领域的论文。

③省略了列出的应用不符合实际的论文。

去掉不符合要求的查询结果,并删除重复项后,在 EndNote 中插入其余的结果。最后,为确保与此系统分析有关的所有详细资料均包含在内,我们阅读了每份文献的全文。此次调查未进行一致性评价。此次分析的准确性,通过采用经验基础作为查找相关论文的主要来源得到了保障。在谷歌学术上进行检索时,仅将经过同行评审且由著名出版社发表的论文列入了分析范围,因此本次分析包含多篇高质量论文。

(2)数据提取——为从包含的研究中提取数据,使用了数据提取表。该表采用专门针对这篇综述编制的类型,还以多份文件为样本进行了试验。

(3)数据分析——从文件中提取数据之后进行数据分析。提取的信息在应用、优点、威胁和未来 4 个关键主题上进行分析,这 4 个主题来源于研究的问题,每个关键主题的数据分析又产生了几个子主题。

1.3 教育领域的区块链

目前已经为教育开发了几个区块链应用。这些应用可以分成 12 个截然不同的类别:资质管理、能力管理、学习记录管理、学生能力考核、学习对象的安全、共享学习环境的维护、费用转移、学分转移、取得数字托管许可、竞争管理、版权管理,以及加强学生之间的互动。

1.3.1 应用类别

1. 认证管理

完全虚拟化的学校使"出勤"一词的含义成了问题。出勤是需要学生登录学校的软件系统(无论完成了多少作业),还是应该衡量提交了多少作业(不论登录时间有多长)?当学生在家学习时,如何了解教师的工作量?本章通过多篇文件,以及对美国10个虚拟专用网络(Virtual Private Network,VPN)22名教师展开的访问,从节约时间的角度来看待学校。节约的时间由两个临时的累加回路产生:一个回路生成学生的学习成绩;另一个回路衡量学校管理学生的时间量。网络教育改变了这些链条,还将这些链条与对学校财务、学生认证和教师聘任的影响关联起来[10]。Xu 等[11]引入了一个高性能低延时的教育证书区块链(Educational Certificate Blockchain,ECBC),并且加快了查询速度。教育证书区块链共识机制利用节点间的合作建立竞争区块,从而降低延迟,提升性能。教育证书区块链提供一个 MPT(Merkle Patricia Tree)(MPT 链)结构,它不仅包含有效的交易请求,还支持历史账户交易查询。MPT 链需要的更新时间很短,可以加快区块验证速度。教育证书区块链的设计还会通过交易格式保护用户隐私。实验表明,教育证书区块链的吞吐量更大,延时更短,适合快速查询。在这方面,有许多基于证书管理的文章,如文献[12-16]。

2. 能力和学习成果管理

Farah 等[17]针对存储在分布式存储网络中的区块链技术架构提出了一个框架。此框架会通过签名和验证学习痕迹来保障真实性。这个方案把在线学习的参与者置于设计过程的中心,使他们可以将学习痕迹存储在自己选择的位置。通过使用智能合约,利益相关者可以检索数据,将数据安全分享给第三方,确保其不被修改。不过,一项初步评估显示,研究中仅 56% 的受访教师将防篡改存储库视为一个有益功能[18]。这些结果鼓励我们与其他终端用户(如学习分析研究人员)一起,进一步研究在其实践中使用的数据。

Duan 等[19]引进了一种以学习成绩索引为基础的教育区块链技术,包括专业资证和确定大学毕业要求的自动化工具。学生取得的课程成绩,基于资格的定量和定性组合、方法与事实、课程名称、学习成绩名称(文凭授予标准的指标)、课程权重等,在一个区块中报告,完成从学生成绩考核到工作后评估结果的过渡,并将学生技能考评的副本发送给相关专业,从而不断改进课程设置。参考文献[20-22]给出了更多基于能力和学习成果管理的文章。

1.3.2 益处

区块链能带给教育7个不同的益处。在查阅的论文中,有多篇强调了区块链能带给教育的益处。第一个益处是安全,见参考文献[23-24]。17篇文章(55%)将安全定义为采用教育区块链技术的一个关键优点。数据、隐私保护均包含在安全范畴中。第二个益处是在教育领域采用区块链技术改进对如何访问学生数据和由谁访问学生数据的控制,有12篇论文(39%)强调了这一点。第三个益处是可追溯性和透明度得到了提高,有11篇文章强调了这一点(36%)。第四个益处是教育区块链技术提升了可信度。有10篇文章(32%)提到,区块链能在涉及的各方之间建立信任,促进各方联系。第五个益处是降低成本,有9篇报告(29%)记录了这一点。根据这几篇论文,这种区块链技术能帮助降低不必要的交易成本和数据存储成本。第六个益处是身份验证。有9项研究(29%)表明,区块链技术将确认学生身份,提供经过身份验证的数字证书。第七个益处与学生的测试相关。有8篇论文(26%)表示,区块链技术可能改变考评学生表现和学习成绩的方式[25]。

图1.1和图1.2所示分别为与挑战和益处有关的文章数量。

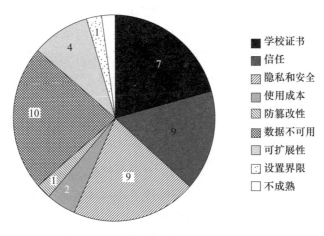

图1.1 与挑战相关的文章数量

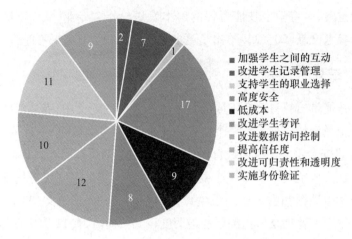

图 1.2　与益处相关的文章数量[25]

1.3.3　在教育领域采用区块链技术面临的挑战

在查阅的论文中提到了 6 种不同的问题(图 1.1)。

(1)区块链的可扩展性。有 10 篇论文(32%)提到,区块链网络交易数量影响区块容量的增长,最终将增加交易延时。

(2)与区块链的隐私和安全有关。有 9 篇论文(29%)讨论了与隐私和安全有关的几个问题,如利用区块链技术实施恶意攻击和泄露数据。

(3)使用成本。有 9 篇论文(29%)从不同的角度谈到了这个问题:功率计算成本[26];改变当前的基础设施;交易时间长;高昂的数据管理成本。

(4)信任。有 7 篇文章(23%)发现,学校仍然不愿意在区块链网络中分享自己的数据。

(5)对区块链技术的采用设定了界限,共有 4 篇文章提到(13%)。这 4 篇文章让教育机构很难决定哪些数据和服务应该放在区块链网络上。有 2 篇文章(6%)表示,防篡改性是区块链的一个显著特征,可能阻碍区块链技术在教育领域的运用。这几篇论文给出的解释是,防篡改性将使教育机构无法执行新的信息存储规则或纠正不准确的数据。

(6)与区块链技术还不成熟有关。1 篇文章(3%)提到,区块链还不成熟,仍然存在许多问题,如可用性低和设置复杂。还有 1 篇文章(3%)提到了数据不可用问题。如果把数据管理交给用户自身,发布的数据就会变得无法访问,并且可能影响依赖此数据的应用。1 篇论文(3%)提到了最后一个阻碍,即区块链技术会削弱常规学校文凭的重要性。根据这篇报告,区块链让学生可以终身保留教育记录,而这可能破坏教育机构作为认证机构的核心地位。

1.4 讨论

鉴于查找到的研究相对有限,从目前已发布论文的趋势来看,全世界教育领域对区块链技术的使用越来越多,但还需要对这一领域开展进一步研究。总体而言,这 31 份报告的系统分析结果支持了我们研究的三个问题。

1.4.1 采用区块链技术为教育开发的应用

尽管为教育开发了越来越多基于区块链的应用,但迄今为止,公开发布的只是少数。上一节讨论的这些应用可以分成 12 个大类。每一类都涉及教育背景下的信任问题、隐私问题或安全问题。与证书管理有关的具体应用集中在第一组。这一组涉及所有类型的大学证书、成绩单、学生资格或其他成就类型。在教育领域,许多应用都使用区块链来处理数字证书。这些证书的大部分性能受益于区块链技术提供的巨大信心和保护。

Bdiwi 等[27]引入了一个泛在学习框架(Ubiquitous Learning Framework, ULS)。此框架采用区块链技术在学生合作时确保高度安全。因此,泛在学习包含一个沉浸式多媒体环境,有助于改进教师与学生之间的交流。Bore 等[28]同样强调有必要利用区块链作为学校信息平台(School Information Platform, SIP),以改善学校的教育氛围。这种框架可以汇编、评价和报告有关学校系统的信息,从而改进决策制定。第五类涉及费用和学分的转移,包括多个具有类似功能的应用,即在机构、组织甚至大学之间转移证书或费用的类似功能,因为区块链能提供高度安全性和可信度。教育机构通常依赖第三方来管理和授权学分或费用的转移。幸运的是,区块链可以用于分享信息,还可以消除让特定第三方或中间人来提供高度保护的必要性。EduCTX 方法使用了用于证明转移过程的代币[29]。这些代币可以对学习单元(包括文凭、证书和培训)采用任何数字格式。每所学校都有自己的 EduCTX 地址用于安全转移过程。第六类涉及与取得数字警卫许可有关的一些需求。区块链取代电子方式,帮助改进了取得父母同意的传统方法。区块链技术的可信度可以产生巨大反响。区块链的去中心化设计加速了同意过程,但又不影响其隐私性。通过这种技术,将极大地方便学生、父母和教育机构之间的选择和转换过程。Gilda 和 Mehrotra[30]表示,这种机制让公立学校可以不用每个场合取得父母许可就能与学生会面。

Nespor[10]建议设立一个认证平台来弥补采用学校作为项目认证机构的不足。这一要求将使高等教育机构或雇主能在提供官方证书的同时,为学生提供高度的信息隐私保护。因此,学生可以直接向对其索要官方文件的人分享此等文件。同样,Han 等[31]利用区块链技术的去中心化特征提供基于区块链的新教育记录,方便官方成绩单或证书的检索与发布。这些数据可以单独访问。但是,只允许经认证的企业在特定有限条件下按规定访问和修改系统中保存的数据。能力和学习记录管理属于第二组,其重点更多放在了开发区块链应用以促进学习目标的达成和提升学生的技能上。这将使准备更加充分,丰富了教育领域的多个方面。

Farah 等[17]开发出了一个在多元学习任务中监控学生成就的框架。此框架将针对每个具体的操作,独立于所有轨迹添加一个区块。这个学习区块包含几项活动的所有元数据,因此也可以视为具有自描述性。此应用对实现高度自我效能做出了贡献。

Williams 的另一项应用[32]建议营造一个学生学习环境,为学生给出快速直接的支持和建设性的反馈。此应用旨在通过整合多种技能、促进批判性思维来强化学习过程,通过改进团队合作与沟通来加强解决问题的能力。区块链提供的是对所有各方开放的去中心化网络,包括学生、教职员工和公共机构,因此将建立一个高度保护和诚信的合作氛围。

区块链为创建一个相互嵌套的权限机制做出了贡献。这个机制将加速整个流程,同时维持对保护隐私和授权的控制。另一个类别是利用区块链技术帮助控制和改进竞争交易的质量与透明度。Wu 和 Li[33]引入了一种电子商务运作沙盒竞争模型,这是一种测试学生技术技能和专业知识的决策框架。该系统测试和管理学生的操作技能。

区块链应用软件的构建是为了基于学生的学术表现和成就考核学生的技术技能,之后,可能将学生的学术表现和成就发给相关行业。开发这种方法是为了基于区块链聚类算法评价和分析学生的能力[34]。另一个系统称为版权管理,它覆盖使用区块链时的所有权。此应用为提高学习投入度而创建。它根据区块链网络中预定义的策略为顶尖学生提供虚拟货币,还提供激励措施。此分析中列出的另一组应用是评审考试。通过使用获得许可的区块链技术,可以极大地改进审核考试试卷期间的安全保护。

Mitchell 等[35]根据质量保证原则,开发了一个名为 dAppER 的去中心化分析应用程序。dAppER 有助于监督质量保证流程,基于其发现进行监测。最后,它是推动终身学习的最新应用程序组。在加强终身学习维度方面,如提高技能、信息和生产力,区块链技术发挥着重要作用。

1.4.2　区块链技术带给教育的益处

区块链技术可以给教育带来多个重大益处,包括:高安全,低成本,改进学生考评,改进数据控制,提高可追溯性和透明度,验证身份,建立信任,改进学生记录管理,支持学生的职业选择,加强学生之间的互动。区块链的使用保证了数据/交易在意向方之间的共享,从而实现身份验证和隐私保护。区块链中的对等节点拓扑设计降低了教育行业中的潜在风险。为保持应用程序的顺序,对比时使用了共识协议[27]。

经检查分布式账本内容发现,非安全交易风险降低(18 次交易中有 12 次)。通过使用加密哈希值和签名,使交易安全得到保障。区块链系统的优势取决于受到保护的数据是否受损。为实现这一点,区块链痕迹和学习记录均经过了签名和身份验证[17]。每个学习区块都有与学习活动相关的数据。为保护这些数据,在将其发送给其他参与者之前,运用了加密算法加密数据[36]。此外,教育领域将在降低成本方面从区块链中大幅受益。成本包括存储成本、交易成本,以及教育文件的处理和保存成本。公共/私有分布式网络可从任何地方访问,通过使用这种网络,与传统基于云存储的成本相比大幅降低。总之,检查和处理学历证书需要额外成本,而区块链能降低这些成本[29]。使用区块链技术也可以改进对学生的考评,基于记录计算学习产出。限制对已存储文件的访问是区块链的一个重要特点和优势。教育记录包含成绩单、文凭或学生/教师个人文件。

Arenas[37]举了一个很好的例子。此例子使用获得许可的区块链平台来限制学历证书的访问,仅指定参与者可以访问。只有经认证的组织才能在区块链平台上根据相关法规访问和更改已存储的数据。此外,提高可追溯性和透明度是区块链技术实现的两个益处。将所有教育和学校信息保存在一个既有位置[38],将使记录的使用更透明、更容易追溯。

Bore 等[28]基于区块链确立了一个在学校信息平台(SIP)收集和存储学校报告与记录的框架。此框架有助于使共享数据更易访问,而且有助于提高数据解释、比较或分配的灵活性。区块链还保证数字证书的有效性和可识别性。相比之下,数字课程保存在一个区块链中[39]。当区块形成时,经批准的大学会用私钥签署此协议。之后,为确保无人能篡改材料,将提供一个加密哈希值。由大学验证这些数据的有效性,用初始机构的密钥来确认数据。信任是区块链技术的另一个益处。只有相关责任方才能将区块添加到网络中或访问网络。与各个地区的机构接洽时,信任是一个重要问题。通过基于区块链引入稳定高效的系统,大学或教育机构能创建一个专项组。因此,EduCTX 问世[40],这是一个有关学分和评分的区块链网络。EduCTX 将代币发给责任方,而代币取决于学生记录中收集的学分。这有助于建立在结构上得到国际信任且有凝聚力的高等教育组织。

此外,提高学生记录管理质量是区块链技术的一大优点。在教育中使用区块链,理论上能最大限度地降低意向方之间出现交易错误的可能性。区块链使用分布式账本更快、更有效地共享数据。由于区块链简单且具有可追溯性,区块链能以最佳方式处理数字记录和证书。Gresch 等[13]在考虑多个利益相关者标准后实现了"UZHBC"——苏黎世大学使用的一个区块链系统。另外,该应用程序将实现生产力和可追溯性。2019 年,有研究人员与 18 个机构、学生和招聘中介中的 13 个共享了有关咨询建议的区块链框架[21]。使用区块链技术的另一个益处是帮助学生做出职业选择。

区块链技术在学生参与学习事件时使用了学习激励方案。对等网络中的学习工具可在所有节点之间共享。所有学习记录编入一个区块且易追溯,可以追溯学生的互动和互操作进展。教育中的区块链技术存在什么问题?尽管区块链展示了自身在教育环境中的价值,但在教育中使用区块链技术时,仍有许多挑战需要克服。本综述概括了一些基础类别中的问题。尽管保护是区块链技术的关键特征,但恶意攻击的可能性却无法避免。要在保证安全的同时实现保密是很难的。一个人(在线上授权学历和证书时)遭遇风险,会让问题变得更严重[31]。许多系统使用私钥和公钥来确保隐私性。但每个公钥的可用详情均可公开访问,使区块链无法保证交易的隐私性。因此,他人可能借此知晓用户交易,披露用户信息。

为解决此问题,研究人员开展了许多研究。几名研究人员提出了多个概念,包括 Zilliqa[41]。这是一个聚焦共享机制的新区块链框架,可通过多分片交易断开大型区块链网络。但在大规模运用区块链前,必须有效解决可扩展性问题。区块链是一项不断发展的技术,而且必须融合到既有框架中。但采纳和运用区块链的成本很高。除部署费用外,许多区块链技术的交易或计算成本也很高[17]。区块容量随着用户量变多而增加,因此,处理和存储大量学生数据的成本也将上涨。若不处理这种增长和运行成本,此方法难以在传统教育体系中使用。验证证书时,所有实体必须同意分享自己的记录。但所有组织如何准备分享自己的数据?问题依旧存在。在某些情况下,分布式账本技术/区块链解决方案是否在更传统的集中式目录之上有所改进,目前尚不清楚。此外,教育机构的营业利润证据不足。改变现有教育实践做法的风险相当大,这既影响现有体系,又影响经济。经认证的组织如何承担向学生颁发证书的风险?若获准组织不同意提供此类数据,授权阶段可能就会出现其他困难[40]。高等教育政策制定者或其他政策制定者必须确定可信任区块链多久,以及是否可信任区块链。法律的边界也没有得到澄清。一些公司不希望将区块链技术用于所有的业务流程。若不确定区块链在传统体系中的潜在益处,就会出现重大挑战。另外,由谁确定此组织采用此技术所需的限制条件,以及此组织可采纳多少区块链技术流程,也是需要考虑的重要问题。

教育行业运用区块链的节奏可在政府或高校与私营部门在合规方面的早期合作中确定。区块链产品(尤其是初期产品)可用性差是区块链技术的另一个关键问题。语言和技术的不成熟也缺乏说明。此外,出于安全考虑,用户必须存储多个复杂设置,包括主钥、公钥和恢复种子,这让教育领域的消费者感到困惑。因此,必须通过区块链产品的简单接口来增强可用性,以便让没有专业技术知识的人容易理解和使用框架。另外,还需要在实地可用性测试中开展进一步研究。对教育行业采用有效设计和简单术语将使区块链得到改进。通过进一步的数据保护检查,站点无法基于用户数据来访问数据。隐私与数据访问之间存在一个平衡。

当用户使用区块链技术处理数据时,对此类数据的访问更加复杂。区块链具有防篡改性,因此很难在每个人达成更改分布式账本内容一致意见之前编辑数据。此外,区块链的防篡改功能不允许更改任何已指定策略的框架。由于区块链技术的去中心化性质,教育体系的集中式结构可能会受到影响。目录不断聚合,将影响区块链中传统学校证书的价值。区块链技术是近来取得的最佳突破之一。这项技术得到广泛接纳可能还需要很长一段时间。区块链运用与许多问题有关,因此在教育行业使用此技术之前,必须先解决这些问题。

1.5　未来研究领域

区块链还有不少潜力,能给其他教育领域带来重大益处。教育机构之间的合作是区块链取得显著成功的重要因素。正如前文所述,区块链正在证明自己是一种安全的技术,可用于追溯学生的学术成就,包括追溯学生的证书,以及不同的学习成绩和能力。未来的研究将探讨区块链如何促进教育机构之间的合作与合作关系,还将协助教育机构提供共用设施、服务和课程计划,从而降低教育机构的运营成本。以工作为导向的培训是区块链技术的另一个应用领域。以工作为导向的教育,主要目标是为满足现有和潜在的招聘需求,提供培训课程,帮助学生实现就业。在推动这种形式的教育时,区块链可能发挥至关重要的作用。企业将分享区块链所需的专业知识和技能。教育机构可以定期检查这些知识,以及响应商业需求的培训计划设计。学生也可使用区块链来整合自己的技能。招聘机构可能会研究区块链,对学生进行评估,并根据学生的能力向其推荐特定的培训计划。

区块链技术身份认证和提高线上教育品质也是未来需要研究的一个领域。尽管线上教育有许多优点,包括成本降低、可访问和功能多,但也存在一些缺点。需要身份认证和品质低是其中最突出的两项。许多教育机构要求认证和提供高品质的线上课程。区块链可解决此问题,其他可用作一个去中心化论坛,在学生、教育机构和认证机构之间安全准确地交换信息。电子数据交换(Electronic Data Interchange,EDI)技术可以存储关于在线课程、在线计划、教师和认证计划的信息。完成课程后,学生将分享自己对框架和教师的评价。

1.6 结论

总而言之,区块链将从几个方面加强教育体系,是信息安全存储、共享和联网的理想技术。这种先进技术将使许多流程更快、更简单、更安全,弥合证书、版权保护和有效沟通方面的差距。这些常规流程将很快从区块链中受益。待新技术融入生活后,我们就能以明智的方式使用新技术,使之朝着正确的方向前进。今天的学生生活在一个全新的世界,我们应该帮助他们,接受变化,学习如何改进事物。

参考文献

[1] C. S. Wright, "Bitcoin: A peer - to - peer electronic cash system," *SSRN Electron. J.* ,2019.

[2] S. Chowdhury, R. Govindaraj, S. S. Nath, and K. Solomon, "Analysis of the IoT sensors and networks with big data and sharing the data through cloud platform," *Int. J. Innov. Technol. Explor. Eng.* ,8,405 - 408,2019.

[3] R. Collins, "Blockchain: A new architecture for digital content," *Econtent*, 39, 22 - 23,2016.

[4] Y. J. Lee, and K. M. Lee, "Blockchain - based multi - purpose authentication method for anonymity and privacy," *Int. J. Recent Technol. Eng.* ,8,409 - 414,2019.

[5] V. Gatteschi, F. Lamberti, C. Demartini, C. Pranteda, and V. Santamaria, "To Blockchain or not to Blockchain: That Is the question," *IT Prof.* ,20,62 - 74,2018.

[6] S. Ølnes, J. Ubacht, and M. Janssen, "Blockchain in government: Benefits and implications of distributed ledger technology for information sharing," *Gov. Inf. Q.* ,34,355 - 364,2017.

[7] Chen, G. , Xu, B. , Lu, M. et al. "Exploring Blockchain technology and its potential applications for education," *Smart Learn. Environ.* ,5,1,2018.

[8] R. J. Krawiec et al. , "Blockchain: Opportunities for health care," *ComputerWeekly.com* ,2016.

[9] A. Kamilaris, A. Fonts, and F. X. Prenafeta - Bold ύ, "The rise of Blockchain technology in agriculture and food supply chains," *Trends Food Sci. Technol.* ,91,640 - 652,2019.

[10] J. Nespor, "Cyber schooling and the accumulation of school time," *Pedagog. Cult. Soc.* ,

27,325 – 341,2019.

[11] Y. Xu, S. Zhao, L. Kong, Y. Zheng, S. Zhang, and Q. Li, "ECBC: A high performance educational certificate Blockchain with efficient query," in *Lecture Notes in Computer Science (including subseries Lecture Notes in Artificial Intelligence and Lecture Notes in Bioinformatics)*, 2017.

[12] M. Hori, and M. Ohashi, "Adaptive Identity authentication of Blockchain system – the collaborative cloud educational system," in *EdMedia + InnovateLearning*, 2018.

[13] J. Gresch, B. Rodrigues, E. Scheid, S. S. Kanhere, and B. Stiller, "The proposal of a Blockchain – based architecture for transparent certificate handling," in *Lecture Notes in Business Information Processing*, 2019.

[14] D. Lizcano, J. A. Lara, B. White, and S. Aljawarneh, "Blockchain – based approach to create a model of trust in open and ubiquitous higher education," *J. Comput. High. Educ.*, 32,109 – 134,2020.

[15] E. Funk, J. Riddell, F. Ankel, and D. Cabrera, "Blockchain technology: A data framework to improve validity, trust, and accountability of information exchange in health professions education," *Acad. Med.*, 93,1791 – 1794,2018.

[16] N. Satheesh, G. R. K. Rao, S. Chowdhury, K. B. Prakash, and S. Sengan, "Blockchain – facilitated iot built cleverer home with unrestricted validation arrangement," *Int. J. Adv. Trends Comput. Sci. Eng.*, 9,5398 – 5405,2020.

[17] J. C. Farah, A. Vozniuk, M. J. Rodriguez – Triana, and D. Gillet, "A blueprint for a Blockchain – based architecture to power a distributed network of tamper – evident learning trace repositories," in *Proceedings – IEEE 18th International Conference on Advanced Learning Technologies, ICALT 2018*, 2018.

[18] R. Nair, and A. Bhagat, "Feature selection method to improve the accuracy of classification algorithm," *Int. J. Innov. Technol. Explor. Eng.*, 8,124 – 127,2019.

[19] B. Duan, Y. Zhong, and D. Liu, "Education application of Blockchain technology: Learning outcome and meta – diploma," in *Proceedings of the International Conference on Parallel and Distributed Systems – ICPADS*, 2018.

[20] W. Zhao, K. Liu, and K. Ma, "Design of student capability evaluation system merging Blockchain technology," *J. Phys. Conf. Ser.*, 1168,032123,2019.

[21] Q. Liu, Q. Guan, X. Yang, H. Zhu, G. Green, and S. Yin, "Education – industry cooperative system based on Blockchain," in *Proceedings of 2018 1st IEEE International Conference on Hot Information – Centric Networking, HotICN2018*, 2019.

[22] S. Chowdhury, P. Mayilvahanan, and R. Govindaraj, "Optimal feature extraction and classification-oriented medical insurance prediction model: machine learning integrated with the internet of things," *Int. J. Comput. Appl.*, 1–13, 2020.

[23] G. Arora, P. L. Pavani, R. Kohli, and V. Bibhu, "Multimodal biometrics for improvised security," in 2016 *1st International Conference on Innovation and Challenges in Cyber Security, ICICCS 2016*, 2016.

[24] S. Chowdhury, and P. Mayilvahanan, "A survey on internet of things: Privacy with security of sensors and wearable network ip/protocols," *Int. J. Eng. Technol.*, 7, 200–205, 2018.

[25] A. Alammary, S. Alhazmi, M. Almasri, and S. Gillani, "Blockchain-based applications in education: A systematic review," *Appl. Sci. (Switzerland)*, 9, 240, 2019.

[26] P. Sharma, R. Nair, and V. K. Dwivedi, "Power consumption reduction in iot devices through field-programmable gate array with nanobridge switch," in *Lecture Notes in Networks and Systems*, 2021.

[27] R. Bdiwi, C. DeRunz, S. Faiz, and A. A. Cherif, "A Blockchain based decentralized platform for ubiquitous learning environment," in *Proceedings - IEEE 18th International Conference on Advanced Learning Technologies, ICALT 2018*, 2018.

[28] N. Bore, S. Karumba, J. Mutahi, S. S. Darnell, C. Wayua, and K. Weldemariam, "Towards Blockchain-enabled school information hub," in *ACM International Conference Proceeding Series*, 2017.

[29] M. Holbl, A. Kamisalic, M. Turkanovic, M. Kompara, B. Podgorelec, and M. Hericko, "EduCTX: An ecosystem for managing digital micro-credentials," in *2018 28th EAEEIE Annual Conference, EAEEIE 2018*, 2018.

[30] S. Gilda, and M. Mehrotra, "Blockchain for student data privacy and consent," in *2018 International Conference on Computer Communication and Informatics, ICCCI 2018*, 2018.

[31] M. Han, D. Wu, Z. Li, Y. Xie, J. S. He, and A. Baba, "A novel Blockchain-based education records verification solution," in *SIGITE 2018 - Proceedings of the 19th Annual SIG Conference on Information Technology Education*, 2018.

[32] P. Williams, "Does competency-based education with Blockchain signal a new mission for universities?," *J. High. Educ. Policy Manag.*, 41, 104–117, 2019.

[33] B. Wu, and Y. Li, "Design of evaluation system for digital education operational skill competition based on Blockchain," in *Proceedings - 2018 IEEE 15th International Conference on e-Business Engineering, ICEBE 2018*, 2018.

[34] R. Nair, and A. Bhagat, "An Introduction to clustering algorithms in big data," 559–

576,2020.

[35] I. Mitchell, S. Hara, and M. Sheriff, "DAppER: Decentralised application for examination review," in *Proceedings of 12th International Conference on Global Security, Safety and Sustainability, ICGS3 2019*,2019.

[36] A. Anand, A. Raj, R. Kohli, and V. Bibhu, "Proposed symmetric key cryptography algorithm for data security," in 2016 1*st International Conference on Innovation and Challenges in Cyber Security, ICICCS 2016*,2016.

[37] R. Arenas, and P. Fernandez, "CredenceLedger: A permissioned Blockchain for verifiable academic credentials," in 2018 *IEEE International Conference on Engineering, Technology and Innovation, ICE/ITMC 2018 – Proceedings*,2018.

[38] S. Saibabavali, B. Manikanta, S. N. Siddhu, and S. Chowdhury, "Application for searching product nearby location," *Int. Res. J. Eng. Technol.* ,4,2751 – 2755,2017.

[39] I. Bandara, F. Ioras, and M. P. Arraiza, "The emerging trend of Blockchain for validating degree apprenticeship certification in cybersecurity education," in *INTED 2018 Proceedings*,2018.

[40] M. Turkanović, M. Hölbl, K. Košič, M. Heričko, and A. Kamišalić, "EduCTX: A Blockchain – based higher education credit platform," *IEEE Access*,6,5112 – 5127,2018.

[41] M. Sharples, and J. Domingue, "The Blockchain and kudos: A distributed system for educational record, reputation and reward," in *Lecture Notes in Computer Science (including subseries Lecture Notes in Artificial Intelligence and Lecture Notes in Bioinformatics)* ,9891,490 – 496,2016.

第 2 章

区块链技术在物联网和大数据领域的应用和分析

尼基尔·兰詹
萨维什·库马尔
阿坎沙·贾因

2.1 区块链技术

区块链创新在2008年被用于比特币数字货币时成了一项全球性的创新。区块链是一个远程数据库,用于处理一系列被称为块的记录。区块链采用分布式设计构建,每个节点存储着整个区块链或区块的副本。除了创世区块,每个区块均包含与前一区块的连接,以实现为前一项的哈希值。区块链中的每个块都是经过数字时间戳标记的。区块链的基本结构如图2.1所示。

创世区块	区块2	区块3	区块4
交易集合1	交易集合2	交易集合3	交易集合4
	创世区块的哈希值	区块2的哈希值	区块3的哈希值
时间戳	时间戳	时间戳	时间戳
随机数	随机数	随机数	随机数

图2.1 区块链结构

2.1.1 集中式、去中心化和分布式

本节通过一个例子来帮助理解这三个概念。假设菲尔(Phil)是一位创办了家具销售公司的企业家。为了销售家具,菲尔在城里设立了多个展览室。他创建了一个仓库来储存所有家具,并根据展览室的需求供应家具。这个情景可以跟中央数据库系统联系起来。就像这个仓库储存所有的家具一样,中央数据库也存储所有的数据。

随着菲尔公司的扩大,菲尔将业务大胆拓展到了多个城市,设立了多个展览室。此时,菲尔发现,一个仓库无法满足自己的需求,因此,他在每个城市都建立了仓库。业务每发展到一个城市,他便在这个城市建立一个仓库。一个城市的所有家具都储存在这个仓库,再经此发送至该城市的展览室。这个情景可以与去中心化数据库系统联系起来,即多个仓库储存货品。同样,在去中心化数据库系统中,所有的信息存储在多个地方或数据库中。目

前,我们遇到了三种系统,表2.1列出了这三种系统之间的主要不同点。

表2.1 集中式、去中心化和分布式对比

特征	集中式	去中心化	分布式
安全性	低;大多容易出现数据安全问题	中等;数据可从并行服务器重建(如已备份)	最高;极不易彻底丢失数据
响应速度	瓶颈可能导致响应速度显著降低	响应速度快,取决于数据的分布	响应速度最快
管理费用和成本	低;冗余最小	为确保各个服务器之间得到正确协调,处理的管理费用高	为确保多个节点之间得到适当协调,管理费用巨大
故障点/维护	单点故障;易于维护	故障点有限;相较于集中式系统,维护更复杂	多点故障;难以维护
稳定性	非常不稳定;如果中央服务器出现故障,整个网络就会崩溃	稳定性优于集中式系统;如果任一服务器出现故障,网络可能降级继续运行	稳定性最高;单个节点故障不影响网络
可扩展性	可扩展性低	可扩展性中等	可无限扩展
设置的容易度	易于设置	难以设置	难以设置

2.1.2 区块链类型

印度银行系统正在印度储备银行(Reserve Bank of India,RBI)的带领下进行重大变革,所有银行将形成一个公共借贷平台——印度借贷区块链。除银行外,此平台还会将信用中介机构、风险部门、法律和专家小组以及其他利益相关者纳入银行业。此区块链平台是成为比特币网络这样的开放平台,还是SWIFT网络这样受到严格监管的平台?

公有非许可链可供任何人自由加入或退出。比特币区块链是非许可公用网络的最佳示例。这种网络具有匿名性、防篡改性和透明性,但效率相对较差。

公有许可链介于专用网络与公用网络之间。相较于透明性和匿名性,公有许可链更重视效率和防篡改性,链中每位参与者都知晓网络中其他成员的身份。例如,印度的商品及服务税(Goods and Service Tax,GST)网络最适合公有许可链,是因为它由已知实体运营,所有参与者在加入网络之前都经过了验证。

但上述区块链不适合印度借贷区块链网络。非许可链不提供参与者的身份,也缺乏效率;而公有许可链尽管限制访问,但仍向公众开放。但由于参与者不匿名,可能引发公众对网络安全的担忧。以 GST 网络为例,纳税人不会想让国内其他纳税人知晓自己的纳税申报单细节。

私有链由单一实体运营、管理。在由母公司为旗下公司运营网络的集团中,以上类型的区块链一般都适用。在此类情况中,效率重于匿名性、透明性和防篡改性。以印度借贷区块链为例,可将印度储备银行视为整个网络中权限最高的实体。但这又产生了权力过多集中于单一实体的问题。

联盟链与私有链非常相似,但具有不同的网络控制者或管理者。不同于将所有权力集中于一个实体,联盟链将权限分配给两个及以上的参与者。此情况也适用于印度借贷区块链。在该区块链中,权限可分配给印度储备银行和少数大型银行,从而确保其所有成员获益。

各类区块链的关键区别汇总为表 2.2。

表 2.2 各类区块链对比

类型	匿名性	透明性	防篡改性	效率	保密性	吞吐量	最终确定时间 (Finality Turnaround Time, TAT)
公有	是	是	是	否	低	低	高
许可	否	否	是	是	中	低/中	中/高
私有	否	否	否	是	极高	高	极低
联盟	否	部分	是	是	高	高	低

2.2 区块链和物联网系统

传统物联网(IoT)框架依赖共享工程设计。数据从机器发送至云,再利用系统化方法对信息进行"离子化",之后再发送回物联网机器[40]。未来将有数十亿台机器加入物联网,但这种联合系统的上升空间极为有限,揭示了数十亿个未经批准的网络安全的行业中心。如果外界多次要求检查、确认机器间的小型交换,则这种联合系统会变得非常不平衡和非常受限。

2.3　区块链物联网平台

随着业务的扩大,出现了大量聚焦物联网的区块链标准。埃欧塔(IOTA)就是首批区块链物联网标准之一[50]。

2.4　IOTA 的需求

IOTA 包括真实性、完整性、保密性、微支付 4 个需求。

(1)真实性:身份验证是组织用以保护其关键资产或资源的机制[34]。IOTA在实现身份验证的同时,还会通过仅允许经过身份验证的用户来保证其网络和资源的安全。这种情况中,IOTA 使用相同的概念来借助代币进行数据交换;如果没有代币,则无法成功通过验证。用户应证明自己已发送数据或自己的 IOTA 代币。

(2)完整性:用户交换数据时,必须确保数据保持不变。为了保证数据块组织的纯度,IOTA 还启用了一种称为完整性的机制,全部包含在一个名为"保密性、完整性和可用性"(Confidentiality Integrity Availability,CIA)三元组或三角结构的原则中(图 2.2)。此处的完整性与保密性成正比,即如果数据未受到妥当保护,就会出现泄露数据或损失完整性的漏洞[27]。

图 2.2　CIA 三角结构

(3)保密性:在此机制中,应采用加密方法,使用数据隐藏概念[49]。采用加密方法时,应完全改变数据,或对外行语言数据进行编码。之所以需要编码,是因为关键数据仅在公用网络中自由传输。这就给失去保密性提供了可乘之机,因此需要采用加密方法[49]。

(4)微支付:这是一种我们可以使用少量的 IOTA 代币而不需要支付任何费用的机制。

2.5 区块链集成到物联网的挑战

虽然在这方面已经取得了一些进步,但是在物联网中使用区块链技术是一种新趋势,需要克服一些关键难题,才能看到区块链在物联网中的全部优势都被实现。

其包括可扩展性、安全性、互操作性、合法、合规及监管。

2.5.1 可扩展性

未来 5~10 年,区块链网络能否适应物联网设备所依赖的海量信息,而不影响交换速度或信息发展？Particle 公司明确地选择他们的 Tangle 平台,而不是基于区块链的分布式组织结构来解决这个问题。但这仅是一个项目[18]。所有更值得注意的加密记录,如以太坊和比特币,长期以来一直存在可扩展性问题,不适合处理物联网设备产生的数据量。

2.5.2 安全性

城市化数字记录网络提供了明显的优势,但是在物联网设备与网络接口处存在多少弱点(假设有)？为防止程序员干扰设备,应保证设备本身的安全[30]。

2.5.3 互操作性

如果的确需要利用互联高效设备的优势,应解决和改善跨链互操作性问题。否则,最后可能导致我们与各种孤立的去中心化组织关联。这些组织在自身的动机方面运作得极好,但却无法真正与未明确规划的不同设备进行交互[13]。

2.5.4 合法、合规及监管

责任的分配值得深入调查。在加密记录之外,区块链如何管理活动的责任分配计划,必须予以明确规定[1]。例如,若植入患者体内的物联网相关临床设备根据特定的智能管理合约采取了行动,最终对患者造成伤害,由谁来承担责任?这是制造商的责任还是物联网平台的责任?若物联网平台以加密记录为基础,就会分散,没有集中元素,因此集中负责的收集节点可能会引发问题。

2.6 物联网中的区块链:实际应用与解决方案

2.6.1 供应链物流

一个生产网络包括许多环节。从根本上说,这就是在库存网络和行业协调中,运输延迟极可能面临最大考验的背后诱因。生产网络就是区块链和物联网的接入之处。物联网赋能设备将允许各组织跟踪各个阶段的运输进度,而区块链会使整个交换过程更加直接。物联网传感器(如运动传感器、全球定位系统、温度传感器等)便于直接查看运输状态。

2.6.2 汽车行业

数字化涉及所有商业领域,汽车行业也不例外。如今,汽车行业的多个组织正在利用物联网赋能传感器开发全自动化的车辆。此外,区块链技术允许不同客户高效、快速地交换紧急数据,因此汽车行业倾向于开发物联网赋能车辆。

2.6.3 智能家居行业

在传统集中式方法中,物联网设备生成的交易数据安全性不足。即使如此,由于区块链技术,物联网使得房主可以通过手机远程管理家庭安全系统。区块链可以通过消除集中式基础设施的限制提高智能家居安全的水平。

2.6.4 医药行业

药品领域的最大挑战很可能在于假药泛滥。由于区块链和物联网技术,制药行业现在能够应对这个问题。区块链和物联网技术使得参与药品生产的所有利益相关者都能够负责地更新区块链网络中的相关信息,从而防止假药的出现。

2.6.5 Mediledger 平台

这是一个令人感兴趣的区块链物联网应用,可追踪处方药所有权的合法变更。

2.7 基于区块链的物联网系统安全混合方案实例

区块链的去中心化和自我选择特性使其成为物联网可靠性解决方案中基本理想的组成部分。区块链的使用可以实现物联网安全级别,否则将很难甚至无法实现。本节介绍几个基于区块链技术的最新提出的物联网安全解决方案。

2.7.1 物联网设备的安全管理

管理物联网设备包括配置设置和操作模式的控制,如同保证活动持续一样。基于区块链的配置设置和操作模式控制可以防止未经授权的访问尝试,并防范拒绝服务攻击。

在 Huh et al.（2017）的研究中,提出将以太坊用作区块链平台来控制、设置物联网设备。物联网设备的身份认证可以通过公钥密码学中的唯一密钥对(即私钥和公钥)实现。私钥嵌入物联网设备,而公钥可选作以太坊区块中的交易记录。之后,可通过公钥将物联网设备加入以太网。以太坊的智能合约使得可在区块链上执行项目,因此将以太坊选作区块链平台。如此,便可在智能合约中自定义物联网设备的行为。为了证明这一提议,建立了一个仿真系统,包括电表、LED 灯和空调三个物联网设备。通过智能手机建立一种方法,如果电表读数超过 150kW,则要求空调和灯光切换到节能模式。对功率表定制一个智能合约,以向以太坊发送估算结果和个人认证结果(即公钥和标记)。额外针对空调系统和灯光修订智能合约。这些合约从以太坊中检索相关身份认证的读数。

2.7.2 物联网设备固件的安全更新

物联网供应商通过远程更新已部署设备的固件,以引入新功能并消除发现的缺点。这些更新通常是基于客户端请求从存储服务器下载的包含预编译固件二进制文件的信息摘要,该信息摘要由公钥基础结构(Public Key Infrastructure,PKI)签名。已签名的信息摘要和公共签名密钥合并到已下载的固件文件中。只有当与下载的公钥进行的安全检查成功时,才开始更新物联网设备上的固件。但是,如果大量物联网设备同时要求更新,客户端服务器固件更新协议就会产生过多的网络流量。

为安全更新物联网设备中的固件,有人提出了一种使用区块链的解决方案,其中将全局网络流量替换为区块链网络节点之间的本地分布式通信。在此方案中,物联网设备生产商将已交付固件形式的哈希值存储在可供所有输送物联网设备使用的区块链上。Christidis 和 Devetsikiotis(2016)提出,通过使用预安装的智能合约,并在预设时间段过去后定期检查是否有新的固件发布,物联网设备也可以独立地了解新的固件发布。

2.7.3 信任物联网设备中可信计算库的评估结果

可信计算库(Thoughted Computing Base,TCB)是一种执行固件,或者是可保证个人计算机框架安全的潜在编程部分。这意味着,要打破安全防护,攻击者至少要削弱这些部分中的一个。因此,可信计算库可以是物联网设备的一部分。物联网设备是一个小的个人计算机框架。如果可信计算库各部分未被问题改变,也未被攻击者篡改,则可信计算库可靠。可信计算库估算生成所有可信计算库段的哈希值,完成可信计算库估算,从而评估可信计算库的可靠性。如果能将这些哈希值安全存储好(但希望渺茫),则可以将其用于检查可信计算库。物联网设备与网络关联时,以及每次刷新可信计算库时,就会进行可信计算库估算。如果无法确认可信计算库估算,就会削弱可靠性。验证程序通过给出加密随机数和标记已确认可信计算库估算的连接,执行远程验证。该随机数用以保证物联网设备的可信计算库是独立的。

2.7.4 物联网设备身份验证

物联网设备的安全身份可以在嵌入式公钥加密芯片中实现为私钥。相应的公钥嵌入在物联网设备生成的区块链块中(Lombardo,2016)。一个网络节点开始访问一个物联网设备,发送一个随机的测试消息,该消息被物联网设备带有标记返回。然后,来自访问网络的块使用可以从区块链中检索到的公钥对物联网设备身份进行验证。使用区块链验证的物联网设备身份使得整个物联网的高度安全认证成为可能,几乎不可能被伪造身份欺骗,并且由于区块链的灵活性,可以确保从物联网设备捕获数据的完整性。

有人提出利用区块链授权的物联网设备特性做一个基于区块链的身份日志,以捕捉设备ID、设备的生产过程、可用固件的配置和已知的安全问题(Manning,2017)。使用区块链验证的身份的历史记录也可以通过区块链跟踪。历史记录始于制造商将已生成的物联网设备的身份和公钥存储在区块链块中,现已为像监控摄像头这样的物联网设备开发了使用区块链验证的身份。

2.7.5 访问控制信息的安全数据存储系统

当前用于网络连接设备访问控制的标准解决方案基于访问控制列表(Access Control List,ACL)。但是,物联网扩大到数十亿台设备和数以千计的设备所有者时,难以为每个物联网设备保存访问控制列表,并依赖于集中式的访问控制服务器。为了使这些物联网设备所有者掌控其设备生成的数据,区块链技术是一个潜在的解决方案,可以避免对集中式第三方的依赖。

Hashemi等于2016年提出了一种基于区块链的安全信息存储系统,如图2.3所示。该系统作为保护物联网设备所有者对其设备生成的数据访问控制的一个组成部分。该方案的其他组成部分包括数据管理协议和消息服务,实现了基于角色和功能的访问控制。当一个具有特定角色的群体向另一个同样具有特定角色的群体发送访问控制消息时,该消息将传递到消息服务。消息服务将消息发送到数据存储结构,成为区块链块中的交易记录。之后,接收方通过通知网络从数据收集结构中的区块链块中获取消息。

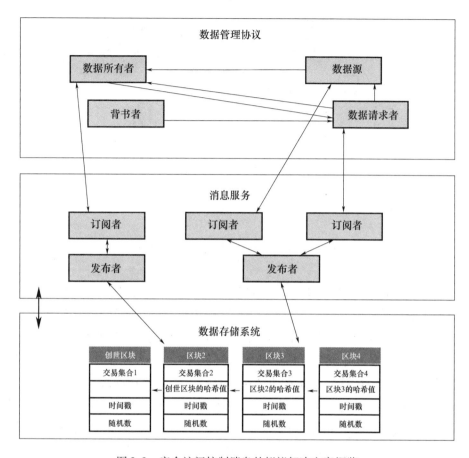

图 2.3 安全访问控制消息的拟议解决方案概览

2.7.6 基于区块链的智能家居物联网设备安全架构

有人提出一种基于区块链的智能家居局域网设计,其中包含几个连接物联网设备,如智能家居控制器、智能灯泡以及网络摄像头[14]。

该架构包括智能家居的本地网络、覆盖网络和分布式存储三个级别。在每个级别中,实体使用区块链交易彼此通信。交易类型包括初始交易、存储交易、访问交易和监视交易。该架构如图 2.4 所示。

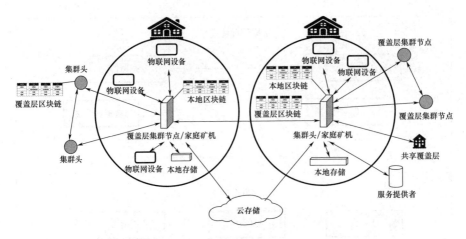

图 2.4　基于区块链的智能家居架构概览

该设计能够强有力地保护本地网络免受篡改攻击、丢弃攻击、挖矿攻击、附加攻击和连接攻击。在本地网络中,有一个私有的本地区块链,由至少一个设备存储、挖掘和管理。当新的物联网设备连接到本地网络时,会在本地区块链块中放置一个起始交易记录。当现有的物联网设备被删除时,其记录会从本地区块链中删除。此本地区块链具有一个包含访问控制列表的配置头,使本地网络所有区块链交易都受本地网络所有者的控制。物联网设备之间的通信通过预共享 Diffie - Hellman 密钥进行加密。本地网络可以有接近数据的存储。挖掘设备会维护一个公钥列表,代表实体的数字身份,可以授予外部访问本地网络数据的权限。

2.7.7　医疗物联网设备的可靠性提高

临床物联网设备面临大量与其他物联网设备相似的安全问题。临床物联网系统中用户隐私是首要关注点[41]。用户应该受到保护,不受由设备问题或安全事件引起的任何系统故障的影响。临床物联网设备应可靠运行并抵抗安全攻击。此外,应保障临床物联网系统所生成信息的正确性和用户隐私的安全性。在管理临床物联网设备方面,使用区块链可以防止恶意更改设备设置和操作方式。管理事件的不可更改区块链记录可以减轻设备故障的风险。

Nichol 和 Brandt(2016)提议用区块链升级设备,改善临床物联网设备的可靠性。制造出临床物联网设备时,物联网设备标识符的哈希值以及其他重要信息(如组织名称),存储在区块链区块中。此时,这些信息可以与患者信息、诊所、医生、紧急联系人和患者护理指令一起更新。因此,通过一组智能合约,患者和监护人可以得到有关设备管理需求、电池电量、患者健康异常的通知。因此,通过智能合约向患者和监护人发送预防性维护数据,降低了设备故障的风险[43]。

2.8 挑战与未来研究

在物联网中执行基于区块链的安全解决方案是未来需要研究的一个特别重要的主题。首先,应该彻底研究潜在受益于区块链安全特性的物联网应用。医疗健康物联网应用就是重要领域的实例,因为对健康相关的测量数据进行篡改可能是令人心碎的。当应用程序及其安全要求确定后,下一步是评估如何实现区块链技术。在这些解决方案可被应用于实际应用程序之前,需要进行关键的模拟和测试评估区块链安全解决方案的安全性和性能[12]。同时,还需要开发新的抗篡改的基于区块链的安全网络,提供有关安全攻击的详细法律信息。在设计物联网硬件、物联网固件和支持实施与验证区块链安全解决方案的其他物联网软件的标准方面还需要做出许多工作[3]。

在使用区块链解决方案时,物联网系统面临的一个重要问题是大多数使用设备的计算能力有限。区块链技术在哈希、数字签名和加密方面广泛使用密码学,因此需要更多研究轻量级加密算法,以实现基于区块链的安全解决方案的实际应用[38]。

结论

在相当长一段时间内,无论物联网框架如何变化,安全性的整合看起来并将在不可预测的未来继续出现。一般的 IT 安全技术和设备无法满足物联网安全发送的所有特定要求。因此,识别适用于物联网安全协议的技术非常重要。区块链创新可以提高对安全事件的自动响应能力。这一点对于物联网框架尤为重要,因为人们期望重新分配的物联网网络能在无人管理的情况下持续安全地工作。

所有 IT 框架都面临一个的安全隐患,攻击者有可能篡改软件和安全策略相关的信息,物联网框架同样如此。基于区块链的物联网安全协议能缓解这种危险,因为这类安全协议"实际上"具有防篡改性,并且由于它们能够对交易进行实时审计,尽管在物联网系统的安全整合方面,数字记录也存在缺点和不足,物联网设备资源的关键缺点是工作量证明挖掘需要越来越大的计算能力和现代记录中心的存储需求会随着区块链记录大小的增加而增加。区块链的发展是为了解决物联网的基本问题,包括其可扩展性、安全性和可靠性。区块链技术可以是跟踪和监控数十亿相关设备的绝佳方法,从而促进相关设备之间的交易共享和处理。此外,由于是去中心化的,它将消除单一故障点,从而为设备运行创造更健壮的环境。区块链物联网可以实现物联网环境中相关设备之间的安全可靠协作。

2.9 大数据中的区块链

近年来,高级记录技术已经成为计算机自动化的核心。它是一种安全的循环数据库机制,用于存储和提供信息。数据库中,每个段称为一个区块,包含与主区块相关的协议日期和详细信息。加密记录的主要优势在于其分布式。没有人能控制其对信息库的数据调度或数据的内容。尽管如此,系统上的个人计算机都会一致地接收这些信息。这类特殊的工具传递比较数据。一台个人计算机上的控制信息无法进入链,因为链不会让不同机器保存难以区分的数据。更直白地说,如果网络存在,则数据保持相同状态。如图2.5所示。

对于比特币、以太币等加密货币而言,高级记录技术可以支持各种数字化信息。这就是为什么它可以在大数据领域(图2.6)中使用,特别是用于提高信息的安全性或可靠性。例如,医院可以使用它来确认患者数据保持机密、有效,并且其构成完全受控。通过将健康信息库放在高级记录上,医院可以确保所有员工都能访问单个、不变的数据来源,如图2.7所示。

患者可能面临被破坏、扭曲或其测试的持续性会丢失或受到贿赂的风险。此外,有两位医生拥有相同的患者,可能会访问两个不同的数据集。高级记录可以防止这种情况发生。

第2章 区块链技术在物联网和大数据领域的应用和分析

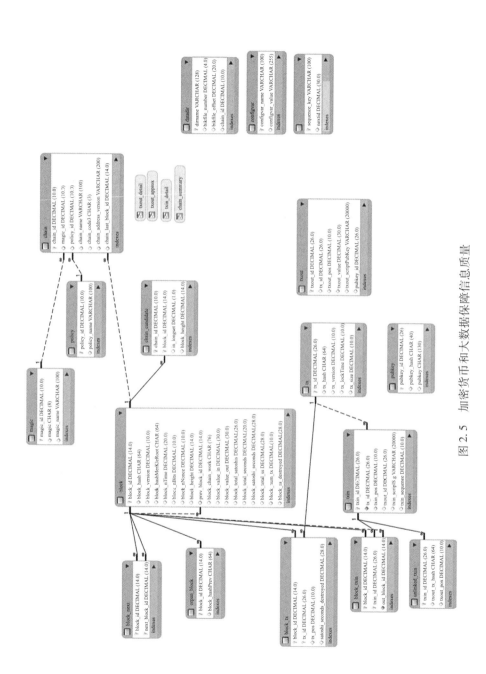

图 2.5 加密货币和大数据保障信息质量

区块链在信息安全保护中的应用

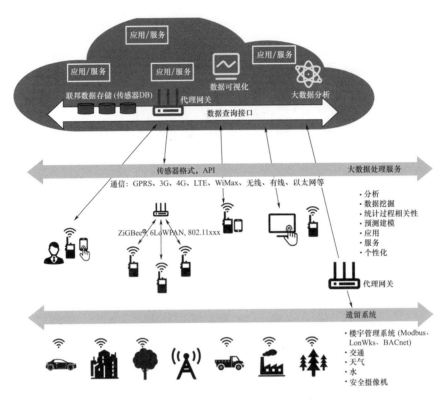

图 2.6 大数据中的区块链

图 2.7 数字账本中的统计数据来源和大数据分析

2.9.1 提供职场机遇的数字分布式账本

随着先进的记录自动化成为一个不断发展的行业,对区块链咨询的高需求可以帮助读者获得加密货币分析师、加密货币开发人员、全栈开发人员、比特币等职位[28]。众所周知,加密货币是区块链的一个子集,它主要使用在初创企业和金融机构。这个认证课程的信息收集将涉及比特币和以太坊等数字货币控制的开发人员和IT设计师,以及市场分析师、社会人类学家、法律顾问和企业家,他们都专注于区块链开发,并将其与未来的金融变革联系起来。许多大学和在线学习平台,如Udemy、Simplilearn、Blockchain Council等,都提供认证课程。读者甚至可以找到这些平台的折扣代码,如10%的区块链委员会(Blockchain Council coupon)优惠券[47]。

这种技术还能防止潜在的数据泄露。当信息存储在区块链上时,即使组织中地位最高的管理者也需要从系统中的不同点获得多个许可才能访问数据,以防止黑客攻击[51]。因此,黑客无法窃取信息。通过区块链的扩展,数据的共享变得更加容易。例如,医院可能需要向法庭、保险公司或患者的其他医疗机构提供健康数据。但是,如果没有区块链,这个过程可能会带来风险[42]。

2.9.2 区块链和大数据在信息调查方面的进步

区块链技术还可以辅助数据分析进程(图2.8)。例如,2017年,由47家日本银行组成的财团与初创企业Ripple合作,通过区块链技术进行银行账户之间的货币交易[2]。通常情况下,实时交易成本十分昂贵,尤其是由于存在双重支付欺诈(使用相同资产进行两次交易)的风险,而区块链技术则消除了这种风险[23]。此外,大数据技术还可以识别出高风险交易。更为重要的是,区块链技术使得银行机构能够不断地识别出欺诈企图。由于区块链记录了每笔交易,这项技术赋予银行机构通过逻辑分析的方式挖掘出数据规律的机会。因此,区块链技术和大数据技术的结合,使得金融交易的安全性得到了极大的加强[2]。

大数据分析流程

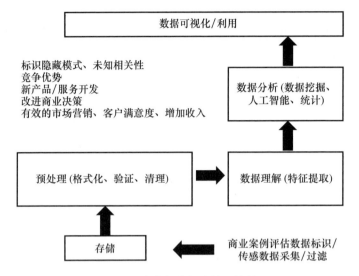

图 2.8　大数据分析中的区块链

2.9.3　区块链和大数据：保护隐患

然而,这种利用区块链的方式也引起了隐私问题,如图 2.9 所示,这与该技术最初流行的原因相矛盾（G. Roşu, T. F. Şerbănuţă, 2010）。一些专家担心,交易记录可能被滥用,以仿造消费者档案或促进其他滥用行为[22]。

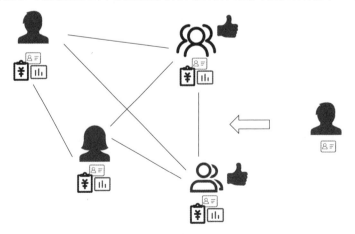

图 2.9　区块链保护隐患

尽管如此,区块链技术提高了数据分析的透明度。如果某个条目无法验证,它将被自动排除。因此,数据具有很高的透明度。其他专家也担心区块链技术和大数据对环境的影响[37]。

2.9.4 区块链和大数据:以基于社区的数据预测比特币价格

来自社交网络的信息(社交数据)可以帮助预测消费者行为。尽管如此,比特币用户和社交网络用户在人口统计学上有很多相似之处,情感和态度也有共同点[53]。

2.9.5 大数据领域的区块链用例

1. 确保信任度(数据完整性)

由于检查方法保证了其质量,记录在区块链上的数据是可信的。它还需要透明度,因为在区块链系统上发生的操作和交易可以被追踪。5年前,联想公司展示了这种利用区块链技术来识别假冒文件的方法。他们使用区块链技术加密的实际文件,这些文件被加密签名。这些数字签名是由计算机创建的,文档的真实性是通过区块链记录进行确认的。

2. 防范恶意活动

由于区块链使用共识算法来验证交易,单一实体无法对网络构成威胁。如果中心(或单位)以异常方式开始行动,可能很容易被察觉并从系统中剔除。由于网络分布式几乎不可能由一个单一的实体产生足够的计算能力,来改变验证规则并允许恶意信息进入系统。要更改区块链规则,必须要求大多数节点达成共识,这对一个单一的破坏者来说是不可能实现的。

3. 预测

区块链数据与各种数据类似,可能极其需要大量有关实践和设计的经验,因为这些经验可以用来预测未来的结果。此外,区块链提供从个人或个别设备收集到的集成数据。在智能分析中,数据分析师通过大量数据的分析,能够以极高的准确性预测客户倾向、客户生命周期价值、动态成本和混合比率等与公司相关的社交活动结果。这不仅限于企业信息,只要有正确的数据分析,就可以预测任何事件,不管是社交观点还是假设标志。此外,由于区块链的分布式特性和庞大的计算能力,即使是小型组织的数据分析师也可以承担大规模的分析任务。这些数据分析师可以利用区块链网络上数千台计算机的计算能力作为云服务来研究社交结果,这在以前是不可能的[38]。

4. 实时数据分析

如前所述,区块链使流动性金融和分割系统的交叉边界交易成为可能。一些银行和金融技术领军企业正在研究区块链技术,因为它可以提供快速——实际上是瞬间结算大量资金,无论地理边界如何。此外,需要对数据进行连续分析的公司可以采用区块链技术来实现。使用区块链,银行和其他机构可以实时监控数据变化,从而使其能够做出明智的决策——无论是阻止可疑交易还是跟踪不寻常的活动模式[12,43]。

5. 监督数据共享

对数据共享进行监督时,可以将来自数据研究的信息处理在区块链网络中。因此,企业组织不需要重复其他组织已经进行的数据分析,也不会误用已经被使用过的数据。此外,一个区块链平台可以帮助数据分析师协调他们的工作;他们能够通过交换存储在区块链平台上的研究结果来实现这一目标[20]。

2.10 结论

如前所述,区块链技术处于早期阶段,尽管这项技术在短期内取得了很大的进展,但人们仍然期望随着技术的发展,会识别和研究出越来越强大的用例——数据科学是其中一个从中受益的领域。也因此,一些挑战已经随着其在数据科学方面的效果而出现,尤其是对于需要处理海量数据的领域而言。其中,一个关注点是区块链技术的应用会增加成本。原因是与传统方法相比,区块链上的数据存储是昂贵的。块相对于每秒收集的大量数据而言,处理的数据量较小,而大数据和其他数据分析任务所需的数据量非常庞大。如何解决这些担忧并持续影响数据科学领域将是一件非常有趣的事情,因为正如我们所看到的那样,这项技术在如何管理和使用数据方面有着极大的潜力来彻底改变我们的生活。

参考文献

[1] Alharby, M., and A. V. Moorsel, "Blockchain-based smart contracts: Asystematic mapping study," in *Proc. Int. Conf. Artif. Intell. Soft Comput.*, 2017, pp. 125–140.

[2] Amani, S., M. Bégel, M. Bortin, and M. Staples, "Towards verifying Ethereum smart contract bytecode in Isabelle/HOL," in *Proc. 7th ACM SIGPLAN Int. Conf. Certified Progr. Proofs (CPP)*, Los Angeles, CA, USA, Jan. 2018, pp. 66–77.

[3] Atzei, N., M. Bartoletti, and T. Cimoli, "A survey of attacks on Ethereum smart contracts," in *Principles of Security and Trust*. Heidelberg, Germany: Springer, 2017, pp. 164–186.

[4] Australian Securities Exchange. *CHESS Replacement*. Accessed: Oct. 15, 2018. [Online]. Available: https://www.asx.com.au/services/chess-replacement.htm.

[5] Ayed, A. B., "A conceptual secure blockchain-based electronic voting system," *Int. J. Netw. Security Appl.*, vol. 9, no. 3, pp. 1–9, 2017.

[6] Bhargavan, K. et al., "Formal verification of smart contracts: Short paper," in *Proc. ACM Workshop Program. Lang. Anal. Security (PLAS)*, Vienna, Austria, Oct. 2016, pp. 91–96.

[7] Bliss, R. R., and R. S. Steigerwald, "Derivatives clearing and settlement: A comparison of central counterparties and alternative structures," *Econ. Perspectives*, vol. 30, no. 4, pp. 22–29, 2006.

[8] Caytas, J., "Blockchain in the U.S. regulatory setting: Evidentiary use in Vermont, Delaware, and elsewhere," in *Columbia Science and Technology Law Review*, 2017. [Online]. Available: https://ssrn.com/abstract=2988363.

[9] Chang, T.-H., and D. Svetinovic, "Improving bitcoin ownership identification using transaction patterns analysis," *IEEE Trans. Syst., Man, Cybern., Syst.*, n. d. doi: 10.1109/TSMC.2018.2867497.

[10] Christidis, K. and M. Devetsikiotis, "Blockchains and smart contracts for the Internet of Things," *IEEE Access*, vol. 4, pp. 2292–2303, 2016.

[11] Delmolino, K. et al., "Step by step towards creating a safe smart contract: Lessons and insights from a cryptocurrency lab," in *Proc. Int. Conf. Financ. Cryptography Data Security*, 2016, pp. 79–94.

[12] Dickerson, T., P. Gazzillo, M. Herlihy, and E. Koskinen, "Adding concurrency to smart contracts," in *Proc. ACM Symp. Principles Distrib. Comput.*, 2017, pp. 303–312.

[13] Dika, A., "Ethereum smart contracts: Security vulnerabilities and security tools," M. S. thesis, Dept. Comput. Sci., Norwegian Univ. Sci. Technol., Trondheim, Norway, 2017.

[14] Dorri, A., S. S. Kanhere, and R. Jurdak, "Towards an optimized blockchain for IoT," in *Proc. ACM 2nd Int. Conf. Internet Things Design Implement*, 2017, pp. 173–178.

[15] Dorri, A., S. S. Kanhere, R. Jurdak, and P. Gauravaram, "Blockchain for IoT security and privacy: The case study of a smart home," in *Proc. IEEE Int. Conf. Pervasive Comput.*

Commun. Workshops (*Per Com Workshops*),2017,pp. 618 – 623.

[16] *Ethereum Yellow Paper.* (2018). [Online]. Available：https：//ethereum. github. io/yellow-paper/paper. pdf.

[17] Gatteschi,V. ,F. Lamberti,C. Demartini,C. Pranteda,and V. Santamaria,"Blockchain and smart contracts for insurance：Is the technology mature enough?" *Future Internet*,vol. 10, no. 2,p. 20,2018.

[18] Georgeff,B. ,Pell,M. Pollack,M. Tambe,and M. Wooldridge,"The belief – desire – intention model of agency," in *Proc. Int. Workshop Agent Theories Archit. Lang.* ,1998,pp. 1 – 10.

[19] Glaser,F. ,"Pervasive decentralisation of digital infrastructures：A framework for blockchain enabled system and use case analysis," in *Proc.* 50*th Hawaii Int. Conf. Syst. Sci.* , 2017,pp. 1543 – 1552.

[20] Greenspan,G. *Why Many Smart Contract Use Cases Are Simply Impossible.* Accessed：Sep. 30, 2018. [Online]. Available：https：//www. coindesk. com/three – smart – contract – misconceptions/.

[21] Hansen,J. D. ,and C. L. Reyes,"Legal aspects of smart contract applications," in *Legal aspects of smart contract applications*,Perkins Coie's Blockchain Ind. Group,Seattle,WA, USA,White Paper,May 2017.

[22] Hildenbrandt,E. et al. ,"KEVM：A complete formal semantics of the Ethereum virtual machine," in *Proc. IEEE* 31*st Comput. Security Found. Symp.* (*CSF*),2018,pp. 204 – 217.

[23] Hirai,Y. ,"Defining the Ethereum virtual machine for interactive theorem provers," in *Proc. Int. Conf. Financ. Cryptography Data Security*,Sliema,Malta,2017,pp. 520 – 535.

[24] Hou,H. ,"The application of blockchain technology in E – government in China," in *Proc.* 26*th Int. Conf. Comput. Commun. Netw.* (*ICCCN*),Vancouver,Canada,2017,pp. 1 – 4.

[25] de la Rosa,J. L. et al. ,"On intellectual property in online open innovation for SME by means of blockchain and smart contracts," in *Proc.* 3*rd Annu. World Open Innov. Conf.* (*WOIC*),Barcelona,Spain,Dec. 2016,pp. 1 – 16.

[26] Juels,A. ,A. Kosba,and E. Shi,"The ring of Gyges：Investigating the future of criminal smart contracts," in *Proc. ACM SIGSAC Conf. Comput. Commun. Security* (*CCS*),Vienna, Austria,Oct. 2016,pp. 283 – 295.

[27] Kaelbling,L. P. ,M. L. Littman,and A. W. Moore,"Reinforcement learning：A survey," *J. Artif. Intell. Res.* ,vol. 4,pp. 237 – 285,May 1996.

[28] Knirsch,F. ,A. Unterweger,and D. Engel,"Privacy – preserving blockchain – based electric vehicle charging with dynamic tariff decisions," *Comput. Sci. Res. Develop.* ,vol. 33,nos.

1-2,pp. 71-79,2018.

[29] Kosba,A. ,A. Miller,E. Shi,Z. K. Wen,and C. Papamanthou,"Hawk：The blockchain model of cryptography and privacy-preserving smart contracts," in *Proc. IEEE Symp. Security Privacy (SP)*,San Jose,CA,USA,May 2016,pp. 839-858.

[30] Lotti,L. ,"Contemporary art,capitalization and the blockchain：On the autonomy and automation of art's value," *Finance Soc.* ,vol. 2,no. 2,pp. 96-110,2016.

[31] Luu,L. ,D. H. Chu, H. Olickel, P. Saxena, and A. Hobor, "Making smart contracts smarter," in *Proc. ACM SIGSAC Conf. Comput. Commun. Security (CCS)*, Vienna, Austria, Oct. 2016,pp. 254-269.

[32] Marino,B. ,and A. Juels,"Setting standards for altering and undoing smart contracts," in *Proc. Int. Symp. Rules Rule Markup Lang. Semantic Web*,2016,pp. 151-166.

[33] McCorry,P. ,S. F. Shahandashti,and F. Hao,"A smart contract for boardroom voting with maximum voter privacy," in *Proc. Int. Conf. Financ. Cryptography Data Security*,2017, pp. 357-375.

[34] Modha, D. S. et al. , " Cognitive computing," *Commun. ACM*, vol. 54, no. 8, pp. 62-71,2011.

[35] Ojetunde,B. ,N. Shibata,and J. Gao,"Secure payment system utilizing MANET for disaster areas," *IEEE Trans. Syst. ,Man,Cybern. ,Syst.* ,n. d. doi：10. 1109/TSMC. 2017. 2752203.

[36] Peyton, A. (2017). *Mizuho Trials Australia-Japan Trade Transaction on Blockchain.* [Online]. Available：https://www. bankingtech. com/2017/07/mizuho-trials-australia-japan-trade-transaction-on-blockchain/.

[37] Poon,J. ,and V. Buterin. (2017). *Plasma：Scalable Autonomous Smart Contracts.* [Online] . Available：https://plasma. io/plasma. pdf.

[38] Qin,R. ,Y. Yuan,and F. -Y. Wang,"Research on the selection strategies of blockchain mining pools," *IEEE Trans. Comput. Soc. Syst.* ,vol. 5,no. 3,pp. 748-757,Sep. 2018.

[39] Risius,M. and K. Spohrer,"A blockchain research framework：What we (don't) know, where we go from here, and how we will get there," *Bus. Inf. Syst. Eng.* , vol. 59, no. 6, pp. 385-409,2017.

[40] Rosenstock, T. S. , Rohrbach, D. , Nowak, A. , & Girvetz, E. , An introduction to the climatesmart agriculture papers. *The Climate-Smart Agriculture Papers*, pp. 1-12, 2018. doi：10. 1007/978-3-319-92798-5_1.

[41] Siegel,D. *Understanding the DAO Attack.* Accessed：Sep. 19,2018. [Online]. Available：https://www. coindesk. com/understanding-dao-hackjournalists/.

[42] The Energy Web Foundation. *Promising Blockchain Applications for Energy: Separating the Signal From the Noise.* Accessed: Sep. 2,2018. [Online]. Available: http://www.coinsay.com/wp-content/uploads/2018/07/Energy-Futures-Initiative-Promising-Blockchain-Applications-for-Energy.pdf.

[43] Tsankov,P. et al. ,"Securify: Practical security analysis of smart contracts," *arXiv preprint arXiv*:1806. 01143v2,2018.

[44] U. S. Securities and Exchange Commission. *Investor Bulletin: Initial Coin Offerings.* Accessed: Nov. 3,2018. [Online]. Available: https://www.sec.gov/oiea/investor-alerts-and-bulletins/ib_coinofferings.

[45] Wang,S. et al. ,"A preliminary research of prediction markets based on blockchain powered smart contracts," in *Proc. IEEE Int. Conf. Blockchain (Blockchain)*, Jul./Aug. 2018, pp. 1287-1293.

[46] Watanabe, H. et al. , "Blockchain contract: A complete consensus using blockchain," in *Proc. IEEE 4th Glob. Conf. Consum. Electron. (GCCE)* ,2015,pp. 577-578.

[47] Xia,Q. et al. , "MeDShare: Trust-less medical data sharing among cloud service providers via blockchain," *IEEE Access*, vol. 5, pp. 14757-14767, 2017. doi: 10.1109/ACCESS. 2017. 2730843.

[48] Xu,X. et al. ,"The blockchain as a software connector," in *Proc. 13th Working IEEE/IFIP Conf. Softw. Archit. (WICSA)* ,2016,pp. 182-191.

[49] Xu, X. et al. , "A taxonomy of blockchain-based systems for architecture design," in *Proc. IEEE Int. Conf. Softw. Archit. (ICSA)* ,2017,pp. 243-252.

[50] Yua,Y. ,& F.-Y. Wang, "Blockchain and cryptocurrencies:Model,techniques, and applications," *IEEE Trans. Syst. ,Man ,Cybern. ,Syst.* ,vol. 48,no. 9,pp. 1421-1428,Sep. 2018.

[51] Yuan,Y. , and F.-Y. Wang, "Towards blockchain-based intelligent transportation systems," in *Proc. IEEE 19th Int. Conf. Intell. Trans. Syst. (ITSC)*, Rio de Janeiro,Brazil, 2016,pp. 2663-2668.

[52] Zhang,F. ,E. Cecchetti,K. Croman,A. Juels,and E. Shi, "Town crier: An authenticated data feed for smart contracts," in *Proc. ACM SIGSAC Conf. Comput. Commun. Security (CCS)*,Vienna,Austria,Oct. 2016,pp. 270-282.

[53] Zhang,J. J. et al. , "Cyber-physical-social systems: The state of the art and perspectives," *IEEE Trans. Comput. Soc. Syst.* , vol. 5, no. 3, pp. 829-840, Sep. 2018b.

[54] Zhang,Y. et al. ,"Smart contract-based access control for the Internet of Things," *arXiv preprint arXiv*:1802. 04410,2018a.

/第3章/

区块链：趋势、角色和发展前景

普里亚·斯瓦米纳拉扬

阿彼锡·梅塔

尼哈尔·帕萨尼亚

库什·索兰基

3.1 加密货币简介

加密货币是指考虑创建和准备先进货币形式并在分布式框架中进行交换的过程。这个交换过程是比特币区块链的重要组成部分。交易已获得批准并进行沟通。许多交易形成一个区块。每个区块都要经过一系列的决策，以选择下一个要添加到链中的区块。此外，这个过程是由独特的同伴"矿工"所执行的。加密货币始终旨在摆脱政府的控制，随着它们成为越来越流行的系统，这个业务的基本部分受到了严厉的批评。货币有多种加密形式，但这些货币比比特币更容易挖掘。它们是折中的方案，包括更高的风险，但流动性、认可度和价值维持水平较低。2020年1月，全世界有2000多种数字货币，其中有大量代币和加密货币在许多支持者、投机者等形成的网络中变得臭名昭著。加密货币属于数字货币或虚拟货币，它采用加密技术来保障安全，几乎不可能伪造或重复利用。许多加密货币都是以区块链技术为基础的去中心化网络——由一个完全不同的计算机网络执行的分布式账本。加密货币一般不由任何中央机关发布，理论上不受政府干预或操纵影响，这是加密货币的典型特征。

（1）加密货币是一种新形式的数字资产。它以网络为基础，分布在大量计算机上。去中心化结构使加密货币能够摆脱政府和中央机关的控制。

（2）"加密货币"一词源自用于保护网络的加密技术。

（3）区块链属于确保交易数据完整性的组织方法，是许多加密货币的主要组成部分。

（4）许多专家认为，区块链及其相关技术会破坏很多行业，包括金融和法律。

（5）受多种原因影响，加密货币目前面临着外界的批判，包括用于非法活动、汇率波动大以及基础设施脆弱。不过，加密货币的可移植性、可分性、抗通胀性和透明度也颇受赞扬。

加密货币属于可以实现安全在线支付的系统。加密货币以虚拟"代币"表示，而后者又通过系统内部的分布式账本条目来表示。"加密"是指保护这些条目的各种加密算法和密码技术，如椭圆曲线加密、公钥-私钥对和哈希函数。

3.1.1 加密货币的优点

加密货币坚守承诺,致力于消除对银行或信用卡公司等可信第三方的需求,让双方之间的直接转账变得更容易。这种转账通过使用公钥私钥以及不同形式的激励机制(如权益证明或工作量证明)来加以保障。

在现代加密货币系统中,用户的"钱包"或账户地址设有一个公钥,而私钥仅所有者知晓,并在签署交易时使用。转账的手续费极少,使用户能规避掉银行和金融机构对电汇收取的高昂费用。

3.1.2 加密货币的缺点

加密货币交易因其半匿名性,被很多非法活动所利用,如洗钱和逃税。但是,加密货币的拥护者往往高度重视自己的匿名性,还指出了保护隐私的诸多好处,有一些加密货币尤为私密。

例如,比特币。对于从事线上非法活动的人而言,比特币不是一个好的选择,因为比特币区块链的取证分析帮助许多当局逮捕和起诉了很多犯罪分子。不过,还存在许多更加注重隐私保护的货币,如达世币、门罗币或大零币,它们都很难追踪。

3.1.3 加密货币面对的批评

加密货币的市场价格以供需为基础,而许多加密货币又在确保自己的高度稀缺性,因此加密货币兑换其他货币的汇率可能有很大的波动幅度。

比特币的价值曾多次经历暴涨和暴跌,2017年12月,一个比特币可兑换19000美元,但次年2月却跌到了7000美元左右[2]。因此,一些经济学家将加密货币视为一时之热或投机泡沫。

有人担忧比特币等加密货币并未根植在任何物质商品上。但有研究发现,生产一枚比特币的成本需要投入越来越大的能量,而这与其市场价格直接相关。

加密货币区块链非常安全,但加密货币生态系统的其他方面却躲不掉黑客攻击的威胁,包括交易所和钱包。在比特币10多年的历史中,有多个线上交易所成为黑客攻击和盗窃的对象,有时还有价值数百万美元的"币"被盗[5]。

尽管如此,仍然有许多观察者看到了加密货币的潜在优点,如加密货币有可能保值抵御通货膨胀,加密货币既方便交易又比贵重金属更易运输和拆分,而且不受中央银行和政府影响。

3.1.4 加密货币的类型

加密货币有以下几种:

(1)以太坊(Ethereum,ETH,又称以太币)。以太坊这一创新呈现了智能合约的理念,以及去中心化平台和去中心化应用(Decentralized Application,DApp),目的是强化有时限的运行,加强控制,防范敲诈勒索。最根本的是,防范外界的干扰。截至2020年1月8日,以太币市值156亿美元,每枚以太币具有142.54美元的象征性价值。

(2)莱特币(Litecoin,LTC)。莱特币于2011年推出,它被称为"堪比比特币黄金的白银"。莱特币是一个开放的全球支付网络,不受任何中央机构的限制,使用"脚本"作为"工作证明"。截至2020年1月8日,莱特币市值30亿美元,每枚莱特币具有46.92美元的象征性价值,因此成为全球第六大数字货币。

(3)瑞波币(Ripple,XRP)。瑞波币于2012年推出,它允许银行跨境(Cross-fringe)逐步结算分期付款,顶层可以直接完成交易,比较简单方便。对于瑞波币,最重要的因素是记录的共享特征具有选择性,而且无须挖矿。截至2020年1月8日,瑞波币市值92亿美元,每枚代币价值0.21美元。

(4)比特币现金(比特现金,Bitcoin Money,BCH)。比特币现金于2017年推出。它经历了多种问题,包括易变问题;比特币网络的区块元素有一个严重的断点:1MB。比特现金将区块大小从1MB扩容到8MB,其理念是区块越大,管理时间越短。截至2020年1月8日,比特现金市值44亿美元,每个徽章(badge)价值240.80美元。

(5)天平币(又称天秤币)。对于这种货币,坊间有谣言称是脸书(Facebook)在打造自己的数字货币。其于2020年内推出。

(6)泰达币(Tether,USDT)。泰达币于2014年推出。挂钩是所谓稳定币的主要标准之一。为吸引客户,稳定币有意实现其金钱的市场成本,或者给自己打上不可预测性降低、价值变动低的独特标签。泰达币使人可以使用区块链的组织结构和创新,以旧的货币标准进行合作,从而保障质量,限制不稳定性。截至2020年1月8日,泰达币市值46亿美元,每枚代币价值1.00美元。

(7)门罗币(Monero,XMR)。门罗币始于2014年,它是基于隐私和匿名性的分散式区块链技术的一个重要代表。门罗币旨在提供匿名的、不可追踪的交易,并保护用户的隐私。截至2020年1月8日,门罗币市值116亿美元,每枚代币价值59美元。

(8)币安币(Binance Coin,BNB)。币安币于2017年推出。币安币允许币安网用户在其平台上迅速改变数十种不同的加密货币。截至2020年1月8日,币安币市值23亿美元,每枚代币价值14.71美元。

(9)比特愿景(Bitcoin SV,BSV)。SV是指"中本聪愿景"。比特愿景是一个独特的比特币网络。比特愿景的设计者要求这种币重新建立在中本聪的协议之上,并且允许进行多种新的改进,从而扩展可靠性,同时提高安全性和缩短管理时间。截至2020年1月8日,BSV市值21亿美元,每枚代币具有114.43美元的象征性价值。

(10)EOS(Entrepreneurial Operating System,一款商用分布式设计区块链操作系统)。EOS由丹·拉里默(Dan Larimer)开发,于2018年公历的计划月份发布。EOS提供了一个权益授权证明部分,希望在其竞争对手最鞭长莫及的地方做好可量化的准备。这一点可以结合EOS没有造币的挖矿系统逐步推断得出。截至2020年1月8日,EOS市值27亿美元,每枚代币价值2.85美元。

3.2 区块链技术和结构简介

区块链技术赋予了用户在不需要可靠中介的情况下转移高级资源的能力。最初,区块链是为了帮助数字货币比特币而创新开发的。随着时间的推移,区块链不断发展成熟,并渗透到多个行业中,包括会计、医疗健康、政府、制造业和分销业。我们将区块链视为一种分布式的框架,因为它保持每个记录的共享列表,并对每个记录进行管理。这种记录称为"区块",每个区块都被编码,并包含其前面所有区块的历史记录和带时间戳的处理数据。区块链还能够呈现和修改许多应用,如产品传送中的供应链;先进的媒体传送,如艺术品交易;远程服务交付,如旅游和商业活动;以及用于有限商业逻辑的平台,如将计算转移到数据源。区块链的其他应用包括分布式资源,如发电和电力分配区块链将全面改变经济。它将使人能在地球上极为偏远的角落参与少数服从多数原则的运用,为创新应用开放了无限的机会。另外,区块链由两个基本部分组成:①促进和验证交易的封闭网络;②永久记录。尽管区块链可能看起来很复杂,但其核心概念实际上非常简单。区块链是一种数据库类型。要想了解区块链,首先需理解数据库的真实性质。数据库是以电子方式存储在计算机系统上的信息集合。数据库中的信息或数据通常以表格格式组织,因此更容易检索和过滤出具体的信息。这引出了一个问题:用电子表格存储信息与用数据库存储信息有何区别?

电子表格是针对一个人或一群人设计的,目标是存储和访问数量有限的信息。相比之下,数据库的设计是为了存储大量信息,这些信息可以被多个用户同时快速且方便地访问、筛选和操作。

大型数据库要将数据存储在由多台高效能计算机组成的服务器上才能达到这个效果。这种服务器有时得用成百上千台计算机来搭建,才能拥有让多名用户同时访问数据库所需要的计算能力和存储容量。尽管电子表格或数据库可以由任意数量的人访问,但通常归一家企业所有并且由一名指定人员管理,而这个人对电子表格或数据库的工作方式和其中存储的数据具有完全的控制权。

典型数据库与区块链之间的一个关键区别在于数据的组织方式。区块链按组收集信息,这个组也称为"区块",里面存储着多个信息集。区块具有特定的存储容量,将在填满后与上一个填满的区块相连,形成一条数据链,即"区块链"。在新添加的区块之后出现的所有新信息都会汇编到一个新形成的区块里,再在填满后加到链中。

数据库将其数据组织在表格中,而区块链正如其名,将其数据组织成块(区块),再连到一起。这意味着所有区块链都是数据库,但并非所有数据库都是区块链。而且这个系统具有去中心化性质,在存储数据时会形成一条不可逆的时间线。区块一旦填满就成为这条时间线的一部分,不能再更改。区块链中的每个区块在加入该链时都会收到一个确切的时间戳。

区块链是作为比特币的底层技术才众所周知的。区块链首次面世是在2008年。自那以后,区块链越来越受欢迎。区块链最早仅用于加密货币,但后来人们意识到区块链也可以用于其他用途,现在区块链的应用范围十分广泛。区块链可视为一种只能添加的公共分布式账本,每次交易均存储在一个类似区块的结构中。这些区块使用密码连接彼此相连,每个区块都与其前一个区块相连。网络上的每个参与者都持有区块链的相同副本。这样有许多好处,如没有单点故障,参与者人人享有同等权利,以及可以检测到恶意活动。区块链中的每次交易均在对等基础上完成,不涉及任何中间人。证实交易和更新分布式账本的参与者就是所谓的"矿工"。矿工在加密哈希函数的基础上竞争解决数学难题,赢家即可添加区块。添加有效区块的矿工会收到加密货币作为奖励。目前,许多应用都可以用区块链变得更高效、安全,同时降低成本。应用领域包括医疗健康、供应链、政府档案、云、金融等。鉴于监管不涉及中间人,为了克服这个问题,区块链设立了共识机制。部分共识算法包括工作量证明、权益证明、拜占庭容错等。安全使用智能合约也是区块链的一个特征。智能合约是在达到特定条件后自动运行的一段代码。这些条件在部署合约之前设定,并且将经过双方签字,因此双方均不能拒绝自己约定的条款。在智能合约的助力下,区块链应用突飞猛涨。为规避多种问题,许多行业都实施了这种智能合约。

3.2.1 区块链去中心化

从比特币如何实施区块链的角度出发去了解区块链,颇具指导意义。同数据库一样,比特币也需要许多计算机来存储其区块链。对比特币而言,区块链只是存储每笔比特币交易的一种数据库而已。但比特币的情况与大多数数据库不同,这些计算机并未全部放在同一个地方,而且每台计算机或每组计算机都由不同的个人或团体操作。

想象一家公司拥有一个由10000台计算机组成的服务器,而且服务器上的数据库存储着其所有客户的账户信息。这家公司有一个仓库装着所有这些计算机,而且该公司对每台计算机和其中包含的所有信息都具有完全的控制权。同样,比特币也由成千上万台计算机组成,但存储其区块链的每台计算机或每组计算机都处在不同的地理位置,而且全部由不同的人或团体操作。这些计算机称为"节点",它们共同构成比特币网络。

在这个模型中,比特币的区块链采用的是去中心化方式。不过也存在私有的集中式区块链。在这种情况下,组成区块链网络的计算机由一个实体拥有和操作。

在区块链中,每个节点都拥有区块链从一开始存储的完整数据记录。对于比特币而言,这些数据是所有比特交易的完整历史。如果一个节点的数据有错,这个节点就可以把另外数千个节点作为基准点进行自我修正。这意味着网络中没有任何一个节点可以修改其中存储的信息。正因如此,比特币区块链中每个区块的交易记录都是不可逆的。

若有一个用户篡改了比特币的交易记录,所有其他节点都会相互参照,因此很容易找出信息不正确的节点。这种系统有助于建立准确且透明的事件顺序。对比特币而言,这种信息就是一个交易清单,但区块链也可以保存各种信息,如法律合同、状态标识或公司的产品库存。

要改变系统运行方式或改变系统中存储的信息,大多数去中心化网络的计算能力都需要就所述变更达成一致。这将确保发生的变更符合大多数人的最大利益。

3.2.2 区块链透明性

由于比特币区块链的去中心化性质,所有交易都可以通过个人节点或区块链浏览器直接查看。区块链浏览器让任何人都可以看到实时发生的交易。每个节点都有自己的链副本,而其副本将在确认和添加新节点时得到更新。这意味着,只要你想,就可以追踪比特币的去向。

例如,过去曾有黑客攻击交易所,导致在交易所持有比特币的人失去了所有比特币。但即便黑客可以完全匿名,其盗走的比特币也容易追踪。在这些黑客攻击中失窃的比特币,只要转移或使用,就会被人知道。

3.2.3 区块链类型

区块链有公共链、私有链和混合链三种类型。

(1)公有链。公有链是开源的,每个人都可以成为区块链系统中的一分子,比如矿工、用户、开发者和其他链圈成员。不论在公有链中进行什么交易,都是透明的,这意味着每个人都可以细查交易的详细信息。

(2)私有链。私有链也称为"许可链"。要在私有链上开展交易,参与者就需要加入网络。所有交易都是私人的。而且,私有链比公用网络更加集中。

(3)混合链。混合链组合了许可私有链的隐私性优点以及公有链的安全性和透明性优点。

3.2.4 对区块链技术的需求

区块链技术日益重要,有三个主要原因:①网络犯罪数量剧增;②计算能力提升;③比特币和加密货币增加。这几点是区块链的主要优点。此外,可以获得一份活动历史记录,不存在攻击的问题,也没有集中控制。

3.2.5 区块链技术的工作原理

具体操作是由去中心化结构中的成员和它们的少量节点负责的,如计算机、桌面和服务器机架。这些操作包括验证交易、为区块收集交易、将投票交易通信到区块内以及协商生成下一个区块并将其锚定以生成连续记录。发起交易的成员创建管理,其他成员称为矿工,这些矿工通过交换价值或计算来验证交易、通信管理、竞争获得形成新区块的权利、协商通过确认区块、通信新生成的区块和确认交易。你可能会想,为什么成员会与其他成员竞争。其实,矿工通过处理区块链来获得比特币报酬。管理验证由所有矿工分配此策略包括批准20个标准,如大小、语言结构等。其中,这些标准包括验证已记录的输入未使用的管理输出、验证用户交易输出、验证UTXO在开头已被定义,并验证参考输出UTXO、参考输入金额和输出金额匹配、无效交易被拒绝并不能传输。所有有效交易都被添加到一个交易池中。矿工从池中选择多个交易以形成一个新的区块。这会产生一道难题。如果每个矿工都将区块添加到链上,就会形成多个链条,导致状态不一致。请记住,区块链是一条连续的单一链条。我们需要解决这个问题的方案。矿工为了获得创建下一个区块的权利而努力寻找答案。在比特币区块链中,这个过程是一个复杂且计算密集的算法。一旦矿工解决了这个问题,消息就会被发送到网络中,同时该区块也被发送到网络中。然后,另一个成员会验证这个新区块,大家同意在链上增加一个新的区块。这个新区块添加到本地的区块链账本中。因此,一个新的交易集被记录并确认。这命名为工作量证明协议,因为它包含了解决难题的工作流程和寻找创建下一个区块的权利。已确认区块的零管理、零列表,由该区块的矿工生成。这是一种特殊的 UTXO,并且没有任何信息 UTXO。这被暗指为币基管理,将使矿工产生创建区块的成本。此时,矿工的收益是 12 比特币[5]。BTC 是比特币的缩写。上述方式可能是比特币网络保持新币的方式。总而言之,区块链区域单元中的大多数活动都是管理批准和创建区块,以及成员的安排。

3.2.6 优点和缺点

优点和缺点如下:

(1)完整性、安全性、快速处理和可追溯性,可视为区块链的优点。

(2)耗电多和部署成本高是区块链的缺点。

3.2.7 保护区块链的方式

保护区块链的方式有以下两种:

(1)区块的完整性通过验证区块头和区块体的内容是否被篡改来确定,将计算所有交易列表得到的哈希值与区块头记录的哈希值对比快速完成区块完整性校验。区块链旨在保证交易记录的不可篡改,区块内的所有交易数据的根哈希和区块头中的哈希值一致。因此,需要高效的方式来验证和处理区块状态的变化。

(2)如果任何成员节点更改了区块,它的哈希值将发生变化,导致哈希值的双重性,并使节点的本地账本处于无效状态。该节点发起的任何未来区块都会被不同矿工因为哈希值的重复而驳回,使链不可改变。区块链的不同部分通过对区块采用哈希计算和密码技术的组合来确定。

3.2.8 区块链中的工作量证明和分布式账本

下面对区块链中的工作量证明和分布式账式进行详细介绍。

(1)工作量证明(Proof of Work,PoW)意味着不管采用何种方式来确认交易和创建区块,都会进入工作量证明范畴。工作量证明很难进行,但一旦完成,买家就会很容易验证交易的明细。

(2)分布式账本意味着只要两个客户之间完成了交易,他们之间就会有进行类似交易的信息通道;但除了参与交易的两个客户,其他人也会因为这两个客户之间的交易而产生一段交易记录。其主要优点在于没有人可以输入错误的交易细节。检查交易细节后,才能进行支付。

3.2.9 智能合约(区块链2.0)

智能合约包括以下内容:

(1)以太坊支持智能合约并在虚拟机上执行智能合约。有关智能合约的计划是在区块链 2.0 中提出的。

(2)智能合约逐步改变去中心化的应用,实现交易的重要意义。

(3)智能合约是部署在区块链节点中的一段代码。智能合约的执行始于内嵌在交易中的一条消息。数字货币的转移需要进行简单的加减操作。以太坊允许交易执行复杂的任务。例如,某些交易需要满足特定条件、多方签名,或者在特定的时间或日期之后才能执行。

3.3 区块链的方法

在讨论区块链的策略时,要说明的是,区块链程序的改进需要不同的方法。区块链有些比较糟糕的地方需要改进,如区块链的在线安全,以及公有链工作量证明的能源适用性。截至目前,为制订研究计划,已经有多项策略来区分威胁和危险。此处针对各种重要的区块链问题给出了几种基本策略:①与基本区块链组织相似的分布式计算方法,如 CAP 假设、FLP 不可能性假设、ACID 标准和 Paxos/Raft 算法;②区块链网络的特殊方法,如协议文书、拜占庭问题、安全多方计算;③区块链信息系统的特定方法,如分布式存储、区块链数据结构、属性基加密和零知识证明。通过不断改进区块链项目,已经开发了需求驱动的区块链方法,以满足特定的业务场景,并且推出了一系列专业级的基于区块链的应用程序方法。业务层面的技术进一步扩展和改进了基本的区块链技术,以提供区块链申请的最终解决方案。为了支持高效和复杂的交易方案,区块链基础架构升级为相互连接的区块链网络,具有多层和重要的辅助连接,以说明面向结果的块数据结构,并且为了将区块链层的工作证明与业务层激励相结合,以及为了创建区块链入口和网络共识系统以联系不同的区块链网络。对于混乱的交易,将扩展智能合约策略以进行确定性验证和平等模型。此外,还开发了特殊的数据处理方法,以整合来自内外部的数据,并标记出现在自己的管理区块链数据中的问题和缺陷。

在生态系统中执行透明而高效的区块链应用,存在各种棘手的问题需要解决。从产品结构来看,典型的区块链环境有区块链、智能合约、实用工具和 UI,共 4 层。环境的基本执行问题,包括排列网络模型、生态系统的架构、支持者和确认安排、节点和投票器、激励机制和用户。此外,需要数据收集和数据变换算法来解决与区块链应用程序相关的重要问题。

区块链网络模型被证明是大多数持续项目的挑战。区块链策略正在迅速发展，缺乏一个被广泛认可的有效标识（Identification，ID）。一些支持比特币的操作由于其不足和组织成本而未被接受。许多人将区块链作为分散数据存储结构的一种形式。传统的区块链环境是一个区块链框架、参与者的信息系统和一组用于操作的智能合约的组合。其中，区块链构建了一个通信和自动化数据系统，在其中存储了一些数据和过程。支持者的信息系统将开发为区块链客户端，并可以在区块链上恢复或传输业务信息。数据收集方法对于支持基于区块链的业务至关重要，因为数据由参与者保密并自我限制，这引发了一些与收集数据有关的问题，包括数据缺乏、短缺和冗余。需要为丢失的数据、特征和不相关或不重要的信息开发全面说明的支付算法。基本上，已经为特定情况如供应链资金、金融自由、商业规则和监管开发了许多区块链环境。

3.4 区块链应用3.0

3.4.1 电子政务中的区块链

区块链被认为是一种授权的分布式信息数据库或者一种特定的记录，因为可以将任意数据存储到过程的元数据中。原始的比特币区块链只支持80B的元数据，但其他区块链实现可以处理更多的容量。对于本地和其他区块链技术的非金融应用的可能性，最近提出了区块链3.0的概念来解决分布式记录策略的非金融用途。这些应用程序作为许可或非许可的区块链网络执行。

3.4.2 用于卫生保健的区块链3.0技术

在医疗应用中，最具特色的是将区块链作为健康信息交换（Health Information Exchange，HIE）的基本结构，或者用于医疗程序之间物流供应商、付款人及其他相关方的原因。这些应用可以根据它们主要目标使用区块链收集的数据进行分类，并在医疗记录中进行描述。

3.5 区块链平台比较表

区块链技术有能力让人们陷入困境,并从根本上改变经济社会。随着比特币作为一种新型货币类型的进步,以及 ICO 上涨至数十亿美元的高点,区块链世界在过去几年中处于最高状态。但是,除了数字货币,企业采用区块链的兴趣也从主要企业得到了强烈的支持。区块链各平台比较如表 3.1 所列。

表 3.1 区块链各平台比较

序号	特点	比特币	以太坊	超级账本	状态
1	完全开发	是	是	是	进行中
2	矿工参与	类型:公有	公有、私有和混合	私有	公有
3	欺骗操作	是	是	是	是
4	多应用	金融	是	是	目前仅涉及金融
5	共识	工作量证明	工作量证明、存储证明	实用拜占庭容错	目前,协调器通过 Tip 选择算法批准交易
6	共识决定性	否	否	是	否
7	区块链分叉	是	是	否	不完全分叉,但缠结可能会逐渐消失
8	费用少	否	否	可选	是
9	能够运行智能合约	否	是	是	否
10	交易诚实性和真实性	是	是	是	是
11	数据保密	否	否	是	否
12	ID 管理	否	否	是	否
13	密钥管理	是	是	是	否
14	用户真实性	数字化签名	数字化签名	基于证书注册	数字化签名
15	设备真实性	否	否	否	否
16	易受攻击	51%链接攻击	51%	1/3 故障节点	34% 攻击
17	交易吞吐量	7TPS	8~9TPS	可达到千次 TPS	目前,协调器是一个瓶颈,吞吐量在 7~12 TPS

续表

序号	特点	比特币	以太坊	超级账本	状态
18	交易单次确认的延迟	10min	15~20s	比以太坊和比特币的延迟时间短	现在处于过渡阶段,交易确认时间从几分钟到几小时不等
19	可扩展	否	否	否	是

3.6 区块链技术的未来趋势

根据比特币技术应用的最新发展,区块链应该是未来能够应用于许多领域中最基本的元素之一。未来可能会在众多的领域中应用。这是因为区块链的内容是数据,它的使用比加密形式的货币更灵活。Kell 等认为,这个进展似乎是实现全球可持续发展目标的一个有希望的推动力。例如,区块链技术还可以通过共享经济贡献的发展来为建设智慧城市作出贡献。事实上,如果在智慧城市中实施无信任共享贡献,则至关重要的是需考虑保护因素(包括保密性、可用性和完整性),这些因素是区块链时代的基本特征之一。这是因为区块链是一种去中心化的协议,其中所有信息都是机密的,事实的可用性不依赖于任何第三方。此外,完整性得到保证,因为这种技术可以视为分布式记录系统,参与者保存文件的副本并通过协议达成一致意见。Faber 和 Hadders 强调了区块链时代创造实施"新可持续发展内在合同"的能力,为推动转向可持续发展作出贡献。他们称,区块链为不需要集中管辖支持真实的组织和人际关系之间的信息交换奠定了基础,解决了问题。因此,这种技术克服了现代企业模型,这种模型主要由传统的监管和管理机构管理,如政党、银行、当地政府等。

区块链技术还可以在域名系统(Domain Name System,DNS)控制方面使用,称为"block-stack",它是一种类似于 DNS 的系统,用于将域名定向到 DNS 记录。DNS 类似于互联网的电话簿,当输入互联网地址时,DNS 服务器会将该地址解析并返回 IP(互联网协议)地址。DNS 服务器受政府和大公司控制,这种集中控制可能导致滥用权力的活动,如控制活动、拦截、监视和网络攻击。区块链技术可能会促进互联网基础结构的某些成分,包括 DNS 服务器的分散、保护、控制抵抗、隐私和移动。由于当前的区块链没有信任中心，基于区块链的 DNS 更难修改。此外，区块链技术还可用于分布式的传输层保证(Transport Layer Insurance，TLS)证书验证，由区块链共识支持。TLS 是一种在计算机网络上提供通信安全性的加密协议。该协议的几个变体已经推出，并且广泛用于网页浏览、电子邮件、网络传真、即时通信和语音传输等方面。最终，TLS 将支持服务器和个人计算机网络程序之间的所有通信。文件签名、投票、债券/股票/股份、信任网络、公共记账员投资以及出勤确认等是区块链的令人兴奋和现代化项目，开源试验应用正在网上增长。区块链已经在工业和教育环境中证明了其潜力。我们讨论了可能的未来方向，涉及区块链测试、停止中心化的趋势、大数据分析以及人工智能几个领域。

3.6.1　区块链测试

近年来，出现了特殊类型的区块链，到目前为止已经有超过 700 种数字货币在共识中记录(2020 年)。然而，一些开发人员可能会夸大其区块链执行程度，以通过巨大利益引诱购买者。此外，当用户想将区块链融入商业时，他们需要知道哪种区块链适合其需求。因此，需要建立区块链测试工具来测试不同的区块链。区块链的引入可以分为标准化阶段和测试阶段两个阶段。在标准化阶段，应制定并达成所有标准。当区块链出现后，可以使用达成的标准来测试区块链是否像设计人员声称的那样有效。关于评估阶段，应使用特殊规定进行区块链评估。例如，一个从事网上零售工作的人，会想到区块链的吞吐量，所以测试时需要测试从购买者发出交易到交易被打包到区块链的时间，区块链区块的潜力等。

3.6.2　去中心化趋势

区块链是一个去中心化的框架。然而，矿工集中到一个矿池中。迄今为止，5 个最大的矿池共拥有比特币网络全部哈希算力的 51% 以上。除此之外，"自私挖矿"(Eyal and Since，2014)表明，超过总体注册算力 25% 的矿池应该能获得比公平分配更多的收入。最后，将平衡挖矿机拉入私有矿池，这个矿池必定会超过 51% 的绝对算力。由于区块链不是仅仅服务于几个机构，所以应提出多种方法来解决这个问题。

3.6.3　大数据分析

区块链技术可以很好地与大数据相结合。这里大致将其结合分为数据管理和数据分析两种类型。对于数据管理,区块链可用来保存重要的数据,因为它是分散的和安全的。区块链同样应该确保数据是原始的。例如,如果利用区块链存储患者的健康数据,现实不可能改变,而且这些私人信息很难获得。对于信息研究,可利用区块链上的交易进行大数据分析。例如,可以将购买和出售分开进行分析。用户可以通过分析了解他们的业务伙伴的交易习惯。

3.6.4　人工智能

区块链时代的最新发展为人工智能应用带来了新机遇(Omohundro,2019)。人工智能的进步应该有助于解决许多区块链挑战。例如,总有一个要素可以用来判断是否满足合约条件,这个要素依赖于第三方。基于计算机的情报策略可能有助于进行敏锐的预测。这种策略不会经常受到收集节点的约束,它只是从外部角度获得信息,然后进行自我学习。这样一来,智能合约里可能就没有了争议,理解力也会变得更好。此外,人工智能现在正渗透到人们的生活中。区块链和智能合约应该有助于限制通过人工智能产品进行的恶意活动。例如,以智能合约形式编写的规则应有助于限制无人驾驶汽车带来的恶意活动。

3.7　机器学习集成到基于区块链的应用中

机器学习(Maehine Learning,ML)的学习能力可以应用到基于区块链的应用程序,使其更加智能。通过使用机器学习,分布式账本的安全性可以得到提高。同样,机器学习也可以通过建立更好的记录共享流程来缩短达成共识所需的时间。此外,增加区块链的去中心化结构,有机会汇编更高级的机器学习模型。我们提出了在基于区块链的智能软件中使用机器学习的设计,如图3.1所示。

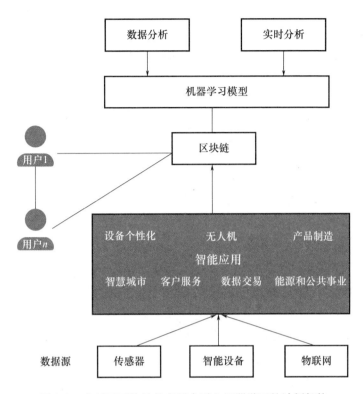

图 3.1 在基于区块链的应用中引入机器学习的计划架构

在这种设计中,智能应用程序从各种信息来源收集数据,这些数据源包括传感器、智能设备和物联网(IoT)设备。从这些设备中收集的数据视为智能包的全部内容,区块链是这些智能项目中的重要一环。随后,机器学习可应用于这些软件的数据以进行分析(数据分析和实时分析)和预测。由机器学习模型使用的记录集将存储在区块链网络上。这减少了信息中包含的重复、缺失记录值、错误和噪声的错误。区块链专注于度量,因此机器学习模型中的与数据相关的问题可以消除。机器学习模型可以基于链的特定部分,而不是整个数据集。这可以为诸如诈骗检测和身份盗窃定位等不同捆绑包提供自定义模型。应用机器学习的一些优点如下:

(1)验证用户是否为合法客户,只有合法客户才能在区块链网络中提出或完成交易。

(2)区块链提供了高度的安全性和信任度。

（3）区块链将公共机器学习模型整合到智能合约中,以保证先前达成一致的情况和表达方式得到延续。

（4）区块链有助于实现基于激励的系统,因此可以鼓励用户/客户贡献数据。这个庞大的数据量有助于提高机器学习模型的性能。

（5）机器学习模型可以是区块链的特殊链上模型,几乎没有成本,而在链下,机器学习模型在个人设备上处理数据而无须费用。

（6）用户/客户可以提供良好的数据贡献,这些数据可以不断计算,并向用户提供奖励。

（7）可以通过专用机器(具有专用硬件设置)评估防篡改的智能合约,机器学习模型将不再与其能力分离,并像预期的那样提供结果。

（8）实时处理支付,在区块链环境中实现信任。

3.8 当前区块链研究中涉及的研究主题

这一规划研究的结果表明,关于区块链的前沿研究绝大部分都是围绕着寻找和整理改进方法,以解决当今区块链中的困难和障碍而展开的[1]。研究的一个主要方面集中在区块链的安全和防护漏洞上。区块链网络的安全漏洞以及对比特币的兴趣不断发展增加了每个矿工和终端客户的经济风险。公认的漏洞包括基于计算资源的攻击,如51%攻击、自私挖矿攻击、数据交换灵活性问题,通过交换连接的方法进行去匿名化。虽然已经提出了几个解决这些困难的对策,但许多对策基本上是临时建议,其可行性缺乏可靠的评估。

根据Swan[1]所定义的各种主题的研究,以及消耗资源和易用性,成为可选择的限制性选项。我们观察到一些关于比特币挖掘中的计算力和浪费资源,以及比特币可用性的研究。但是,在这个领域的论文范围相对于关注安全和隐私的主题而言要少得多。计算能力是区块链的一个关键特性,需要进行仔细的研究。当区块链变得更加不稳定时,它也需要更多的计算能力来确认更多的块。工作证明的概念是一个有力的想法,因此需要更多的研究,以确保它可以在大规模的区块链环境中发挥作用。

有趣的是,我们没有发现关于迟滞、长度和传输带宽、吞吐量、区块形式、极端派生和一些链的困难与限制的任何研究线索。令人惊讶的是,关注性质与隐私需求相关的其他困难和限制方面的研究比安全和隐私有所下降。我们认为,特别是像迟滞、长度和传输带宽、消耗的资源这样的主题可能已经在总体调查图中获得更多关注。当区块链的元素增加时,它直接影响其中许多困难和限制的可扩展性。这些难题可能之所以没有得到研究,是因为区块链概念的关注是新的。尽管有了公认的探索点,本规划研究的发现确认了绝大部分研究是在比特币环境下进行的。考虑到比特币是目前使用区块链的最常用和最基本的应用,并具有最大的客户群体,这也是作者的真正预期。然而,我们相当惊讶的是,与比特币以外的其他解决方案相比,用于区块链的应用研究范围目前非常有限。结果显示,在比特币环境外进行的研究主要集中于智能合约和其他数字货币,但针对比特币及其保护问题的研究仍占主导地位。

3.9 区块链当前研究点

我们已尝试找出一些重要的研究点,主要包括空闲率、吞吐量、长度和传输能力、区块形式、硬分叉和多分叉等主题,但在撰写本章时还不存在这些主题的调查研究。这是一个很重要的探索点,至于未来会是什么样,需要投入更多值得注意的研究。目前,这些主题并不一定是科学家最感兴趣的,因为现实是当前区块链的应用和影响范围还特别小。比特币是目前区块链最重要的应用。与 VISA 相比,当前比特币的交易量要少得多。但如果区块链在多个群体中得到应用,交易量得到广泛大幅扩展,则很可能对空闲率、长度和数据传输能力进行更多探索,也可能会出现为了确保适应性而存在消耗资源的情况。

后续的研究着手点是缺乏有关易用性的。我们从消费者的角度识别了最可用的论文来引用易用性,而不是从工程师的角度进行研究,正如 Swan[1] 所指出的,迄今为止,还没有解决使用比特币 API 的问题。这需要在未来进行研究和改进,这将带动更多的项目和解决方案进入比特币生态系统。

分析中存在的第三个差距是,大多数当前的研究都集中在比特币环境中,而不是在其他的区块链环境中。例如,应该进行有关智能合约的研究,以增加数字货币门户的理解。即使区块链最初是在加密货币环境中引入的,但是相同的概念可以应用于其他环境。因此,有必要对在不同环境中使用区块链的可能性进行研究,因为这可以监控和创建在不同行业进行交易的更好的模型和机会。

第四个研究着手点在于高质量期刊。目前,大多数研究是在会议和研讨会上发表的。有必要重点关注区块链相关的高品质期刊。

3.10 区块链未来研究指南

区块链今后的探索方向还不确定。区块链未来会往什么方向发展,非常耐人寻味。再次回到比特币,作为一种加密货币,比特币受到了广泛关注,有越来越多的人开始不断交易和购买比特币。因此,在未来的研究点中,比特币很有可能变得不可或缺,让工业界和学术界从商业与专业角度对其进行更多的调查研究。

比特币只是使用区块链技术的其中一种解决方案。同时,还有其他许多加密货币正在与比特币竞争成为世界主要的数字货币之一。我们认为,未来的研究方向不仅仅会关注比特币和其他数字货币,而是会着眼于使用区块链作为解决方案的各种潜在应用。有几篇论文已经研究了在区块链环境中使用智能合约、授权、物联网和智能资产的可能性。我们认为,这种研究将会在未来产生各种影响,并且比数字货币更加有趣。例如,在共享虚拟资产方面使用分布式环境,可能会改变企业销售产品的方式。考虑到这些,我们强烈认为,当区块链技术被企业和学术界更广泛地采用时,将会产生大量新的研究。

当大量用户使用更多的区块链解决方案时,会对技术限制和挑战方面的研究产生影响。未来,在各种区块链中扩大规模和用户基础,将需要进行更多有关可扩展性的技术和限制条件的研究。此外,区块链的安全和隐私也将成为研究的主题,同时,正在开发出破解和攻击区块链的新方法。尽管区块链是一项全新的创新技术,但在每个问题领域都存在着有效的研究,包括安全性和指定机器编写(如分层验证过程、分布式系统的高效资源管理等)。更深入的研究和采用已证实的解决方案将有助于克服当前对区块链技术的要求和限制。

3.11 结论

区块链因其自身的去中心化和分布式特性广受青睐。尽管如此,众多有关区块链方面的研究却局限于比特币。事实上,区块链可以应用于多个领域,不仅仅是比特币。区块链以其关键特质展示了自身改变传统业务的潜力:去中心化、持久性、匿名性和可追溯性。在本章中,我们对区块链进行全面的综述。首先,我们概述了区块链技术,包括区块链的体系结构、优势和需求。其次,我们讨论了区块链中常见的共识方法,以及对这些方法在不同方面的分析和研究。我们还展示了一些典型的区块链应用,并总结了一些可能会妨碍区块链技术发展的挑战和问题,并介绍了一些目前用于解决这些问题的方法,还探讨了区块链技术未来的可能方向。目前,智能合约正在快速发展,从而提出了许多智能合约应用。然而,由于智能合约语言仍存在许多缺陷和限制,因此许多创新的应用程序目前很难实现。我们打算在将来对智能合约进行深入的研究。区块链技术成就了比特币加密货币。这是一个去中心化的交易环境。在这样的环境中,所有交易都记录在公共分布式账本中,对所有人均可见。区块链的目标是为所有用户提供匿名性、安全性、隐私性和透明度。但这些特性提出了许多技术挑战,具有局限性,需要得到解决。为了解当前区块链技术方面的研究处于什么水平,我们决定通过使用系统性的映射研究流程[2]对所有相关研究进行映射。这一系统性的映射研究,目的是对区块链技术的现状和研究主题进行调研。我们排除了经济、法律、商业和法规方面的视角,只从技术方面的视角进行调研。我们从科学数据库中提取并分析了 41 篇主要论文。根据当前的研究现状,就区块链技术今后的研究方向提供了以下建议:

(1) 继续发现更多问题并提出解决方案,解决区块链技术方面的挑战和局限。自 2013 年以来,人们对区块链技术的兴趣急剧上升。累计论文数量从 2013 年的 2 篇增加到 2015 年的 41 篇。大部分研究的重点都聚焦于解决区块链面临的挑战和局限上,但仍然有很多问题没有合适的解决方案。

(2) 对区块链的可扩展性问题开展更多研究。当前对区块链技术的大部分研究都把重点放在安全和隐私问题上。要做好广泛应用区块链技术的准备,可扩展性问题(如性能和延迟)就必须得到解决。

(3)除比特币和其他加密货币系统之外,开发更多基于区块链的应用程序。当前的研究主要集中在比特币系统上。但研究表明,区块链技术也适用于其他解决方案,如智能合约、财产许可、投票等。

(4)使用客观的评价标准,对提出的解决方案评价有效性。虽然目前已经提出了一些应对挑战和局限的解决方案,但其中许多解决方案只给出了简要的想法建议,缺乏有效性方面的具体评估。

参考文献

[1] OECD. Health spending. 2018. doi:10.1787/8643de7e-en. URL https://www.oecdilibrary.org/content/data/8643de7e-en.

[2] Elizabeth A. Bell, Lucila Ohno-Machado, and M. Adela Grando. Sharing my health data: a survey of data sharing preferences of healthy individuals. In *AMIA Annual Symposium Proceedings*, volume 2014, page 1699. American Medical Informatics Association, 2014. https://pubmed.ncbi.nlm.nih.gov/25954442/.

[3] Fabian Wahl Peter Behner, and Marie-Lyn Hecht. *Fighting counterfeit pharmaceuticals*, 2018 (accessed Nov 15, 2018). https://www.strategyand.pwc.com/reports/counterfeit-pharmaceuticals.

[4] Tsung-Ting Kuo, Hyeon-Eui Kim, and Lucila Ohno-Machado. Blockchain distributed ledger technologies for biomedical and health care applications. *Journal of the American Medical Informatics Association*, 24(6):1211—1220, 2017. doi:10.1093/jamia/ocx068. URL http://dx.doi.org/10.1093/jamia/ocx068.

[5] Vikram Dhillon, David Metcalf, and Max Hooper. *Blockchain in Health Care*, pages 125-138. Apress, Berkeley, CA, 2017. ISBN 978-1-4842-3081-7. doi:10.1007/978-1-4842-3081-7_9 URL https://doi.org/10.1007/978-1-4842-3081-7_9.

[6] Mark A Engelhardt, and Diego Espinosa. Hitching healthcare to the chain: An introduction to blockchain technology in the healthcare sector *An Introduction to Blockchain Technology in the Healthcare Sector*. 7(10):22-35, 2017.

[7] Al-Debei, M. M., and Avison, D. (2017). Developing a unified framework of the business model concept developing a unified framework of the business model concept. *European Journal of Information Systems*, 9344. doi:10.1057/ejis.2010.21.

[8] Anjum, A., Sporny, M., and Sill, A. (2017). Blockchain Standards for Compliance and Trust. *IEEE Cloud Computing*, 4(4), 84-90. doi:10.1109/MCC.2017.3791019.

[9] Arnott, D., and Pervan, G. (2012). Design science in decision support systems research: An assessment using the hevner, march, park, and ram guidelines. *Journal of the Association for Information Systems*, 13(11), 923 – 949.

[10] Benchoufi, M. (2017). *Blockchain technology for improving clinical research quality*, 1 – 5. doi: 10.1186/s13063 – 017 – 2035 – z.

[11] Casino, F., Dasaklis, T. K., and Patsakis, C. (2019). A systematic literature review of blockchain – based applications: Current status, classification and open issues. *Telematics and Informatics*, 36(May 2018), 55 – 81. doi: 10.1016/j.tele.2018.11.006.

[12] Chan, Y. Y. Y., and Ngai, E. W. T. (2011). Conceptualising electronic word of mouth activity: An input – process – output perspective. *Marketing Intelligence and Planning*, 29(5), 488 – 516. doi: 10.1108/02634501111153692.

[13] China Daily. (2019). Nation leads world in blockchain projects. Retrieved May 21, 2019, from http://www.china.org.cn/business/2019 – 04/02/content_74636929_2.htm.

第 4 章

区块链技术的网络安全和隐私问题

阿尤什·德维韦迪

阿马尔纳特·米什拉

德布拉塔·辛格

4.1 简介

目前,我们可以使用标准的非自动化货币,但这与特殊类型的货币机制并不完全相同。当数字货币成为主流时,以电子方式提供货币的决定将类似于标准货币标准。然而,正是这种技术进步使得数字货币与众不同。钱在自己的钱包里!但问题在于,全球目前的现金结构存在诸多问题,其中包括以下几点。

细分市场结构、收费卡和转账都已经过时,同时会让交易变得烦琐并受到限制。全球范围内的金融不匹配正在增加。出于相关原因,大约有30亿人赚不到钱。这是地球上大部分人的现状!加密货币等高级货币意在解决其中一些问题。

4.1.1 基本的加密货币形式

在撰写本文时,最常见的加密货币形式包括以太坊、瑞波币、莱特币和比特币。最近,比特币(2008年发明)主要通过区块链技术运行,它将颠覆货币市场。那么是否需要通过区块链技术来运行比特币或将其转移给其他人?毫无疑问,现代化货币相关原则允许选择按照银行和其他统一的判断来处置货币。加密货币属于去中心化货币。每台相关的个人计算机都经过认证,因为其依赖于称为"区块链交易"的技术来改进[1]。

4.1.2 货币的意义

在了解现代金融系统的服务之前,需要拥有对现代经济中现金重要性的一定认识。现金背后的理念有点类似于"先有鸡还是先有蛋",要达到拥有超大现金规模的明确目标,现金应具有各种特征。例如:

(1)应该有足够多的人拥有现金。
(2)卖家应该将其记为一种支付方式。
(3)社会应该承认现金规模巨大,并且未来将以相同的形式存在。

显然,在以前的交易系统下,当有人用羊换衣服时,交易商品的定价是根据它们的属性决定的。无论如何,当货币转变为关键因素时,货币的意义以及更重要、更基本的货币模型都会随着时间发生明显变化[2]。

影响货币的另一个因素是交易。将大量金条从一个国家运到另一个国家,利用两国之间的价格差异赚取差价是赚钱的主要方式之一。那时,当个人变得非常懒惰时,其他支付手段应运而生。万事达卡传达了社会管理的目标。随着世界联系变得日益紧密,并且越来越重视可能将不可避免的有利环境作为主要关注点的专家,电子资金可能提供了另一种基本选择[3]。

4.1.3 数字货币简史

电子货币以比特币为主。这就是我们熟悉的加密货币[4]。比特币是区块链第一次实践的产物,由中本聪创造[5]。中本聪在2008年提出了比特币的概念,称这是一种电子现金"完全分布式的结构"。

早在比特币问世之前,各种尝试推出货币相关的数字规则早已经在进行。比特币等技术先进的金融体系是由挖矿产生的。

直到2011年,比特币仍然是数字货币的主要类型。那时,比特币爱好者已经注意到该体系的缺点。因此,他们决定制造另一种加密货币,以改善比特币的运作速度、安全性和匿名性,而第一批加密货币中就包括莱特币。无论如何,在市场上目前已有超过1600种数字货币,并且该数字还将继续增加[6]。

4.1.4 区块链的组成部分

区块链是惊人的技术进步,其好处是可以量化的。然而,如果我们能明智地理解区块链的共识、游戏化和开放性三个关键边界,甚至可以更恰当地处理这一进步的整体重要性,并了解它们当前和未来的应用[7]。2008年9月18日,《华尔街日报》的头条新闻如下:"显然,这是自20世纪30年代以来最可怕的危机,而且看不到尽头。"这是指由次贷危机引发的金融危机,该危机导致美国和欧洲一些大型公司和银行纷纷倒闭。

比特币是另一种电子现金结构,使用共识来防止双花,它是去中心化的,这意味着它没有中心化特征。区块链是分布式系统,包括注册或交易数据库,能够以敏感价格进行交易,并直接访问任意两个社交网络。区块链的连续性具有独特的能力,可以验证账户所有权、确认评级和维持交易结果,而不需要任何中介或中间源,如银行或银基平台[8]。比特币的创造者,或许更准确地说是制造者,试图扼杀当今互联网公司完成这类任务的条件。公共商店、中央交易所和银行为合资企业提供了机会。但我们对这些类型的基金会和全球组织的控制有限。这些结构的可持续性主要基于内部控制、法律和外部信任三个因素。权威模型包括联邦储备委员会(Federal Reserve Board, FRB)、联邦存款保险公司(Federal Deposit Insurance Corporation, FDIC)和证券交易委员会(Securities and Exchange Commission, SEC)[9]。

比特币是一种加密货币,旨在创造一种在交易周期中纳入透明控制的交易系统。正是秩序维护、博弈和问责的实践使比特币成为可能。虽然可能看不到中间列出的所有细节,但随附的描述应有助于更好地了解使用支持的影响[10]。

4.1.4.1 共识

我们经常监督谈判。例如,我们用BhimPay去买茶点,用地铁卡去乘地铁上班[11]。在这些情况下,中间专家在验证记录或资产的所有权和余额,以及遵守目标公司或组织设定的社会条款,如在线支付后,专业协会知道已支付,如中央银行登记所示。

然而,在区块链环境中,专业组织认为我们有足够的资金来支付,这是区块链中足够多人同意我们由资金支付的结果。让更多的人就资产所有权和余额达成共识被称为理解和定位,这是任何区块链的关键部分。区块链不是将所有交易集中存储,而是分散到个体。为此,所有交易数据的副本都复制到分布式网络中的每个区块链节点中。通过区块链系统中包含的计算,每个中间点使用相同的过程来检查账户身份和记录更改。个人可以像创建电子邮件记录和密码一样创建区块链记录或钱包,交易也可以使用发件人的记录进行查看,就像发送或接收电子邮件一样。通过考虑在本地发送和接收的所有消息或交易,可以确定任何服务的余额。与密码类似,人们有一个密钥用于他们的钱包,只有拥有该密钥的所有者才能控制他们的资源如何使用。区块链还使用加密技术创建封闭交易。每个与每个块相关的交易都受到单向测试的限制,这个测试称为哈希,它将一组预定义的输入用于输出,提供一条新的长度和位置不同的独立线路。

以下是32位64字符的哈希值示例:
0000009a8a21adc53a473bl65798ebd1d

如果有人设法以某种方式改变交易,如将交易从"我买了5个比特币"转换为"我买了 500 个比特币",哈希结果将随当前时间而改变,并且不会与任何其他人的这次交换的哈希相匹配,这将使其无效。这需要达成共识,以使没有人可以将同一枚硬币使用两次,这称为双重支付,处理双重支付是比特币最显著的成就之一。在区块链上验证交易而不互相信任通常称为不可信的执行。一些区块链协议甚至考虑在没有真实余额信息的情况下验证余额,这称为零信任证明。最后,当占区块链处理能力 51% 的足够多的节点确认交易块时,该块视为在区块链上得到了认可。节点之间的共识也是需要的,以防有人需要为区块链本身制定改进指南。如果有人能够控制 51% 的区块链处理能力,他们就可以基本上制定标准并互相分享所有部分。出于这个原因,以太坊区块链全球拥有超过 16000 个节点,这个数字每个月约增加 10%。除了网络规模与巨大的收购竞争,它也使结构异常不完善,容易受到欺骗。如果一些区块链节点突然清除,我们还有数千个节点。然而,仅仅得到同意是不够的,必须还有足够的动力促使某人投入精力和资产来建立与维护节点。因此,游戏化是推动区块链创新的下一个最重要想法。

4.1.4.2 游戏化

指定一个区块链协议的有效性在于,通过游戏化,人们试图获得补偿来做有助于维持组织运行并修改网络价值的工作[12]。

节点运行、确认和向区块链添加交易的周期称为挖矿。矿工收取确认交易的费用,如果他们第一个将特殊交易结构创建成区块,并将该区块放入称为"区块价格"的结构中,就能获得更高的回报。

为了支付价格,每个区块链都由自己的加密现金组成,如比特币、小蚁股(Neo)等。现在可以开始交易并在很大程度上抵消交易费用。尽管区块链本身通过打印新代币给出了区块价格,但该方法可能会有所不同,具体取决于特定区块链的指导原则。

为了获得区块价格,一些区块链要求每个节点都创建一个巨大的随机数,类似于极小概率中奖的彩票。此外,该概率会变得越来越小,直至货币发行总量。这需要进行大量计算,从而促使系统管理变得更加牢靠,并跟上担保中的交易数量。节点使用最新的创新技术。其他拳头产品期望各中心在整个设定的时间框架内发挥重要作用,以处理区块。保存更多的利益和持仓允许执行更多的确认操作,并获得更多的费用。确认股票是为了组织的最佳利益,但使用的处理能量要少得多。

在撰写本章时,比特币区块奖励(12.5个比特币)价值约10万美元,以太坊奖励(5个以太币)价值约3000美元。从长期来看,带有奖励金额的比特币会持续减少。最终,奖励会降到零,此时,矿工将完全依赖于交易成本。事实上,所有比特币都是刚刚交付,而以太坊没有任何创造限制。目前,大约有9700万个以太币,当更新其中一个原则时,链将产生分支。新的交易标准,由新的基础设施主导,一种现金比特黄金(Bitcoin Gold,BTG)和比特现金(Bitcoin Money,BCH),这就是为什么它们都是第一种比特币(Bitcoin,BTC)的变体[13]。第一个原因可能是为了提高处理速度,第二个原因可能是为了更有效地存储交易,第三个原因可能是为了降低成本。所有现金储备都依据明确而直接的原则管理,作为指导准则,近年来,所有关于这些原则的程序都需要得到节点的同意。

此时,思想可能会偏离所有这些标准,但最后还是会利用特定模式下的费率、奖励和收益来运行一系列商业或社会周期。想象一下,建立一个组织来做这件事。这些原则将在不事先通知的情况下发生变化,并且收益会被消除。决定谁可以参与和谁有特权改变管理标准,是区块链的第三个要素。这种接受度可以对我们的行为产生最大的影响。

4.1.4.3 开放性

公众支持和声誉问题在充满可能性的网络中特别普遍。Linux工作框架中67%的Universe网络工作者和80%以上的Universe移动电话都在自己运行,并依赖于许多人的开放协作。

4.1.4.4 编程工程师

监管Linux的机构使用了免费的开源认证模型。世界上最大的人类信息存储库是250。本着启用开源编程等去中心化组织的想法,去中心化自治组织(Decentralized Autonomous Organization,DAO)在2016年6月众筹了1.5亿美元[14]。基于类似比特币区块链的区块链创新,DAO实际上是一个监管机构,采用的规则和实践都是基于简单性、理论基础、密码学和科学宣传等理念精心构建的,而不是一系列会受有限人群影响的复杂循环。

可以在一个可公开访问的空间中对理由进行评价,以便政府、社区、财产交易和货币兑换能够以任何人都能执行的协议为依据,并在正常条件下自行执行该协议。以结算为例,如果销售了 50 个或以上的小配件,并且在任何情况下都能获得 15% 的佣金,则在结算时将获得 100 亿越南盾的佣金。

在 DAO 基本失败之后,由于其固有的弱点,我们最终进行了调整来解决这个问题。最近,DAO 已经转变为我们现在所熟悉的 ETH 区块链网络区块。比特币主要用于分期付款,而以太坊旨在运行去中心化项目或智能合约。任何人都可以在以太坊区块链上查看智能合约背后的代码/理由。智能合约可以用于各种各样的功能:跟踪关于财产的头条新闻,指导下注或创建能源共享区的理解矩阵。就像网站本身一样,公共区块链在大多数情况下都有帮助监管或调整重要变化的设施,但它们大多由个人或机构自主运行。

同样,私营企业可以拥有自己的局域网或私有入口,并且可以采用私有的或基于参与的方法来构建区块链,称为"特许记录"。由于私有链中的大链块现在是可信的,它们往往不会采取与公有链一样的方法来准备验证和保护交易,这意味着它们可以非常迅速地工作。同样,与公有链相反,独立的区块链不需要获得"51% 批准"就可以推进其理念。私有链是可以创建的。这些都表明,许多常见的业务领域(如存储网络、记账和国际金融交易)都有重大改善。在任何情况下,私人和公共限制都可能在展示方面比开放区块链更有优势,但受限公开会议就管理这些限制做出决策的方式削弱了这些优势。迪士尼链(Disney Chain)对公有链和私有链管理来说必不可少,它创造了我们希望在接下来 10 年里从区块链各阶段看到的完全独立的无形产物,即各种集体协议、整合和透明性[15]。

我们预计会有更多的公共和私人管理部门获得授权,并通过妥善管理和平地组织起来。例如,在区块链中使用或加载明确的功能来执行管理时(如身份验证、分期付款、资源交换、交换记录保存、机器人合约的授权),区块链也将开始发挥作用,以确保我们使用的数据有保障。当这种共享服务的建立成为常态时,区块链的真正机会在于强调开放性的领域。在 1929 年美国股市崩盘以及 20 世纪 30 年代的大萧条后,富兰克林·德拉诺·罗斯福(Franklin Delano Roosevelt)总统在帮助稳定美国局势方面功不可没。当时的主要任务是建立新的安全组织,如 1934 年建立的证券交易委员会,以确保提高业务稳定性并降低各组织承担的风险水平,如重点交易组织、交易银行、代理和顾问。下一个任务是实现称为"New Covenant"的应用程序。新政促成了公共事业振兴署(Works Progress Administration,WPA)的成立[16]。仅 WPA 就创造了超过 800 万个职位。这些项目不仅建设了美国的基础设施,如州际公路、航站楼和交通枢纽,扩建了铁路框架,还拓展了科学和文化活动,如修建天文台、为工匠提供工作机会,以及赞助交响乐团表演和庆典等艺术活动。在严重的种族不平衡时期,WPA 在有效性方面考虑的主要因素之一就是综合性。共识、游戏化和开放性的结合创造了机会,让理解、混合管理和通过良好自然环境来支持公众等想法融合到政府官员发起的"新政"中。现在想想,WPA 得到了世界范围内的公共工程的支持,在这些工程中,任何人都可以充当调查人员、专家或质控监管人员。作为区块链监管机构和开源公益部门,有充分的理由认为未来的在线治理可以使用标准[17]。同样的成功也使得金融部门向国际层面开放。

尽管对计算机化或实际资源进行了讨论,但区块链的协议技术、游戏化方法和透明度水平的混合可以让一方利用协助、选择执行管理工作、让一个人或一件事在管理中发挥作用,或这些效果的混合。按资源、任务、用途或奖励描述现金的过程称为"代币化"。代币一致性边界可能很模糊,并且可能使用大量容量(也称为对半代币),但在大多数情况下,我们认为代币可以分为五大类。一些区块链只是创建和验证交易。尽管比特币是一种计算机化的资源代币,但同样可将其视为一种使用代币。有些代币本质上与 Digix(DGD)等实际资源有关,像比特币一样,如果一种代币与另一种代币之间没有区别,即视为可以替换[18]。而可收集的棒球卡或 crypto kitty 等代币不可替换。像 Livepeer LPT 这样的工作代币是由 Hub 在播放循环视频时赚取的。文件币 Hub 在执行已部署的能力时获得工作代币,而 Executives & Jeweler Hub 可以指导执行照片对齐式标记的人完成任务并分期付款。

最后一种代币称为停止标志或奖励。奖励通证是指对某人或某物表现的评级或奖励。模型获得者根据内容创意和对工作的偏好,以 STEEM 来奖励内容提供者。Forecast 采用与评估活动结果相同的方式,按照对体育、政治活动或金融活动的具体期望,奖励拥有卓越声誉(Reputation for Excellence Person,REP)的成员。Livepeer 利用团队检查提供广播功能的 Hub 质量和性能,并提供奖励。

通过结合所有这些想法,可以简化拼车行为。使用资源通证,可以授权成员出售其车辆。使用工作通证,可以授权成员把车租给司机。然后,骑行者可以用援助通证来补偿乘客。通过使用盈利性合约,可以记录乘客和成本，向高级司机和忠实乘客发放奖励代币，最终计算利润并将其分发给所有默认的季度价格享有者。请注意，从管理的角度来看，SEC 只关注帮助通证和安全通证两类通证。为了执行特定类型的活动或管理而购买通证时，通证就有用。SEC 通证不是直接通证。如果为了获得特定的回报（如利润、效益分摊或预期的价值增值）而有意购买通证，则可将通证视为抵押品。因此，SEC 甚至可以订购带有所有使用标志的代币作为担保。

鉴于当前的专业化和便利性挑战，区块链创新可能会在未来 10 年中发展成为专业化场景中不可或缺的一部分，不仅有助于提高所有权确认、分期付款、资源交易、交易历史提供和协议的计算机化实施等任务的效率，还可能保证更显著的简单性，并改善对货币基金会、行业机构和在线管理部门等更大型集中机构的管理。此外，虽然不能解决所有高级问题，但区块链创新为我们提供了获得新的有趣功能的机会，让我们能够在更安全、更可靠和更全面的计算世界中进行协作。从历史来看，包容的可能性会给网络和国家带来广泛的建设性影响。通过深入了解合约、不当行为和可接受性如何影响区块链创新，我们可以开始预测、实施并参与管理，这在地方和全球范围内打开了全新的金融门户[19]。

4.1.5 区块链的去中心化

在区块链中，去中心化是指将公司的组成部分（个人、团体或组合）以受控和动态方式交换到所传送的网络。权力下放的机构寻求降低成员之间应给予彼此的信任度，防止他们在道德上相互行使权力或命令，这会破坏组织的效能。

4.1.6 为何权力下放很重要

分布式不是一个新概念。在建立创新协议时，经常可以看到分组、中心化和去中心化三种基本的组织模式。通过管理去中心化并承认应用程序中的资产，可以获得更显著和更令人愉悦的支持。然而，交换吞吐量越低，它们所带来的可靠性和治理水平的提高就越值得权衡。

4.1.7 去中心化的优点

去中心化有以下几个优点：

(1) 提供去信任环境：在去中心化的区块链网络中，任何人都不需要认识或信任其他人。组织的每个部门都有一份与传播记录完全相同的信息的副本。如果任何人以任何身份修改或污染了部门的记录,则组织中的大部分人都不会再考虑该记录。

(2)改善信息泄露:组织经常与其伙伴交换信息。因此,这些信息会定期发生变化,并存放在各组织的信息库中,可能会在向下游传递时再次出现。每次改变信息都会为不良信息或错误信息进入工作流提供可乘之机。通过建立去中心化的信息库,每个组织对信息都持有不变的共享视角。

(3)减少故障点:在过度依赖明确参与者的情况下,去中心化可以减少框架中的不足之处。这些不足之处可能会让人大失所望,包括无法提供有保障的管理或由于资产疲劳造成资源浪费,以及间歇性中断、瓶颈问题、缺乏足够的激励或退化而导致的低效服务。

(4)促进资产流通:去中心化同样有助于简化资产转移,以便提供更好的执行和一致的承诺服务,同时降低灾难性失败的可能性。

4.2 区块链的工作原理

去中心化应在最适当的情况下使用,并且没有必要100%去中心化。任何区块链方案的目标都是满足用户需求,这可能包含一定程度的去中心化[20]。为了更容易理解去中心化组织,表4.1显示了去中心化组织与常见的集中式和分布式网络的不同之处。每种组织设计都有其利弊。例如,去中心化的区块链框架通常更注重运行时安全。因此,随着区块链网络的规模扩大,该组织变得更加安全,但是返回所有信息可能会导致执行变慢。节点必须验证添加到记录中的所有信息。向去中心化组织添加成员更加安全,但速度较慢。谁在使用分布式构建区块链应用程序?

每个区块链约定、去中心化应用(DApp)、DAO或其他与区块链相关的组织架构都有不同程度的去中心化。选择的级别通常基于方案的开发、其激励模型和共识组件的经过时间验证的可靠性以及建立的团队能力。为了找到某种平衡,DAO在不同阶段使用了不同的去中心化组件。先知(即为智能合约提供外部数据的外部管理员)在一定程度上是去中心化的,成熟的共识机制可以完全中心化,但改变边界的管理周期是网络化的,这需要引导和去中心化。

表 4.1 中心化、去中心化和分布式组织的区别

比较项	中心化	分布式	去中心化
软硬件资源	由统一领域中的单一要素维持和约束	分布在不同的服务器群和拓扑结构中;由网络供应商所有	资产由网络中的个人索取和共享;由于不为任何人所有,难以维持
解决方案的组成部分	由统一领域中的单一要素维持和约束	分布在不同的服务器群和拓扑结构中;由网络供应商所有	每个成员都拥有完全相同的分布式账本副本
数据	由统一领域中的单一要素维持和约束	通常由客户拥有和运作	通过群共识机制添加
对所有方面的控制权	由统一领域中的单一要素维持	分布在不同的服务器群和拓扑结构中;由网络供应商所有	无人拥有数据,但人人都可以访问数据
每个组织中的单点故障	是	否	否
容错	低	高	最高
所有组织的安全性	由统一领域中的单一要素维持和约束	分布在不同的服务器群和拓扑结构中;由网络供应商所有	与网络成员成反比
在每个组织中的表现	由统一领域中的单一要素维持和约束	随着网络/硬件资源的增加和减少而提高	与网络成员成反比
示例	企业资源规划	云计算	区块链

各种类型、规模和行业的机构已经调查并接受了更大规模的去中心化区块链安排。一些著名的模式整合了一些应用程序,为最需要帮助的个人提供快速、陌生或关键的帮助,而不考虑银行干预、政府或外部因素。另外,还有一些应用程序,使个人能够处理他们自己开发的特性和知识。如今,网络媒体机构、组织和各种机构都在毫无优势的情况下出售数据。去中心化方法有助于使该过程对每个人都公平[21]。

例如,总部位于英国的领先煤炭供应商康图拉能源公司(Contura Energy)的合法模型依赖过时的信用证框架来处理其全球交易的分期付款。这些信用证由有代表性的银行为其客户的利益而签发,作为买方的分期付款担保。虽然该框架较可靠,但它在结构上是确定的,并且处理速度缓慢,非常浪费资

源。康图拉能源公司认识到了信用证数字化和自动化的重要性与好处。然而,他们面临的考验是商家和买家之间的信任授权与共同检查。这种去中心化的安排同样扩展了其简单性,使所有会议都能不断地了解信息和文件资料。

4.2.1 区块链的工作

区块链的开发方法尚不成熟,未来可能会不断发展。因此,我们必须开始了解这一创新[22]。区块链是三种驱动创新成果的混合体。在以下方面共享记录:

(1)加密密钥。
(2)具有处理能力的去中心化组织。
(3)组织的方法、交流和记录存储。

4.2.1.1 加密密钥

密钥分为私钥和公钥两种。这些密钥有助于在两方之间进行有益的交流。每个人都有这两种密钥,用于创建安全的数字身份证明。数字身份证明是区块链创新的主要部分。在加密货币领域,这种特征称为"计算机签名",用于批准和控制交易[23]。

计算机签名与分布式组织融合。许多人成为使用计算机签名的专家,就交易以及各种不同问题达成一致。在他们批准协议时,该协议将接受数字化检测,从而得到有效保障。简而言之,区块链客户端使用加密密钥来执行各种计算。

4.2.1.2 交易流程

区块链创新的一个关键亮点是它验证和批准交易的方式。例如,若两个人想进行私钥和公钥交易,则一方需要把交易数据与另一方的公钥连接起来。尽管区块链主导着货币交易,但它同样可以保留各种特性、工具等的精妙之处[24]。

4.2.1.3 哈希加密

区块链创新主要是使用哈希加密并根据 SHA-256 算法来验证信息和数据。发送方的位置(公钥)、接收方的位置、交易和私钥的精妙之处在于:加密数据(即哈希加密)被发送到世界各地,并在验证后添加到区块链,SHA-256算法重新安排发送方和接收方的验证,使得哈希加密难以破解[25]。

4.2.2 操作确认

在区块链中,每个区块包含4个主要表头。既往哈希值:根据哈希地址查找既往区块。区块的哈希地址:上面提到的所有内容(过去的哈希值、交易和临时值)均通过哈希计算发送。这将返回一个 256 位、64B 的值,称为特殊的"哈希地址"。因此,这是一个区块哈希值。

世界各地不同的人使用计算来满足预定条件的激励归类为正确的哈希值。当满足预定条件时,交易结束。更简单地说,区块链矿工努力解决工作量证明的数字之谜。解决问题的人将首先获得奖励。目前,计算机化/发布的记录隐含的原理称为"挖矿"。虽然该术语与比特币相关,但也用于指代其他区块链进展[26]。

4.2.3 区块链的结构

迄今为止,区块链是确权的"第五次发展",互联网缺乏的是信任层[27]。区块链可以在数字化数据中创造信任。当信息被制成区块链数据库后,很难进行或更改,这种可能性以前从未存在过。

区块链由三个重点部分组成:

(1)区块:在给定时间内记录的交易摘要。为区块设置大小、持续时间和事件,切勿与各区块链混淆。并非所有区块链都在记录和保证现金预付作为改进项,而是所有区块链都记录自己的加密货币或代币进展。然而,所有区块链都记录了其加密货币或代币的交易。通过为交易分配引擎(如在金融交易中发生的),可以解释数据。

(2)链:从一个区块到另一个区块并从数学上"捆绑"在一起的哈希。这是区块链上最不容易理解的想法之一,也是让区块链与数学融合的法宝。信任区块链的哈希是使用既往区块中的数据生成的。哈希是这种数据一个有趣的属性,它确认了区块请求及时间。哈希是 30 多年前创建的,但区块链中的哈希是一种新的技术。这种技术的发展用于不能解密的单向操作。哈希限制执行数学计算,将任何大小的数据映射到固定的链上。链块字符串通常为 32 个字符的长度,用于处理哈希数据。安全哈希算法(Secure Hash Algorithm,SHA)是区块链上使用的加密哈希限制之一。SHA－256 是一种计算量很大的算法,它创建显著的、固定 256 位(32B)大小的哈希值。实际上,我们将区块链中用于验证哈希值的高级特殊数据标志视为哈希值。

（3）组织：由"完整节点"组成，可将其视作运行安全映射图的计算机。每个节点都包含区块链中曾经记录的大量交易的所有记录，任何人都可以使用。在完整节点上进行运算是一项艰巨、费力且枯燥的任务，所以人们不会不图回报地为他们的组织工作。奖励通常是代币或现金预付款，如比特币[28]。

4.2.4 结构化区块链的优点

你是否仍然相信先进的金融标准（或其他类型的去中心化货币）主导着传统政府货币？计算机化货币形式可以通过其去中心化的特性提供各种不同的策略：

（1）再现疯狂印钞：公共政府有一个实质性的金融机构，基本上是银行，公共银行在面临合法的金融问题时可通过印钞解决。这种循环更多称为激励。通过印制更多的钞票，政府可选择遵守承诺或让现金贬值。在任何情况下，这种策略看起来就像给断腿贴膏药。它很少能够解决问题，而且带来的负面后果可能远远超过原来的问题。例如，伊朗和委内瑞拉等国家拥有丰富的资金。在印制更多的钞票时，其现金估值就会大幅下降。急剧的通货膨胀使得人们买不起基本物资。他们的现金不如组织的活动重要。对于大多数加密货币类型的现金，实际可用的货币是有限的。无论货币是实际可用的还是节点上的虚拟物质，区块链背后的组织并没有一个简单增加或熟练增加货币的基本方法。如果信任立法机构，这很好，但是请记住，组织基本上可以随时冻结记录（如在美国），而不会考虑任何人的真正意愿。如果有代币桶，废除这个代币桶就会使组织获得其中的所有资产。有些政府机构可以这样做，甚至可以像印度在2016年所做的那样，从本质上使担保收据失效。即使是高级类型的现金，仍然无法获得自己的资源。

（2）完成交易：如使用普通货币，每次交易时，都会有专业机构，如银行或高级别的股份公司参与进来。在区块链中遇到的所有人都是专家。他们的补偿安排与法定货币不同，因此与评估无关。

（3）偿还未付款项：很大一部分人不具备像银行这样的财产分配工具或许可证。这个问题可以通过在各地推广先进的交换技术来解决。如此一来，任何有手机的人都可以分割财产。否则，实际上会有很多人比银行更容易使用掌上电脑(Personal Digital Assistant,PDA)。老实说,大部分人拥有的是手机而不是"浴室",但此时的区块链发展无法决定最终问题。

在比特币发布之时,整个行业受到的干扰都开始消退。这些梦想可能从洪水之后的金融危机中获得力量。要记住的重要一点是区块链的发展,即币市中的加密货币都处于起步阶段,并且正在迅速发展。

4.2.5 区块链类型

目前,有公有链、私有链、混合区块链和侧链区块链4种类型的区块链网络[30]。

(1)公有链。公有链就像是验证器(即参与约定协议的实施)。通常情况下,此类组织会向个人提供财务激励,并使用某种权益证明或工作量证明计算。规模最大的公有链最著名的可能是比特币区块链和以太坊区块链。

(2)私有链。更严格地说,这是许可的私有链。除非经组织负责人允许,否则无法参与。用户访问和验证会受到限制。为了识别开放式区块链和其他共享的去中心化信息库应用程序,分布式账本(Distributed Ledger,DLT)通常用于私有链。

(3)混合区块链。混合区块链是集中式和去中心化的混合体。链的具体活动可能取决于使用哪一段中心化。

(4)侧链区块链。强制区块链上的项目可以与侧链链接。这样一来,侧链在任何情况下都独立于区块链运行(如通过使用替代方法进行记录保存、计算替代合约等)[31]。

4.2.6 安全和隐私问题:未来趋势

正如生活中的其他事情一样,数字货币具有其自身的风险。无论你是交易加密货币,将资产投入其中,还是仅仅为将来掌握它们,都应该提前评估和了解风险。数字货币讨论最多的风险包括波动性和不合规性[32]。2017年,波动水平变得特别高,包括比特币在内的大多数重要数字货币的价格均上涨10倍以上,然后同样急剧下降。规则是业务中的另一个关键主题。奇怪的是,无论是不合规还是合规,都可以成为加密货币投资者的风险因素。

4.2.6.1 学会交易

加密货币使交易更加简单快捷。然而,在滥用这些选项之前,应该利用加密货币的便利性,并找到可以使用不同高级货币的地方,了解现金和加密现金组织。这些都是巩固计算机化钱包和现金交易的基本要素,包含所购加密货币的加密钱包与 Apple Pay 和 PayPal 等应用程序的进化版本完全相同。但从整体来看,有趣的是,这与普通钱包相关,并具有不同的业务程序和安全标准。没有加密钱包,就无法参与加密货币市场。

如果你认为这些交易在过去存在欺骗行为,那么在交易中处理高级货币形式会面临重大威胁,可尝试使用集成连接退出。第三种加密货币称为组合,这结合了其他两种方法的优点,并为客户提供了更安全的共同见解。

4.2.6.2 加密货币机构

熟悉加密货币组织可能是帮助你了解市场和人们关注内容的一块敲门砖。一个好的网站有一个旅游景点和关注收藏清单,使你在市场中有更好的感受。有几种不同的方式可以进行安装加密特定公共事件:高级货币在 Telegram 程序中有自己独特的通道。如需访问,首先要在手机或电脑上下载 Telegram Messenger 程序,可从 iOS 和 Android 应用商店下载。

Reddit 或 Bitcoin Talk 上的加密:Bitcoin Talk 和 Reddit 都有非常稳定的加密聊天室。可以查看关注点而不加入对话,但如果要提问,则需登录。

TradingView 会客室:最佳交易平台之一,TradingView 为众多代表和货币专家提供了支持,让大家一起分享分析、问题和灵感。如果你正在寻找一个更加专注于交易而不是聚集在一起的地方,那么可以加入这个理论大会,与大家尽情交流。

4.3 管理投资风险

当前,存在超过 1600 种加密货币,数量不断增长。不同的加密货币,可以根据其特征、主导地位、信任框架、区块链背后的机构以及其金融模型等因素进行选择。加密货币行业相对较新,因此很难找到最佳的加密货币和投资方式,你可以在不同类型和种类的加密货币之间进行调整以管理风险。持有 15 种不同的加密货币可以增加成功的概率,而过度分散也有可能带来风险,因此需要进行明智的决策。

4.4 案例研究

区块链技术能够带来盈利的最典型案例之一可能是土地登记和流转责任,而土地登记库则是一个非常好的案例,已经有了一些试点研究和论证。例如,格鲁吉亚、瑞典和洪都拉斯,但规模都不是特别大。如果房地产交易在区块链上进行,它就能记录整个房产交易历史,并通过将记录保存传递给所有利益相关方,提高交易准备的效率和防止作弊。

此外,利用智能合约编码,资产交易也能够遵循特定的指令,并提高交易周期的效率。作为公共登记机构,区块链是被接受的,参与者只需要知道谁将收费、出售或拆分土地即可。将土地资源进行令牌化是开始创建土地库区块链的关键步骤。每块土地都被描述为一个数字资产,并放置在区块链上进行跟踪。确保当前的土地所有者负责他们分配的令牌是非常困难的,因为现有的框架非常不可预测,需要在未来进行调整或修改。尽管比特币运作良好,但它是一个完全在线的系统,而土地库等领域的区块链应用则需要所有成员都同意所有权和来源记录。此外,由于需要对库的实际情况负责并附上记录,整个过程更为复杂。

数字货币形式

作为一种在线货币,比特币被转化为一种电子货币,可以在无须国家银行或其他机构操作和维护记录的情况下分发,并记录实际货币的使用方式。运行比特币记录的节点也是一个不同的大区块,以及由几百家其他企业运行的一些区块链,可以用不同的原则进行比较。比特币的工作原理是,用新生成的比特币来支付矿工(根据发布的新交易进行计算机操作的人)。因此,该框架消除了为控制膨胀而进行外汇转移和补偿的麻烦。

比特币吸引客户的原因有很多:支付者支付的交易成本较低;自创建以来出现了显著增长;这种框架的费用比传统银行业务低很多。与基于网络的货币一样,比特币也是无边界的,这使得货币的跨区域迁移类似于其他分期付款。

4.5 银行间交换

区块链需要在各方之间达成妥协的框架中发挥作用。银行业的许多重要部门都支持 R3 联盟,该联盟正在研究使用类似区块链的分布式记录来处理银行间结算和其他金融应用程序。

每年都有大量资金从银行间流通,提供了银行间记录。如果存在一个可以处理银行间交换规模的分布式记录解决方案,那么这些成本就可以大大降低。这种类型的用途可以是独立的记录,只有业内认可的机构可以查看记录或创建新的类别。这可能减少向同行发送信函的大量工作,而且在财务方面的其他记录应用中,这是一个效率更高的财务框架。然而,我们希望能够克服这一巨大的困难,这对使用区块链来说是非常重要的。由于比较的原因,已经对这一生产网络进行了一些调节,不需要在商定使用条款时各方做出妥协。智能合约获得批准后自然会履行其条款。这意味着在发出特定的信函之后提交分期付款,使用生产产品记录或进行推测。

4.5.1 智能合约

智能合约允许交易自动进行,无须依赖于中央机构进行合同条款的裁定。区块链在这个领域提供了机会,因为智能合约代码可以直接编写到区块链上,并由合同各方在早期阶段进行检查,就像传统法律合同一样。如果达成一致,智能合约将自动执行自己的条款。这可能意味着在特定触发器后进行支付、运行软件托管账户或进行投资。智能合约比传统法律合同的一个潜在优势是减少交易对方的风险。在传统的法律合同中,法院充当遭突破的规定修复工具——如果违反合同,他们可以执行规定。然而,智能合同可以是一种预防措施;尽管条款是有限的,但仍然可以保证各方持乐观态度。此外,智能合约是明确的——合同将执行其代码的唯一含义。智能合约的采用仍面临着一些挑战。虽然执行智能合约的方式可能消除中间人的需要,但可能仍需要值得信赖的专业人士(如程序员)来创建智能合约。如果制度性信任(和成本)从起草协议的律师转移到编码协议的软件工程师,就没有真正的优势可以被获得。不过,我们正朝着这一方向发展。法院需要认识到,智能合约的活动是在缔约方之间转移所有权和激励的真正方法,并且在法院以某种方式介入的情况下,智能合约的条件是可执行的。此外,还需要为以下问题找到答案:如果智能合约被其中一个缔约方以一种意想不到的方式滥用,可进行什么样的改变?"目的"能否取代代码所表达的含义?

最后一个问题并不是一种假设。当去中心化自治组织因为无效智能合约中的附带条件而征用大量资金时,这种问题就产生了,并最终导致分叉,大多数成员同意将资产不足的部分移回。但有些人保持原样并成为一个不同的区块链,在以太坊经典平台下继续存在。这种回滚只有在大多数成员同意实施它的情况下才有可能实施。

4.5.2 存储网络的可识别性

目前的存储链不断变化,跨越了国界和地域,这意味着所有参与者都需要进行冗长、手动、低效、昂贵的过程。在分离的系统中可见度较低,可能会导致健康问题,甚至导致严重污染。与此同时,用户要求更多关于其购买物品的来源和质量的透明度。区块链技术可以大大减少库存链条中每个步骤的处理时间。每次交易都将被记录,包括从原材料到成品的整个生产过程。区块链上的各方将创建、更新、查看或确认文档,这样就可以实现整个库存链条的可见性。建立完整的审查路径,以保护客户免受假冒产品的侵害。除此之外,还使客户对产品的真实性和性质有了更大的信任,从而影响采购决策。例如,在整个周期内,各方之间可以根据行动方案以类似的方式开始执行不同的部分。随着时间的推移,相关的传感器和智能设备可以度量各个部分的状况,并记录其他信息,便于进行最后的裁定(如产品是否受到损害)[33]。

4.6 保护维护策略

4.6.1 区块链上的隐私

区块链的隐私策略旨在满足相关当局对区块链提供服务和设施提出的管理要求,包括欧盟委员会制定的《通用数据保护条例》(General Data Protection Regulation,GDPR)。

区块链的不同隐私策略包括:

(1)个人数据的收集。信息可以通过在网站上填写表格、电子邮件或通

过应用程序提供。需要收集各种信息,其中包括:

①登录信息:包括浏览器的类型和使用的版本、钱包标识符、上一次访问钱包的时间,以及访问钱包的 IP 地址。

②设备信息:将收集有关设备、硬件型号、操作系统及其版本和软件的信息。

③钱包信息:创建钱包时将生成一个公钥和私钥对,从钱包中退出时,如果未加密的密钥包含交易历史,会收集一个加密文件。

④交易信息:收集和维护与交易有关的信息,即把比特币转换成以太币。

(2)个人数据的使用。个人数据用于了解用户如何使用服务和访问网站、管理和发展业务与运营、预防和调查不诚实行为或其他犯罪活动、处理服务请求和解决用户的问题与需求。

(3)个人数据的安全。个人数据通常是通过互联网获得的。每个成员都可以使用区块链安全策略保护他们的数据。特别是,服务器传输层安全协议(Transport Layer Security,TLS)可以保护个人数据的加密,也可以防止个人访问通过互联网传播的这些个人数据。

4.6.2 区块链类型

区块链有公有链、私有链和混合链三种类型。

(1)公有链:也称为公开区块链,任何人都可以加入该网络,也可以在区块链上进行读取、写入或参与区块链。这种网络不是由单一实体控制的,也可以称为去中心化,但数据是安全的,因为一旦数据在区块链上得到验证,就没有人可以更改、删除或修改。这种系统的例子包括比特币和以太坊。

(2)私有链:也称为"许可链"。它对参与网络的用户进行了限制。只有知道它的实体才能参与交易。这种系统的一个例子是 Linux 基金会的 Hyperledger Fabric。

(3)混合链:公有链和私有链解决方案的组合。我们可以认为这同时提供了受控访问和自由。它不对所有人开放,但仍然提供区块链的功能,如透明、安全、完整、去中心化等。通常,这种区块链是完全可定制的,其中混合区块链的成员可以决定谁参与区块链或者将公开哪些交易[34]。

4.7 结论

在本章中,我们阅读和收集了有关加密货币与区块链的安全性和保障的信息,以及它与其他货币来源的不同之处。首先,我们描述了加密现金和区块链的组成与工作原理。其次,我们谈到了区块链提供的安全和保护,还介绍了加密等各种技术对区块链的发展和进步产生了巨大影响。随着人们对区块链的研究和使用兴趣的增加,安全问题也引起了人们的关注。

我们认为,对区块链安全和交易确认进行全面的研究有望从根本上提高区块链的可信程度,并通过实际增强实现无法抵抗的安全屏障和防御攻击措施。我们应该考虑与其他传统的安全和保护方法相比,更轻量级的加密计算将是促进区块链及其应用的后期进展的关键。区块链是新兴技术,因此对其潜力的预测仍然不一。在科技共和研究报告(TechRepublic Research)中,70%的受访者表示他们没有使用过区块链。然而,64%的受访者表示,他们预计区块链会以某种方式影响他们的行业,并且大多数人预计这会带来积极的结果。

咨询公司高德纳(Gartner)最近的一份趋势洞察报告做出了以下预测:

(1)到2022年,只有10%的用户会利用区块链实现彻底的转型。

(2)到2022年,至少一项基于区块链的创新业务价值将达到100亿美元。

(3)到2026年,区块链的商业附加值将增长超过3600亿美元。到2030年,它将增长超过3.1万亿美元。

网络安全或许是区块链技术发展最有前途的领域之一。区块链技术可用于防止篡改、确保数据安全,并允许参与者验证记录的真实性。

(1)在更详细地讨论每个例子之前,应该先了解具体的真实因素和数字,这些因素和数字表明了区块链如何迅速转变为我们生活中的一部分。

(2)加密钱包应用广泛,用户数量突破5000万。

(3)所有加密现金的总市值在不断增长,突破3600亿美元。

(4)75%的物联网(IoT)公司计划在2020年年底之前开始使用区块链设备。

根据金融服务公司埃森哲的说法,DLT方案每年可以帮助投资银行将运营成本减少120亿美元。因此,区块链技术将在未来几年的科技和IT领域中出现前所未有的发展,类似于网络对世界的影响,这可以追溯到20世纪90年代至21世纪初。

参考文献

[1] Yaga, Dylan, Peter Mell, Nik Roby, and Karen Scarfone. "Blockchain technology overview." *arXiv preprint arXiv*:1906. 11078 1(2), 121, (2019).

[2] Joshi, Archana Prashanth, Meng Han, and Yan Wang. "A survey on security and privacy issues of blockchain technology." *Mathematical foundations of computing* 1, no. 2 (2018): 121.

[3] Weiss, N. Eric, and Rena S. Miller. "The target and other financial data breaches: Frequently asked questions." In *Congressional Research Service, Prepared for Members and Committees of Congress February*, vol. 4, p. 2015. 2015. https://dennisnadeaucom-plaint.com/wp-content/uploads/2015/06/Dennis-Nadeau-Complaint-The-Target-and-Other-Financial-Data-Breaches-Frequently-Asked-Questions-.pdf.

[4] Liu, Yukun, and Aleh Tsyvinski. *Risks and returns of cryptocurrency*. No. w24877. National Bureau of Economic Research, 2018.

[5] Tasatanattakool, Pinyaphat, and Chian Techapanupreeda. "7 Blockchain: Challenges and applications." In 2018 *International Conference on Information Networking (ICOIN)*, pp. 473–475. IEEE, 2018.

[6] Danial, Kiana. Cryptocurrency Investing for Dummies. John Wiley & Sons, 2019. https://books.google.co.in/books? hl=en&lr=&id=BsOKDwAAQBAJ&oi=fnd&pg=PT13&dq=Danial,+Kiana.+Cryptocurrency+Investing+for+Dummies.+John+Wiley+%26+Sons,+2019.&ots=PQqXLYEgcS&sig=CsXOtDCuTs2RFUu__VnbOu7vKu0&redir_esc=y#v=onepage&q=Danial%2C%20Kiana.%20Cryptocurrency%20Investing%20or%20Dummies.%20John%20Wiley%20%26%20Sons%2C%202019.&f=false.

[7] Tondello, Gustavo F., Rina R. Wehbe, Lisa Diamond, Marc Busch, Andrzej Marczewski, and Lennart E. Nacke. "The gamification user types hexad scale." In *Proceedings of the 2016 annual symposium on computer-human interaction in play*, pp. 229–243. 2016.

[8] Cai, Yuanfeng, and Dan Zhu. "Fraud detections for online businesses: a perspective from blockchain technology." *Financial Innovation* 2, no. 1 (2016): 1–10.

[9] Hagerman, Robert L., and Joanne P. Healy. "The impact of SEC-required disclosure and insider-trading regulations on the bid/ask spreads in the over-the-counter market." *Journal of Accounting and Public Policy* 11, no. 3 (1992): 233–243.

[10] Grant, Gerry, and Robert Hogan. "Bitcoin: Risks and controls." *Journal of Corporate Accounting & Finance* 26, no. 5 (2015): 29–35.

[11] Rastogi, Ayushi, and Madhavi Damle. "Trends in the growth pattern of digital payment modes in India after demonetization." *PalArch's Journal of Archaeology of Egypt/ Egyptology* 17, no. 6 (2020): 4896-4927.

[12] Blohm, Ivo, and Jan Marco Leimeister. "Gamification." *Business & Information Systems Engineering* 5, no. 4 (2013): 275-278.

[13] Vujičić, Dejan, Dijana Jagodić, and Siniša Ranđić. "Blockchain technology, bitcoin, and Ethereum: A brief overview." In 2018 17*th international symposium infoteh-jaho-rina (infoteh)*, pp. 1-6. IEEE, 2018.

[14] Santos, Francisco, and Vasileios Kostakis. "The DAO: a million dollar lesson in block-chain governance." In *School of Business and Governance, Ragnar Nurkse Department of Innovation and Governance* (2018).

[15] Teeluck, R., S. Durjan, and V. Bassoo. "Blockchain Technology and Emerging Communications Applications." In *Security and Privacy Applications for Smart City Development*, Tamane, S. C., Dey, N., and Hassanien, A-E. (eds.), pp. 207-256. Springer, Cham, 2021.

[16] Tews, Erik, and Martin Beck. "Practical attacks against WEP and WPA." In *Proceedings of the second ACM conference on Wireless network security*, pp. 79-86. 2009.

[17] Wang, Shuai, Wenwen Ding, Juanjuan Li, Yong Yuan, Liwei Ouyang, and Fei-Yue Wang. "Decentralized autonomous organizations: Concept, model, and applications." *IEEE Transactions on Computational Social Systems* 6, no. 5 (2019): 870-878.

[18] Vyzovitis, Dimitris, Yusef Napora, Dirk McCormick, David Dias, and Yiannis Psaras. "GossipSub: Attack-Resilient Message Propagation in the Filecoin and ETH2.0 Networks." *arXiv preprint arXiv*:2007.02754 (2020).

[19] Holotescu, Carmen. "Understanding blockchain opportunities and challenges." In *Conference proceedings of 《eLearning and Software for Education》(eLSE)*, vol. 4, no. 14, pp. 275-283. "Carol I" National Defence University Publishing House, 2018.

[20] Akram, Waseem. "Blockchain technology: Challenges and future prospects." *International Journal of Advanced Research in Computer Science* 8, no. 9 (2017): 642-644.

[21] Christodoulou, Panayiotis, Klitos Christodoulou, and Andreas Andreou. "A decentralized application for logistics: Using blockchain in real-world applications." *The Cyprus Review* 30, no. 2 (2018): 181-193.

[22] Shojaei, Alireza, Jun Wang, and Andriel Fenner. "Exploring the feasibility of block-chain technology as an infrastructure for improving built asset sustainability." *Built Environment Project and Asset Management* 10, no. 2 (2019): 184-199.

[23] Feng, Qi, Debiao He, Sherali Zeadally, Muhammad Khurram Khan, and Neeraj Kumar. "A survey on privacy protection in blockchain system." *Journal of Network and Computer Applications* 126 (2019): 45–58.

[24] Guerrero-Sanchez, Alma E., Edgar A. Rivas-Araiza, Jose Luis Gonzalez-Cordoba, Manuel Toledano-Ayala, and Andras Takacs. "Blockchain mechanism and symmetric encryption in a wireless sensor network." *Sensors* 20, no. 10 (2020): 2798.

[25] Seebacher, Stefan, and Ronny Schüritz. "Blockchain technology as an enabler of service systems: A structured literature review." In *International Conference on Exploring Services Science*, pp. 12–23. Springer, Cham, 2017.

[26] Gorkhali, Anjee, Ling Li, and Asim Shrestha. "Blockchain: a literature review." *Journal of Management Analytics* 7, no. 3 (2020): 321–343.

[27] Qi, Zhuyun, Yan Zhang, Yi Wang, Jinfan Wang, and Yu Wu. "A cascade structure for blockchain." In 2018 *1st IEEE International Conference on Hot Information-Centric Networking (HotICN)*, pp. 252–253. IEEE, 2018.

[28] Lin, Iuon-Chang, and Tzu-Chun Liao. "A survey of blockchain security issues and challenges." *IJ Network Security* 19, no. 5 (2017): 653–659.

[29] Chen, Weili, Zibin Zheng, Mingjie Ma, Pinjia He, Yuren Zhou, and Jing Bian. "Hierarchical bucket tree: an efficient account structure for blockchain-based system." *International Journal of Embedded Systems* 12, no. 4 (2020): 554–566.

[30] Andreev, R. A., P. A. Andreeva, L. N. Krotov, and E. L. Krotova. "Review of blockchain technology: Types of blockchain and their application." *Intellekt. Sist. Proizv.* 16, no. 1 (2018): 11–14.

[31] Liu, Manlu, Kean Wu, and Jennifer Jie Xu. "How will blockchain technology impact auditing and accounting: Permissionless versus permissioned blockchain." *Current Issues in Auditing* 13, no. 2 (2019): A19–A29.

[32] Joshi, Archana Prashanth, Meng Han, and Yan Wang. "A survey on security and privacy issues of blockchain technology." *Mathematical Foundations of Computing* 1, no. 2 (2018): 121.

[33] Aitzhan, Nurzhan Zhumabekuly, and Davor Svetinovic. "Security and privacy in decentralized energy trading through multi-signatures, blockchain and anonymous messaging streams." *IEEE Transactions on Dependable and Secure Computing* 15, no. 5 (2016): 840–852.

[34] Feng, Qi, Debiao He, Sherali Zeadally, Muhammad Khurram Khan, and Neeraj Kumar. "A survey on privacy protection in blockchain system." *Journal of Network and Computer Applications* 126 (2019): 45–58.

/ 第 5 章 /

结合使用区块链与离散小波变换边缘系数的鲁棒数字医学图像水印和加密算法

帕雷什·拉瓦特
皮尤什·库马尔·舒克拉

5.1 简介

专为医学图像设计的水印算法用于确保数据安全,以及保护数据免受任何形式的攻击[1-7]。因此,设计一种具有较好鲁棒性的水印生成方法是必要的。嵌入的水印必须具有良好隐蔽性,在不同的医学图像亮度值下变化不大,而且肉眼不可见。因此,为了使载体图像与水印图像之间的误差最小,设计了隐形水印[1]。区块链[2]已经成为提高加密标准鲁棒性的现代安全发展趋势。基于区块链的安全方法使用创世区块进行嵌入,这意味着它们应该更具鲁棒性、更安全。本章利用区块链的优势和基于变换的水印方法来提高医学图像的认证和安全性。

图5.1以方框图的形式显示了基于区块链的水印方法的基本过程。所提出的嵌入方法分为三个阶段。从图5.1可以看出,首先使用基于SHA-256[3-4]的区块链方法来生成加密的图像数据。这些数据在发送方和接收方之间传输。在接收方,进行解密以恢复图像。这一过程是基于区块链安全的水印方法的简单实现。在这种实现中,使用创世区块或加密数据作为水印。

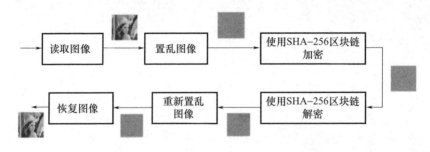

图5.1 基于区块链的水印方法的基本方框图

在本章介绍的基本方法中,没有使用额外的图像作为水印。由于每个区块都是独一无二的,因此安全等级更高。

区块链安全哈希算法

区块链是一种保护大型数据库记录的技术。该方法使用哈希算法(SHA-256)来保护记录不受欺诈行为、篡改以及利用链参与者进行的版权侵害。使用的算法是加密哈希算法－2(称为 SHA－2)，以及基于创世区块的区块链。区块链技术最初用于使用比特币加密货币进行的现金交易[8]。比特币是一种先进的金融现金交易服务能力，其特点是在任何地方都能准确追踪和管理交易记录[9]。区块链是一个去中心化系统，它最初为分布式数据库提供了一种用于信息和记录管理的数字技术(图 5.2)。

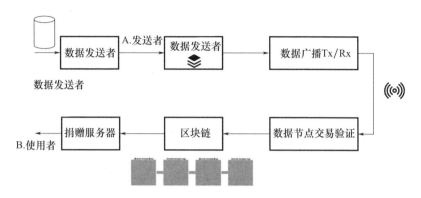

图 5.2　基于比特币的区块链处理流程

近年来，区块链技术一直用于提高完整性，这种应用最初出现在货币交易处理中。本章利用区块链的完整性来提高水印方法的安全性。Prince Waqas Khan 和 Yung Cheol Byun[1]讨论了一种安全的图片加密算法，该算法适用于依赖区块链的物联网网络计算框架，展示了从设备安全下载数据的支持。他们进行了一些测试，以验证其提议算法的安全性。然而，这种技术的使用还存在一些限制，包括计算资源受限和交易速度等问题。诸如，传感器的许多工业物联网设备都有内存不足的情况。因此，这些设备难以处理网络资产并使其成为区块链中的有效节点。网络管理可以解决这个问题。但是，这个问题还需要加以重视。后来发现，在下载后确保云上的图像安全同样也是一项严峻挑战。

Mohammad Ali Bani Younes 和 Aman Jantanon[2]将图片变换与著名的 Blowfish 加密和复原算法相结合，提出了一种基于区块的变换算法。它首先将第一张图片分成几个块，使用这里介绍的变换算法对图片进行变换。其次，使用 Blowfish 算法对变换后的图片进行加密。结果表明，通过使用所提出的方法，从根本上削弱了图像组件之间的联系。结果还表明，通过使用更适度的块大小来扩大区块的数量会带来更低的关联性和更高的熵。Lukman

等[3]将基于 SHA-256 的加密哈希算法用于石油和天然气行业的加密,以管理去中心化数据。Sheping Zhai 等[4]利用区块链应用提出了加密哈希 SHA-256 算法的不同应用场景。

K. Sivaranjani 和 P. Bright Prabahar[5]提出了一种基于任意变换、pivot 简化透视活动、图形块固定(Cipher Block Chaining,CBC)策略的着色图片对半加密方法。在该方法中,置乱是以固定的方向,即对角线、水平或垂直、倾斜,在 RGB 彩色平面中实现的。这种策略完全破坏了置乱图片的图像、掩盖了 RGB 级网格的色散特性,并充分阻断了各种攻击下的复原操作。所提出的框架在不利用变换区域的情况下提高了安全性。为了保证所提方法的安全性和适当性,可以利用不同的边界条件对图像的一部分进行测试和检验。

J. Mahalaxmi 等提出了一个创新的面向管理应用的安全加密图像的方法。这种加密以明文形式实现,以实现图像在云网络上的高安全性传输。所提出的策略采用经改良的代码块绑定加密模式,这种模式升级了算法,可对不同数量的 RGB 图片进行变换。密钥生成采用复杂的数字模型,克服了早期策略存在的密钥问题,同时也提高了加密的质量。他们在标准图像上获得的结果以及检验证明了这种策略的鲁棒性,并通过一些安全检验对所提出方法的执行情况进行了检验,如熵测度、统计测度。

S. Pramothini 等[9]提出了一种混合安全策略,这种策略利用隐写术与区块链创新来提高图片帖子的安全性,为基于网络的媒体应用提供数据认证。区块链的单个区块包含区块体和区块头。区块链加密使用公钥密码学进行图像交易验证。在嵌入过程中,区块链主体部分是隐藏在其中的覆盖图像的指纹的哈希值。

安全哈希算法

SHA-256 算法分为两个阶段。

(1)第一个阶段,用 512 位块长度填充输入消息矢量 S。

(2)第二个阶段,对每个 512 位的块进行独立处理,并表示为

$$S = [S(1), S(2), \cdots, S(M)] \tag{5.1}$$

该方法随机地从第一个哈希值 $H^{(0)}$ 开始,然后依次计算消息块的哈希值,公式为

$$H^k = H^{k-1} + C^f_{S(k)} * H^{k-1} \tag{5.2}$$

式中：$C^f_{S(k)}$ 为 SHA-256 算法的压缩函数；$S^{(k)}$ 为第 k 个消息块，其中

$$k = 1, 2, \cdots, M \tag{5.3}$$

这里的矢量 H^k 是第 k 个消息的哈希值。在本章中，使用 SHA-256 算法来生成基于区块链的医学图像水印加密。

5.2 医学图像水印

医学图像水印是一种在数字医学图像中嵌入水印数据的程序。换句话说，水印是一种在医学图像中隐藏的标志或文本图像。有效的水印必须满足以下要求[2]：

(1) 在大多数应用中，水印必须是隐形的，而且不能影响宿主图像的感知质量。

(2) 水印必须容易重建，也必须是可靠的。

(3) 嵌入的水印必须在各种类型的脆弱或半脆弱攻击下具有鲁棒性。

(4) 水印嵌入图像后，从统计学上而言必须是不可去除的。

(5) 水印必须有足够的能力来提供最高级别的图像安全。

(6) 水印的容量和信息必须足以容纳有价值的信息。

5.3 前期相关研究

相关文献提出了许多类型的水印方法。在本章中，我们主要关注基于变换域的方法和使用数字签名的方法。基于变换域的医学图像水印方法可以按照图 5.3 所示分类。隐形水印通常在基于变换域的方法中实现。

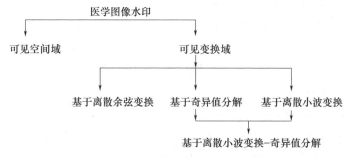

图 5.3 使用变换域的水印方法的分类

基于变换的方法在医学图像水印中得到广泛采用,包括离散小波变换(Discrete Wavelet Transform,DWT)[11-12]、离散余弦变换(Discrete Cosine Transform,DCT)[13-14]、奇异值分解(Singular Value Decomposition,SVD)以及这些变换的各种组合[1,6-7]。

医学图像水印旨在验证医学数据并防止未经授权的患者图像复制。近几十年来,人们提出了许多水印技术来提高医学图像水印的鲁棒性。小波变换[1,11-12]是最常用于实现数字图像水印的变换,已经使用了很多年。Tao 和 Eskicioglu[10]设计了一种使用小波变换技术的水印方法。Tao 和 Eskicioglu 使用4个小波子带嵌入水印标志,但他们根据存在的特征对每个子带使用了不同的缩放因子。然而,这种方法不适合用于医学图像验证,因为使用所有子带可能使信息改变的可能性更高。

1. 基于离散余弦变换的水印方法

Kasmani 和 Naghsh-Nilchi[6]设计了一种离散小波变换与离散余弦变换组合的水印方法,能够将水印嵌入二进制图像。Kasmani 提出使用三层离散小波变换分解,然后将水印嵌入离散余弦变换域。但是,这种方法似乎在计算上很复杂。

Saeed 和 Ahmad[7]提出了一种基于联合离散小波变换-离散余弦变换域的水印方法。这种方法首先使用 Arnold cat 映射变换对二进制水印标志进行置乱;其次,嵌入输入图像的三层离散小波变换系数中;最后,将水印位的伪噪声序列隐藏在计算得到的离散余弦变换的中频小波系数中。该方法较复杂,处理时间较长。

2. 基于小波的水印方法

Xia 等[13]利用离散小波变换(DWT)的多分辨率特性,设计了一种早期变换域水印方法。该方法将高斯噪声模拟为水印,并嵌入图像的高频子带中。

3. 基于奇异值分解的水印方法

Deepa Mathew K[15]提出了一种利用奇异值分解系数的 D 和 V 组件实现的鲁棒水印方法。但是,这种方法较简单,需要更强的鲁棒性。

4. 混合水印方法

Akshya Kumar Gupta 和 Mehul S. Rawal[16]提出了一种基于离散小波变换域和奇异值分解域的混合水印方法。该方法利用高频子带的奇异值嵌入水印。它还在水印嵌入中使用数字签名,提高了鲁棒性。

Nilesh 和 Ganga[17]使用离散小波变换-离散余弦变换-奇异值分解的混合组合来为医学图像嵌入水印标志。他们的方法使用了基于单一密钥的签名生成机制,并在 4 层离散小波变换后将水印嵌入 LL 和 HH 系数。这种方法似乎能有效抵御各种攻击,能够有效地检索水印。

5.4 用于水印的基本转换

在过去,小波变换广泛用于水印技术。也有将奇异值分解(SVD)与离散小波变换合并使用来提高鲁棒性的方法,如参考文献[1,7]。

1. 离散小波变换

这是一种广泛用于医学成像算法的水印变换。DWT 小波实际上是将图像细分为多个近似子带,因此广泛用于医学图像水印应用。基于离散小波变换的小波能够有效地分离和操纵高频 HH 和低频 LL 子带,从而使水印可以嵌入使其不易被看见的子带中,提高了隐蔽性。小波的多分辨率特性增加了系统的鲁棒性。多个小波是使用尺度函数和移位函数,从基本原型母小波 $\psi(t)$ 中获得的。

$$\psi_{a,b}(t) = \frac{1}{\sqrt{a}}\psi\left(\frac{t-b}{a}\right) \tag{5.4}$$

式中:a 为尺度函数的尺度参数;b 为移位函数的移位参数,用于生成不同的小波滤波系数。通常采用的是直接变换方法[11]。设 I_0 是经小波分解的灰度图像,则第一层分解可表示为

$$I_0 = I_{LL1} + I_{LH1} + I_{HL1} + I_{HH1} \tag{5.5}$$

式中:I_{LL1} 表示低频子带部分;I_{LH1}、I_{HL1}、I_{HH1} 分别表示有边缘的高频带。图 5.4 显示了 CT 图像的二维两层离散小波分解示例。

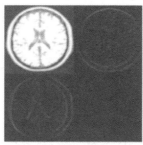
(a) 第一层分解

(b) 第二层分解

图 5.4　CT 图像的离散小波变换分解示例

从图 5.4(b)中的高频子带可以看出,高频子带的特征非常少。因此,如果用于水印,它们可以提供更高的隐蔽性。

2. 奇异值分解

奇异值分解是一种特征矢量分解方法,常用于水印技术。奇异值分解基于使用 $\boldsymbol{\beta\beta}^T$ 和 $\boldsymbol{\beta}^T\boldsymbol{\beta}$ 找到输入方块矩阵 $\boldsymbol{\beta}$ 的特征值和特征矢量。

$$\text{SVD} = \underset{M \times M}{\text{eigen}}(\boldsymbol{\beta\beta}^T \& \boldsymbol{\beta}^T\boldsymbol{\beta}) \tag{5.6}$$

为 $\boldsymbol{\beta}^T\boldsymbol{\beta}$ 计算的特征矢量代表了 V 的列。对应于 $\boldsymbol{\beta\beta}^T$ 的特征矢量终止于列矢量 U。

最后,矢量 S 中最重要的值是实奇异值,是 $\boldsymbol{\beta\beta}^T$ 或 $\boldsymbol{\beta}^T\boldsymbol{\beta}$ 的特征矢量的平方根。这些奇异值实现水印的鲁棒性。

5.5 基于区块链的水印验证

算法 5.1 显示了本节中实现的基于区块链的加密顺序过程。将加密过程反过来就是解密过程。该方法基于创世区块和置乱数据块的逐位 XOR。

算法 5.1:区块链水印

(1) 读取输入图像 → X_ → rgb2gray → X。

(2) 声明创世区块 → $Gb_{BxB}, B = 32$。

(3) 初始化 SHA-256 区块头。

(4) 置乱图像 ←y,有 M 个区块。

(5) a1 = X(:) → x = 512 × 512 → $Gb \otimes x$。

(6) 使用 SHA-256 算法对 y 进行加密。

(7) 对 y 解密→z→重新置乱→Z。

本节介绍了基于基本区块链的水印结果和前面所述的图像加密结果的基本验证。图 5.5 显示了尺寸为 512 × 512 和 256 × 256 的 Lena 图像的连续验证结果。图 5.1 中提到过程的结果在图 5.5 中得到验证。实际性能可以通过图 5.6 所示的 Lena 图像 128 × 128 区块链水印的连续直方图比较进行评估。为了比较这些直方图阶段或不同图像尺寸下的性能,表 5.1 比较了 128 和 512 图像加密过程的不同阶段的图像熵。从表 5.1 可以看出,Lena 图像成功解密,而图像熵变化很小。对于 128 尺寸的图像,变化百分比为 3%;对于

512 尺寸的图像,变化百分比约为 2.7%。因此,该方法是一种有效的方法。

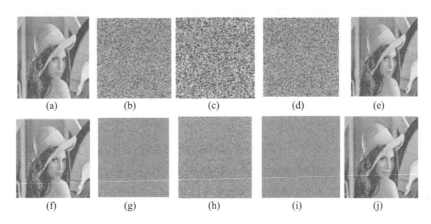

图 5.5 基于区块链的 Lena 图像水印验证的连续结果

(图像有两种不同尺寸:(a)~(e)512×512;(f)~(j)256×256)

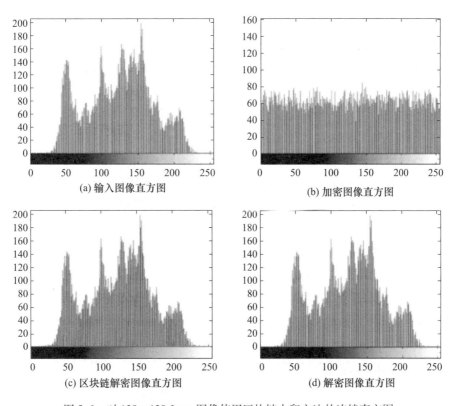

图 5.6 对 128×128 Lena 图像使用区块链水印方法的连续直方图

表 5.1　采用不同图像尺寸和方法时不同阶段的图像熵比较

图像尺寸	原始图像	移位图像	加密图像	区块链加密图像	解密图像
128×128（无离散小波变换）	7.4101	7.4101	7.9880	7.4124	7.4124
512×512（无离散小波变换）	7.4450	7.4450	7.9994	7.4454	7.4454

5.6　基于离散小波变换－奇异值分解的区块链加密水印方法

　　过去有许多基于小波的水印嵌入方法，但如今，这些方法很容易被黑客解密。现有的水印方法只关注水印图像的感知质量，很少关注水印图像的生成和存储过程。因此，本节提出了一种生成和解密数字水印的新方法。这涉及设计一种鲁棒的算法，将 DWT－SVD 水印和基于区块链的哈希函数结合起来。这种水印算法中的区块链用于安全地存储水印信息。本章也评估了基于离散小波变换（DWT）的水印方法。该方法使用不可见哈希 256 函数加密来根据本地图像特征生成哈希值。水印规则必须简单，同时具有鲁棒性。本章旨在设计一种使用离散小波变换和边缘检测系数值，以及鲁棒性区块链技术的水印方法。使用小波的边缘检测增加了水印的隐蔽性。阐述了通过对固定区块使用基于离散小波变换和奇异值分解的嵌入规则的不同组合来进行的基本医学图像认证方法。生成的区块链被置乱并使用 SHA－256 算法加密。提出的方法采用了高能效小波系数，使空间局部最小化，以达到更好的隐蔽性。

　　对于所提出的水印嵌入方法，我们按顺序给出了水印嵌入过程。所提出的方法首先获取载体图像（512×512）和水印标志（256×256）。对载体图像进行小波分解，然后用水印组件的奇异值分解替换 LL 组件的奇异值分解。使用水印规则将标志图像嵌入载体图像中。嵌入水印和解密的步骤如下：

（1）读取输入彩色或灰色医学图像作为载体图像。

（2）将 RGB 转换为灰色组件，并将其存储在独立的变量中。

（3）读取要嵌入载体图像的水印标志图像。

（4）对载体图像进行离散小波变换分解，不超过 $\log_2(M)$，其中 M 是载体图像和标志图像的尺寸比。

（5）计算载体图像 LL 组件的 SVD 分解，并将其替换为要嵌入的标志图像的 SVD。

（6）进行反向奇异值分解，然后进行反向离散小波变换分解，以重新构建水印医学图像。

（7）使用 SHA-256 加密算法置乱图像，以 32 长度的创世区块作为区块链，生成加密图像。

水印提取过程就是水印嵌入的反向过程。

5.7 结果

本节给出了 Lena 图像和医学 CT、MRI 图像的一些水印结果。图 5.7 显示了输入图像。这里的 Lena 图像仅用于验证目的。该方法具有鲁棒性，且足以提高水印方法的效率。该方法也使得加密数据的传输更容易。

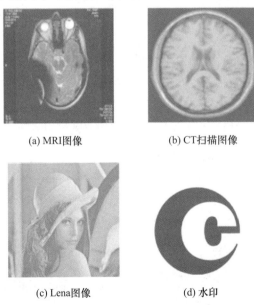

(a) MRI图像　　(b) CT扫描图像

(c) Lena图像　　(d) 水印

图 5.7　用于研究的输入图像数据库和水印

图 5.8 显示了所提出的离散小波变换 – 奇异值分解 – 区块链方法的连续结果。

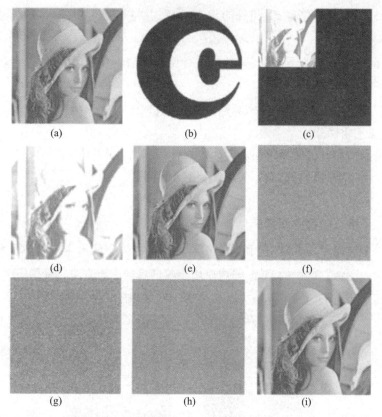

图 5.8 对 Lena 图像使用离散小波变换 – 奇异值分解 – 区块链算法的连续结果

图 5.9 显示了加密权重的直方图比较。

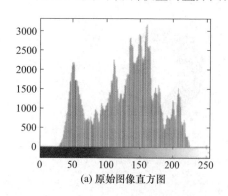
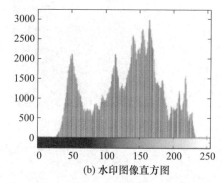

(a) 原始图像直方图　　　　　　　　(b) 水印图像直方图

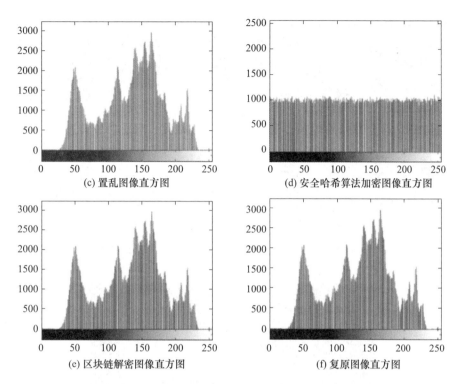

图 5.9　所提离散小波变换 – 奇异值分解 – 区块链方法的连续加密权重直方图

从图 5.8 和图 5.9 可以看出，所提出的方法有效地恢复了图像和水印。表 5.2 也显示了所提方法的效率，其中比较了基本区块链方法和 DWT – SVD – BC 方法的图像熵。

表 5.2　对 Lena 图像采用所提方法时不同阶段的图像熵比较

图像尺寸	原始图像	水印图像	区块链加密图像
512 × 512（无离散小波变换）	7.4450	7.9994	7.4454
512 × 512（DWT – SVD – BC）	7.4450	7.4745	7.4747

图 5.10 显示了医学图像的水印结果。

图 5.11 和图 5.12 分别显示了 MRI 图像与 CT 扫描图像的水印嵌入和提取结果。从这些图中可以清楚地看到水印提取效率。显然，该方法具有鲁棒性，因为它是 DWT – SVD 水印和基于区块链的加密方法的混合组合，但是它在图像复原质量和水印提取方面还有很大的改进空间。

区块链在信息安全保护中的应用

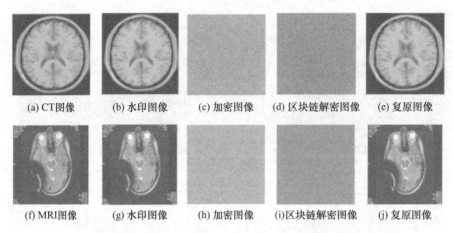

图 5.10 使用离散小波变换 – 奇异值分解 – 区块链方法的医学图像水印结果

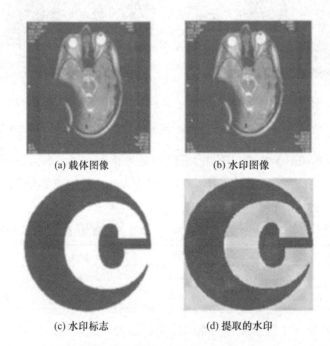

图 5.11 对 MRI 图像使用离散小波变换 – 奇异值分解 – 区块链方法的水印嵌入和提取结果

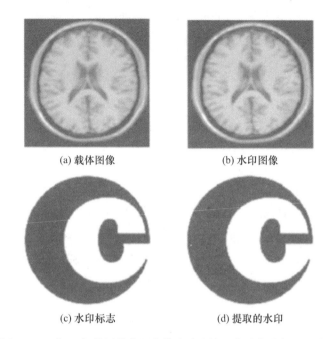

(a) 载体图像　　　　　(b) 水印图像

(c) 水印标志　　　　　(d) 提取的水印

图 5.12　对 CT 扫描图像使用离散小波变换 – 奇异值分解 – 区块链方法的水印嵌入和提取结果

5.8　结论

本章概述了一种生成和解密数字水印的新方法。我们设计了一种将水印和基于区块链的哈希函数相结合的具有较好鲁棒性的算法。这种算法中的区块链用于安全地存储水印信息。本章也评估了基于离散小波变换（DWT）的水印方法。

该方法使用不可见哈希 256 函数加密方法来根据本地图像特征生成哈希值。在 5.1 节，我们验证了基于基本区块链的图像加密方法及其结果。在本章的其余部分，我们基于离散小波变换 – 奇异值分解的水印方法与区块链加密方法相结合，以提高鲁棒性。

可以看出，这种方法成功解密 Lena 图像，而图像熵变化很小，并且未使用离散小波变换。对于 128 尺寸的图像，变化百分比为 3%；对于 512 尺寸的图像，变化百分比约为 2.7%。因此，该方法是一种有效的方法。然而，该方法在图像复原质量和水印提取方面还有很大的改进空间。总体来说,本章对区块链在医学图像水印中的应用进行了深入的探讨。

参考文献

[1] Prince Waqas Khan, Yung cheol Byun "A blockchain – based secure image encryption scheme for the industrial internet of things", *MDPI Journal of Entropy* 2020 Vol. 22, 175 December 2019.

[2] Mohammad Ali Bani Younes, Aman Jantanon "Image encryption using block – based transformation algorithm", *MDPI Journal of Entropy* Vol. 22(2), 175, 2020.

[3] Lukman Adewale Ajao, James Agajo, Emmanuel Adewale Adedokun, Loveth Karngong, "Crypto hash algorithm – based blockchain technology for managing decentralized ledger database in oil and gas industry", *MDPI Multidisciplinary Scientific Journal* Vol. 2, 300 – 325, 2019.

[4] Sheping Zhai, Yuanyuan Yang, Jing Li, Cheng Qiu, Jiangming Zhao "Research on the application of cryptography on the blockchain", *Journal of Physics Conference Series* Vol. 1168, p. 0320772019\.

[5] K. Sivaranjani, P Bright Prabahar, "A Hybrid Image Encryption Algorithm for secure communication"; in NCICCT' 14 Conference Proceeding, *International Journal of Engineering Research & Technology IJERT*, 2014.

[6] S. A. Kasmani, A. Naghsh – Nilchi *A New Robust Digital Image Watermarking Technique Based on Joint DWT – DCT Transformation*, Third International Conference on Convergence and Hybrid Information Technology 99. 539 – 544, 2008.

[7] Saeed K. Amirgholipour, Ahmad R. Naghsh – Nilchi, "Robust digital image watermarking based on joint DWT – DCT", *International Journal of Digital Content Technology and its Applications* Vol. 3(2), pp. 42 – 54, June 2009.

[8] R. Diego, S. Giovanni "Beyond Bitcoin: A critical look at block chain based systems", *Cryptography* Vol. 1(2), p. 15, 2017.

[9] S. Pramothini, Y. V. V. S. Sai Pavan, N. Harini "Securing images with fingerprint data using steganography and blockchain", *International Journal of Recent Technology and Engineering* (*IJRTE*) ISSN: 2277 – 3878, Vol. 7(4), pp. 82 – 85, December 2018.

[10] P. Tao, Ahmet M. Eskicioglu, "A robust multiple watermarking scheme in the discrete wavelet transform domain", in *Symposium on Internet Multimedia Management Systems V*, Phila-

delphia, PA2004.

[11] Salima Lalani, D. D. Doye "A novel DWT – SVD canny – based watermarking using a modified torus technique", *Journal of Information Processing Systems* Vol. 12(4), pp. 681 – 687, December 2016.

[12] B. M. Lavanya "Blockchain technology beyond bitcoin: An overview", *International Journal of Computer science and Mobile Computing* Vol. 6, 76 – 80, Appl. 2018.

[13] Xia Xiang – Gen, C. G. Boncelet, G. R. Arce, "A multiresolution watermark for digital images", in the *Proceedings of IEEE International Conference on Image Processing*, Vol. 1, pp 549 – 551, October 1997.

[14] Vikas Tyagi "Data hiding in image using least significant bit with cryptography", *International Journal of Advanced Research in Computer Science and Software Engineering*, Vol. 2 (4), 120 – 123, April 2012.

[15] K. Deepa Mathew, "svd based image watermarking scheme", *IJCA Special Issue on Evolutionary Computation for Optimization Techniques*, 2010.

[16] Akshya Kumar Gupta, Mehul S. Rawal, "A robust and secure watermarking scheme based on singular values replacement", *Sadhana Indian Academy of Sciences* Vol. 37 (Part 4), 425 – 440, August 2012.

[17] Nilesh Rathi, Ganga Holi, "Securing medical images by watermarking using DWT – DCT – SVD", *International Journal of Computer Trends and Technology (IJCTT)* Vol. 10, 1 – 9, 2014.

[18] Vandana S. Inamdar, Priti P Rege, "Dual watermarking technique with multiple biometric watermarks", *Sadhana* Vol. 39 (Part 1), 3 – 26, February 2014. Indian Academy of Sciences.

[19] Ranjan Kumar Arya, Ravi Saharan, "A novel digital watermarking algorithm using dual keys with RMI", *International Journal of Computer Science & Communication Networks* Vol. 4 (3), 119 – 124, 2016.

[20] Smita Agrawal, Manoj Kumar, "Reversible data hiding for medical images using integer – to – integer wavelet transform", in *IEEE Students' Conference on Electrical, Electronics and Computer Science, (SCEECS)*, 2016.

[21] Nai – Kuei Chen, Chung – Yen Su, Che – Yang Shih, Yu – Tang Chen "Reversible watermarking for medical images using histogram shifting with location map reduction", in *IEEE International Conference on Industrial Technology (ICIT)*, 2016.

[22] Narong Mettripun, "Robust medical image watermarking based on DWT for patient identifi-

cation", in *IEEE* 13*th International Conference on Electrical Engineering/ Electronics*, *Computer*, *Telecommunications and Information Technology*(*ECTI – CON*),July 2016.

[23] Ramanand Singh,Piyush Shukla,Paresh Rawat,Prashant Kumar Shukla "Invisible Medical Image Watermarking using Edge Detection And Discrete Wavelet Transform Coefficients", *International Journal of Innovative Technology and Exploring Engineering*(*IJITEE*),Vol. 9 (1),2019.

/第6章/

在电子投票流程中提高选民身份的隐私性和安全性

纳伦德拉·库马尔·德万甘
普丽缇·钱德拉卡尔

6.1 简介

传统投票系统有许多缺陷,包括选票泄露、选民身份暴露、偏见、虚假投票等。有些问题应该在电子投票系统中以无纸化方式解决。在投票系统中使用物联网(IoT)设备和智能手机,可以使选举和投票变得简单透明。然而,数据依旧采用中心化存储,这意味着数据仍面临着黑客攻击的风险。同时,从物联网设备到远程存储的数据传输也是个问题。在传统的电子投票系统中,选民的身份信息可能会泄露,设备 ID 提供了投票的证据。在基于物联网的投票系统中,如果克隆了设备或存在中间人攻击,那么投票流程就会受到影响,这会导致系统故障。此外,传统的电子投票系统可能会遭到分布式拒绝服务(Distributed Denial of Services,DDoS)攻击。遭到 DDoS 攻击后,选民无法按时投票,并且在投票前会话就已过期。因此,这是对投票权的侵犯。管理区块链交易中的用户身份是隐私保护的重要环节。例如,某个国家举行投票,年龄和资格是关键标准。可以通过选民身份证的唯一识别号来完成资格认证。选民的身份取决于各种因素,包括选民的联系地址和选举地点。

在去中心化的非电子系统中,身份管理采用的是纸张化形式。这种管理方式既容易受到攻击又容易更改,可能会导致身份欺诈和假冒。使用物联网和云服务器的电子投票系统也存在同样的问题,这些设备容易受到攻击,并且其上存在很高的身份欺诈风险。区块链带来了可信、隐私保护、透明且去中心化的数据存储方案。区块链采用分布式账本,以不可变的格式存储数据,并使用哈希在区块之间建立链接。区块链中使用了加密工具,以点对点的方式保护节点之间的数据传输。数字签名和单向哈希函数同时验证数据的认证和完整性。在去中心化存储系统中,数据可以存储在不同的系统中,并在需要时调用。在区块链中,椭圆曲线加密算法用于数据的数字签名和加密。SHA-256 用作加密哈希函数。根据 Asamoah 等[1],隐私保护对于区块链平台是必不可少的,因为区块链上存储的所有数据都是公开的,所有人都可以看到。这意味着参与者在区块链上进行交易时,凭证和数据都是公开的。

星际文件系统属于去中心化文件存储平台,用于存储默克尔有向无环图(Directed Acyclic Graph,DAG)。在该系统中,大部分大文件可以存储在不同连接节点形成的拆分哈希中。默克尔有向无环图中生成的根哈希可以检索这些文件。在某些情况下不能将文件共享给不同意共享的某些节点。在不验证网络节点身份的情况下，星际文件系统无法实现文件共享，尤其是在节点需要共享文件块时[2]。最佳方案是电子投票模型，不仅隐藏了用户的身份，而且一旦投票流程结束，用户的身份便不可识别。平稳的电子投票保护了民主权利。使用区块链电子投票流程的原因之一是记录的透明度和参与者的匿名性[3]。交易可塑性对基于区块链的应用来说是一种威胁，因为这会导致双花攻击[4]。我们采用椭圆曲线加密算法和ECDSA签名方案作为拟议系统的加密工具。用户界面和星际文件系统在基于超文本预处理器（Hypertext Perprocessor，PHP）的区块链中实现。

6.1.1 动机和目标

电子投票的两项关键挑战是保护选民身份和对系统进行《通用数据保护条例》审计。为了解决这些问题，我们在本章中列出了以下内容：

(1) 基于区块链和星际文件系统的电子投票系统的提案。

(2) 选民、工作人员和候选人身份的生成及其保护。

(3) 提出的系统遵照《通用数据保护条例》进行审计和安全分析，并与先前开发的系统和新模型进行比较。

(4) 在投票的各个阶段存储和验证代币的拟议程序。

6.1.2 章节编排

6.2节是文献综述。6.3节概述了所提出的系统以及理论分析。6.4节是所提出的系统实现和实验分析。6.5节讨论了实验结果，并将其与先前开发的系统进行了比较。6.6节是安全和隐私分析。6.7节得出结论。

6.2 文献综述

基于区块链的电子投票系统已经开发有许多模型，但仍存在一些问题。我们在简短的文献综述中总结了其中的最新进展。Babu和Dhore[5]使用多级认证来确保使用区块链建立正确的选民身份。在Bellini等[6]描述了区块链电子投票系统中选民的隐私和安全。他们使用基于代理的建模在以太坊中实现了区块链电子投票。Braghin等[7]开发了基于以太坊的电子投票模型。

这种系统的原理与比特币相同,并计算了工作量证明的哈希值。Khan 等[8]提出了基于多链区块链的电子投票模型。该模型向选民和候选人发放代币,用于身份验证。他们提出的系统基于比特币生成方法,在投票和计票时都需要钱包。Verwer 等[9]描述了基于区块链的电子投票模型,该模型具有基于密钥生成的选民登记和个人数据审计功能,采用二维码作为选民的私钥,并使用私钥作为选民 ID。因此,如果私钥被窃取,则可能出现投票欺诈。

Awalu 等[10]提出了专用于独立移动接口的系统,供选民使用。这涉及投票流程中和投票计票后的可审计性和安全性。区块链在多链区块链中实现,并使用了权益证明(Proof-of-Stake,PoS)共识算法,包括随机数和零交易费用。Watanavisit 和 Vorakulpipat[11]描述了分布式账本中电子投票系统的整个流程。在该系统中,没有实现区块链,密钥不用于身份和安全。Politou 等[12]提出了一种模型,用于从不希望在系统中存储文件内容或哈希的节点中擦除星际文件系统文件。他们在其模型中采用了所有权证明,并使用了擦除时间和同意管理的概率多项式时间,以避免数据从所有节点中擦除。Mukne 等[13]提出了使用星际文件系统和区块链进行土地记录管理的系统。他们采用超级账本 Fabric 来管理土地记录。该系统缺乏数据隐私性和身份安全性。

Kumar 和 Tripathi[14]提出了基于学生数据和星际文件系统的学生数据共享系统,但该系统无法兼容学生的隐私和身份维护,因为系统直接共享了星际文件系统中的学生个人身份信息。Karapapas 等[15]解释了在以太坊和星际文件系统区块链中发动的勒索软件攻击,并为攻击生成密钥,从而释放受害者。他们采用概念证明共识,根据交易计算 gas 成本,并使用 Rinkeby 测试网络来实现以太坊。Pham 等[16]提出了基于区块链的模型,用于在星际文件系统中存储文件。许多认证权限用于在星际文件系统中存储文件,用户通过其系统中的一个以太坊区块链进行连接。他们提出的系统在工作时延迟较高。Krejci 等[17]提出了基于区块链和星际文件系统的电子投票系统,并使用多链来部署区块链。代币用于选民和候选人的地址。Naz 等[18]提出了基于密钥选择的选民登记,并提出了审计和排序。私钥采用二维码形式。

Mamun 等[19]介绍了专供选民使用的独立移动接口。他们提出了投票流程中的可审计性和安全性,以及投票后的计票,并使用 PoS 共识算法在多链中实现了区块链,且交易费用为零。Li 等[20]提出了基于以太坊和比特币系统的电子投票系统。该系统消耗大量的 gas,合约部署费用为 57.15 欧元,投票费用为 18.60 欧元。Makhdoom 等[21]提出了基于以太坊的电子投票区块链,可在投票时匹配身份。但在该系统中,人员随时可以变更其身份。Kassem 等[22]提出了基于群签名的区块链,用于与多个群签署单个交易。他们对资产使用多重签名。Patole 等[23]提出了具有隐私保护功能的区块链系统,用于共享资产数据,该过程采用超级账本实现。该系统使用单个区块链控制各种区块链服务。

尽管已经有上述电子投票系统,但目前的研究中仍存在诸多空白。许多电子投票系统是使用以太坊区块链实现的,这属于 gas 成本交易,在电子投票的现实世界中需要花费大量资金。当中部分系统未遵循《通用数据保护条例》,无法保护选民身份。部分系统使用的加密方法和签名容易遭受攻击。这些研究空白对于增强区块链电子投票系统选民的身份管理至关重要。

6.3 区块链中的拟用电子投票系统

我们将所提出的系统分为 4 个部分,包括:
(1)选民身份生成、登记和投票前的隐私保护。
(2)投票前流程、候选人登记、机构验证和投票设置。
(3)投票流程、投票流程中的安全和隐私管理。
(4)投票后流程、计票、结果宣布和选民身份保护。

为了解释所提系统的理论部分,文中使用了一些符号。表 6.1 列出了本章的所有符号。图 6.1 展示了所提系统的总体架构。

表 6.1 本章使用的符号清单

序号	符号	说明
1	hash(.)	哈希函数
2	$E(.)$	加密函数
3	V_{pubk}	选民公钥
4	V_{privk}	选民私钥
5	R_{pubk}	登记员公钥
6	R_{privk}	登记员私钥
7	EdDSA(.)	爱德华兹曲线数字签名
8	$Hash_{IPFS}(.)$	生成的星际文件系统哈希
9	$KeyPair(x_{pubk}, x_{privk})$	x 椭圆曲线密钥对生成器

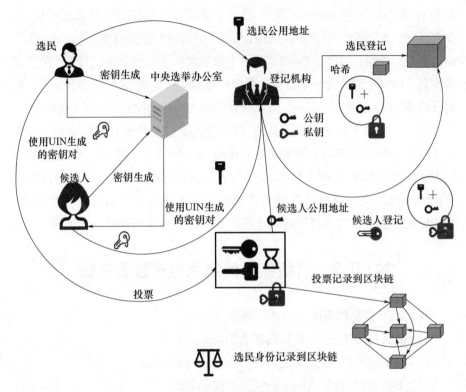

图 6.1 系统总体架构

6.3.1 选民身份生成

本节将介绍使用椭圆曲线数字签名算法(Elliptic Curve Digital Signature Algorithm,ECDSA)生成选民身份、在登记机构登记身份以及该流程中的隐私保护。在该流程中,使用星际文件系统完成登记,并且是公开登记。

(1)选民身份生成。本节中使用唯一识别号(Unique Identification Number,UIN)和 ECDSA 生成选民身份。UIN 是随机生成的 256 位数字,用作 ECDSA 的输入私钥,并通过该私钥生成公钥。身份生成如图 6.2 所示。

(2)选民登记。选民必须在选举机构登记身份。因此,在投票时,机构可以核实选民的身份。出于登记目的,选民公钥用作主要字段,并向当地机构核实选民的真实身份。然后,代币和 ECDSA 节点内的机构生成密钥将选民登记在列表上。机构生成的地址是带有选民私钥的 ORed。对结果使用 SHA-256 哈希算法进行哈希运算。该记录使用星际文件系统存储在选举委员会处。

第6章 在电子投票流程中提高选民身份的隐私性和安全性

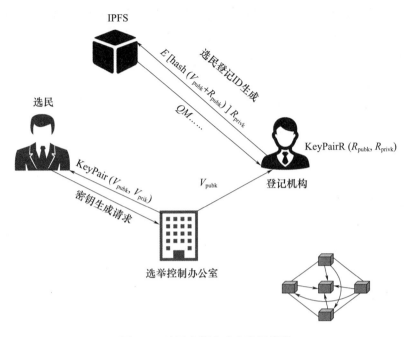

图 6.2 选民密钥生成和登记流程

(3)投票前的隐私保护。在投票之前,如果任何人想了解名单上的选民,则必须拥有该选民的私钥和机构地址,以生成 ORed 结果,然后将其转换为 256 位哈希。让任何人同时拥有这两个地址并生成哈希。完成这些流程之后便无法识别人员,因为星际文件系统中没有存储个人身份信息。因此,对手无法验证此人是否和选民是同一个人。该投票系统还支持使用星际文件系统的远程投票和星际文件系统擦除过程。

6.3.2 投票前流程

投票前流程包括编制合格候选人名单和公布候选人和选民名单。系统这一部分的功能如下:

(1)候选人登记。候选人使用账户随机数和爱德华兹曲线数字签名(Edward Curve Digital Signature Algorithm,EdDSA)生成公用地址。此公钥用登记机构的公用地址进行哈希运算。此操作的结果生成候选人的选举登记号码。使用登记机构的私钥以加密形式将登记存储在星际文件系统中。

(2)机构验证和设置。在投票登记和确定候选人资格的最后阶段。选举机构必须用登记机构公钥和候选人公钥进行验证,并与存储的星际文件系统进行匹配。如果匹配成功,则候选资格通过验证。

算法6.1:使用星际文件系统的电子投票流程

术语:V = 选民,R = 登记机构,$\text{hash}(\cdot) = \text{SHA}-256$,$E(\cdot)$ = 加密函数,$\text{KeyPair}(X_{\text{pubk}}, X_{\text{privk}}) = x$ 密钥对,

$x_{\text{pubk}} = x$ 的公钥,$x_{\text{privk}} = x$ 的私钥,T = 时间戳

$\text{Hash}_{\text{IPFS}}(x) = x$ 的星际文件系统哈希值

投票前流程:

1: $V \rightarrow R$)

2: $V \leftarrow R\,(\text{KeyPair}_{(V_{\text{pubk}}, V_{\text{privk}})}) \leftarrow \text{Random}\,(UIN)$ //生成选民密钥对

3: $V_{\text{regid}} \leftarrow E(\text{hash}(V_{\text{pubk}} + R_{\text{pubk}}))$

4: $\text{Hash}_{\text{IPFS}}(E(\text{hash}(V_{\text{pubk}} + R_{\text{pubk}}))) \rightarrow \text{Stored}_{\text{IPFS}}$

5: $C \rightarrow R$)

6: $C \leftarrow R(\text{KeyPair}(_{C_{\text{pubk}}, C_{\text{privk}}})) \leftarrow \text{Random}(CIN) + UIN$ //生成候选人密钥对

7: $C_{\text{regid}} \leftarrow E(\text{hash}(C_{\text{pubk}} + R_{\text{pubk}}))$

8: $\text{Hash}_{\text{IPFS}}(E(\text{hash}(C_{\text{pubk}} + R_{\text{pubk}}))) \rightarrow \text{Stored}_{\text{IPFS}}$

投票流程:

1: $\text{Verify}(V_{\text{regid}}) \rightarrow$ 真,则

2: 投票流程:

$\text{EC} \leftarrow \text{EdDSA}(\text{Transaction}(C_{\text{regid}}, V_{\text{regid}} + T_v, \text{TransactionHash}))_R$

(投票作为交易)

$\text{EC} \leftarrow \text{Approved}\,(\text{EdDSA}(\text{Transaction}(C_{\text{regid}}, V_{\text{regid}} + T_v, \text{TransactionHash}))_R)$

区块 = 区块 + 1(投票记录到区块链)

3: $\text{Verify}(V_{\text{regid}}) \rightarrow$ 假,则选民未通过验证

投票后流程:

1: $\text{VoteCount}_i = \text{Count}\,(C_{\text{regid}}) \leftarrow$ 每位候选人的票数

2: 结果: = 最高票数

(最后一次投票提交表中生成的选民 ID 是 $V_{\text{regid}} + T$)

6.3.3 投票流程

电子投票有两种类型:第一种是专门创建投票中心,第二种是使用安全投票设备远程投票。

(1)当选民在投票中心投票时,登记机构必须验证星际文件系统中存储的选民身份。登记机构使用选民的私钥执行哈希运算,并与星际文件系统存储的哈希匹配。验证选民身份后,生成用于在投票时进行交易的哈希。投票是通过星际文件系统中生成的哈希进行的交易,并由机构签名批准。其交易结构如图6.3所示。

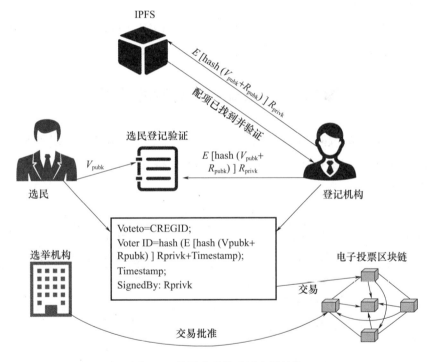

图6.3 投票流程的选民交易结构

(2)当选民在远程投票站并希望参与投票时,必须与验证机构安全共享密钥。交易结构与第一种情况相同。区块链中的每次交易都算作一次投票。在10次交易后,投票机构批准了交易,这些交易便添加到区块中,区块则添加到区块链中。选民验证和投票流程如图6.4所示。

投票至=CREGID；

选民 ID=hash (E$^{[hash(Vpubk+Rpubk)]}$Rprivk+时间戳)；

时间戳；

签名：Rprivk

交易至-选举机构

交易哈希=(CREGID+时间戳+选民 ID+Rprivk)

图 6.4　选民验证和投票流程

6.3.4　投票后流程

投票结束后，需计票并宣布结果。在计票过程中根据每位候选人的总票数进行计算，并据此宣布结果。选民和登记机构的身份保护在区块链中实现，方法是为投票交易和候选人登记号生成 ORed 哈希。

6.4　系统实现与实验分析

本节使用基于超文本预处理器（PHP）的区块链和星际文件系统实现了该系统。共享值存储在 MySQL 数据库和不可变格式数据库中。系统备注如表 6.2 所列。

表 6.2　系统备注

序号	硬件/软件	详情
1	系统配置	AMD 酷睿处理器,12GB RAM,500GB HDD
2	操作系统	Ubuntu 20.10
3	星际文件系统	Go 语言
4	前端	PHP、JavaScript
5	后端	MySQL
6	加密工具	SHA-256、EdDSA（ed25519）

6.4.1　密钥生成

为了生成选民的公用地址和私钥，采用了 256 位账户随机数生成器。这种 256 位数字即 UIN，用于 ECDSA。该登记存储在星际文件系统中。选民密钥生成示例如下：

UIN:626988886

UIN 哈希:374d3d0716d5a45fdd79209d4f0496a0e1f6e9b8a0462a93aa75498270b87ee8

公钥:510e17df8e6611b37fd7ad367e3ecdc8c88f70391fccf28a2b96ab53aef66106

私钥:374d3d0716d5a45fdd79209d4f0496a0e1f6e9b8a0462a93aa75498270b87ee8

6.4.2 候选人登记

为了登记参加选举的候选人,生成了基于 EdDSA 的 256 位私钥和公钥。使用基于 EdDSA 生成的登记机构公钥对候选人公钥进行哈希运算。然后将该登记存储在星际文件系统中。候选人登记的示例如下:

Candidate_Identity(公钥):374d3d0716d5a45fdd79209d4f0496a0e–1f6e9b8a0462a93aa75498270b87ee8

(1)区块地址:34。

(2)投票区:ABC。

(3)汇编码:34。

(4)党派:ABC。

(5)登记员公钥:

374d3d0716d5a45fdd79209d4f0496a0e1f6e9b8a0462a93aa75498270b899e8。

(6)登记员私钥:

510e17df8e6611b37fd7ad367e3ecdc8c88f70391fccf28a2b96ab53aef66106。

6.4.3 投票流程

在投票中心,通过在门户中提供私钥来验证选民,验证官员将私钥与登记官员的公钥进行 ORed。其余的流程如下:将结果转换为 256 位哈希,以生成选民登记 ID;将该 ID 与存储在星际文件系统中的选民 ID 匹配;如果找到匹配项,则选民可以在投票中心投票。

在投票窗口期间,选民必须按下候选人的符号或候选人的图片,在交易中转换为哈希。该交易是区块链交易,并且每 10 次交易之后,投票机构就会创建一个区块。交易哈希表示选民已投票。选民可以在区块链窗口期间看到已投票。此区块存储在分布式系统中,并且所有参与投票流程的节点都有。

6.4.4　计票和结果

在投票过程中,选民的投票属于交易,存储在所有投票节点中。选举符号生成的哈希对于所有交易都是相同的。因此,对于选举结果,必须计算针对候选人生成的相同哈希的数量。

6.5　安全和隐私分析

6.5.1　安全分析

选举区块链已在具有星际存储的专用网络中实现。选民可以在投票中心投票,也可以通过远程设备投票。对于这两种流程,必须确保数据交易的开放通道安全性。系统可能受到以下攻击,其预防方法如下:

(1)假选民。如果选民的私钥遭泄露,攻击者知道登记机构的公钥,那么就可以生成选民的登记身份。在投票中心,通过星际文件系统完成登记 ID 匹配。匹配结束后,启用投票按钮。使用该方法时,选民登记 ID 失败和虚假投票的可能性最高。对于远程投票方法,设备和生物识别身份生成选民的登记身份,并将其发送给登记机构。当选民在投票过程中申请验证登记 ID 时,选民和登记机构设备之间会建立安全连接。登记机构匹配选民身份后,选民便可投票。在这种情况下,登记机构签名的认证和不可否认性可确保假选民无法投票。

(2)重复投票。如果选民想要投票两次,并试图生成双重密钥来登记身份,则选民需要使用登记员的公钥和登记机构的私钥进行登记,以签署选民登记。因此,攻击者在登记过程中失败,无法再次投票。在远程投票登记过程中,选民验证也会在投票时进行,因此攻击者无法进行两次投票。

(3)中间人攻击。通过这种攻击,攻击者可以监听选民的投票并将其泄露。假设攻击者 A 是网络中的攻击者,并嗅探到选民 V_n 在时间戳 T_m 为候选人 C_a 投下的选票。在这种情况下,每个值都由哈希组成,并采用 256 位哈希的形式。因此,登记员和候选人登记相结合,生成了重新登记的候选人身份,选民的身份不会泄露,候选人 ID 也不会泄露。

(4)认证。选民和候选人的认证由登记机构和投票官员负责。星际文件系统中已经保存了投票官员、登记员、选民和候选人的登记。验证时,这些详情与记录匹配。如果验证成功,则在允许投票的签名选民确认后验证信息签名。

(5)完整性:在投票过程中,节点是投票中心、验证官员和选举委员会。因此,交易包括为投票而生成的选民临时 ID、投票和为投票生成的候选人身份。SHA-256 对交易进行哈希运算,从审批者的角度来看,该交易哈希是默克尔树的一部分。在最后阶段,区块包含此树。在每个批准点都会生成哈希并验证完整性。

(6)DDoS 攻击:假设攻击者 A 希望在投票中进行攻击,并希望使用 DDoS 攻击中断远程投票网络。为了实现攻击,攻击者向机构节点发出无意义的请求。此时,区块链网络关闭了机构系统,因为这是分布式的去中心化系统。SHA-256 对交易进行哈希运算。从审批者的角度来看,该交易哈希是默克尔树网络的一部分。然后,机构以同样的身份转移到新系统。这样一来,机构系统便阻止了 DDoS 攻击。对于投票节点,如果 DDoS 攻击是在不安全的在线网络中实施的,则立即挖掘仅有的 10 个已识别的投票。如果检测到 DDoS 停止,则在一次性系统自动重新启动之后进行挖掘。

6.5.2 隐私管理和遵守《通用数据保护条例》

在这个所提系统中,目标是从登记到计票流程中维护选民的身份。以下是在流程中维护隐私以及遵守《通用数据保护条例》的证据。

(1)选民身份生成和投票流程。密钥生成 UIN 用作必要信息,即随机生成的 256 位整数。使用 SHA-256 算法对该 UIN 进行哈希运算,并使用 EdDSA 为选民创建密钥对。因此,如果攻击者持有 UIN,则可为选民登记生成密钥对。在登记过程中,注册机构的私钥与选民的公钥是串联在一起的。此过程生成选民的登记身份,该身份存储在星际文件系统中。如果攻击者知道这些信息,则可尝试创建选民的登记身份,但在所有登记阶段的任何时候都没有可用的个人信息。因此,攻击者无法识别选民。

(2)投票后。交易的形式是选民向选举机构发起的投票。在该交易中,选民登记的哈希和签名验证由登记机构完成。使用投票流程的透明方式时,在投票的最终交易中生成的选民身份采用先前交易哈希、登记机构私钥和选民登记身份的级联格式。因此,攻击者在任何时候都无法组合其中的任何一个。每个交易都对时间戳进行哈希运算,并且该时间戳是唯一的,这意味着不会再次生成该交易或任何数据。这样一来,攻击者就无法识别选民。

6.6 比较和结果

为了证明所提系统的优势,与以前开发的系统进行了比较。表6.3列出了所提系统相对于以前开发系统的优势。在由此得出的观点中,我们讨论了以下几点,作为我们提出拟议系统的优势:

表6.3 先前开发的系统与所提出系统之间的比较

性质	Braghin等[7]	Khan等[8]	Verwer等[9]	Awalu等[10]	所提出的系统
数据加密	是	否	否	否	是
公有/私有	私有	公有	私有	私有	私有
平台	以太坊	以太坊	联盟	多链	基于PHP的定制
共识算法	工作量证明	工作量证明	工作量证明	工作量证明	工作量证明
安全分析	否	否	否	否	是
隐私保护	否	否	否	否	是
远程投票	是	是	是	是	是
基于星际文件系统	否	否	否	否	是

注:是——支持的功能;否——系统不支持的功能。

(1)存储。从存储的角度来看,所提出的系统存储使用公共星际文件系统进行密钥存储,在单个选民和单个候选人的情况下,选民数据需要74B,候选人数据需要74B。投票结束后,投票交易需要78B的存储空间。先前开发的系统存储和所提出的系统存储之间的比较如图6.5所示。单个实例所需的星际文件系统存储总量为228B。

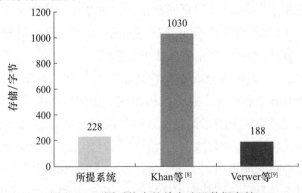

图6.5 不同系统中的单个选民数据存储

第6章 在电子投票流程中提高选民身份的隐私性和安全性

(2)成本。所提出的系统采用基于 PHP 的定制区块链和公共星际文件系统存储来实现。该区块链需要一次性安装成本。投票和计票流程不需要交易成本,因为之前使用以太坊开发的系统需要消耗以太币和 gas 来完成该流程。基于工作量证明的系统需要较高的计算能力。但所提出的系统不需要这种类型的成本。与先前开发的系统的成本比较如图 6.6 所示。为了根据运行脚本所需的数量设置系统成本,数字如下。选民的密钥生成:405.13kb;候选人的密钥生成:403.7kb;选民登记:406.84kb;候选人登记:408.84kb;投票:406.13kb。因此,脚本设置所需的总成本为 2030.64kb。

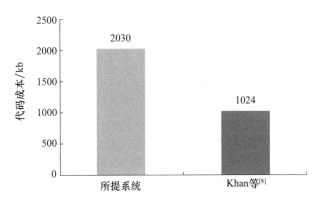

图 6.6 不同系统中的代码实现成本(单位:kb)

(3)隐私和安全。6.5 节分析了安全和隐私。与之前开发的系统相比,所提出的系统可以抵御各种攻击,并维护选民身份的隐私。

(4)交易时间。每个选民密钥生成所需的时间为 0.09245s,选民登记所需的时间为 0.14422s,投票所需的时间为 0.42541s,每个候选人密钥生成所需的时间为 0.36245s,候选人登记所需的时间为 0.20509s,投票所需的时间为 0.42541s,计票和宣布结果所需的时间为 0.37573s,这意味着单个选民完成整个流程所需的总时间为 2.03076s。图 6.7 比较了先前开发的系统中整个流程所需的时间。

(5)所需的哈希和加密位。在密钥生成中,SHA-256 和 EdDSA 用于生成所需的 512 位,登记需要 830 位,投票流程和签名验证需要 256 位哈希。图 6.8 显示了实现所需提出的系统哈希函数。对于单个选民和候选人总数,整个流程需要 9 个哈希函数和 4 个加密函数。

区块链在信息安全保护中的应用

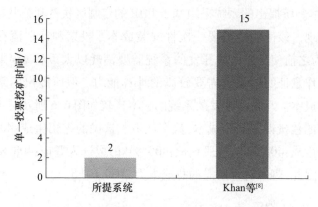

图 6.7 不同系统中系统实现所需的时间

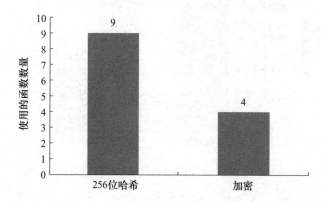

图 6.8 所提出的系统中使用的哈希函数和加密函数数量

6.7 结论和展望

本章提出了基于区块链的安全电子投票系统,可保护选民隐私。我们设计了交易和区块验证协议,以在选民和选举机构之间共享投票结果。所提出的系统受到保护,可免受入侵者和身份盗窃类攻击。通过对比,所提出的系统在安全和隐私方面优于先前开发的所有系统。总体而言,我们的研究为基于区块链的选举和选民身份安全带来了益处,这优于早期开发的系统。在未来的研究中,我们将把这种模式应用于高等教育和技能就业管理服务。此外,我们还可以在具有不同节点故障的不同攻击场景中,对区块链节点的安全性进行更多分析。

参考文献

[1] Asamoah, K. O., Xia, H., Amofa, S., Amankona, O. I., Luo, K., Xia, Q., Gao, J., Du, X. and Guizani, M., 2020. Zero-chain: A blockchain-based identity for digital city operating system. *IEEE Internet of Things Journal*, 7(10), pp.10336-10346.

[2] Khan, K. M., Arshad, J. and Khan, M. M., 2020. Simulation of transaction malleability attack for blockchain-based e-voting. *Computers & Electrical Engineering*, 83, p.106583.

[3] Steichen, M., Fiz, B., Norvill, R., Shbair, W. and State, R., 2018, July. Blockchain-based, decentralized access control for IPFS. In *2018 IEEE International Conference on Internet of Things (iThings) and IEEE Green Computing and Communications (GreenCom) and IEEE Cyber, Physical and Social Computing (CPSCom) and IEEE Smart Data (SmartData)* (pp. 1499-1506).

[4] Reddy, M. N. K. and Reddy, L. M. M., 2020, June. An integrated and robust e-voting application using private blockchain. In *2020 4th International Conference on Trends in Electronics and Informatics (ICOEI)* (48184) (pp. 842-846). IEEE.

[5] Babu, A. and Dhore, V. D., 2020. Electronic polling agent using blockchain: A new approach. In *IC-BCT 2019* (pp. 69-77). Springer, Singapore.

[6] Bellini, E., Ceravolo, P. and Damiani, E., 2019, July. Blockchain-based e-Vote-as-a-Service. In *2019 IEEE 12th International Conference on Cloud Computing (CLOUD)* (pp. 484-486). IEEE.

[7] Braghin, C., Cimato, S., Cominesi, S. R., Damiani, E. and Mauri, L., 2019, June. Towards Blockchain-Based E-Voting Systems. In *International Conference on Business Information Systems* (pp. 274-286). Springer, Cham.

[8] Khan, K. M., Arshad, J. and Khan, M. M., 2020. Investigating performance constraints for blockchain based secure e-voting system. *Future Generation Computer Systems*, 105, pp.13-26.

[9] Verwer, M. B., Dionysiou, I. and Gjermundrød, H., 2019, December. Trusted E-Voting (TeV) a Secure, Anonymous and Verifiable Blockchain-Based e-Voting Framework. In *International Conference on e-Democracy* (pp. 129-143). Springer, Cham.

[10] Awalu, I. L., Kook, P. H. and Lim, J. S., 2019, July. Development of a Distributed Blockchain eVoting System. In *Proceedings of the 2019 10th International Conference on E-business, Management and Economics* (pp. 207-216).

[11] Watanavisit, S. T. and Vorakulpipat, C., 2020, February. Learning Citizenship in Practice

with School Vote System: A Participatory Innovation of Blockchain e – Voting System for Schools in Thailand. In *Proceedings of the* 2020 9*th International Conference on Educational and Information Technology* (pp. 254 – 258).

[12] Politou, E., Alepis, E., Patsakis, C., Casino, F. and Alazab, M., 2020. Delegated con – tent erasure in IPFS. *Future Generation Computer Systems*, 112, pp. 956 – 964.

[13] Mukne, H., Pai, P., Raut, S. and Ambawade, D., 2019, July. Land Record Management using Hyperledger Fabric and IPFS. In 2019 10*th International Conference on Computing, Communication and Networking Technologies (ICCCNT)* (pp. 1 – 8). IEEE.

[14] Kumar, R. and Tripathi, R., 2020. Blockchain – based framework for data storage in peer – to – peer scheme using interplanetary file system. In Krishnan, S., Balas, V. E., Julie, E. G., Robinson, Y. H., Balaji, S., and Kumar, R. (eds.) *Handbook of Research on Blockchain Technology* (pp. 35 – 59). Academic Press.

[15] Karapapas, C., Pittaras, I., Fotiou, N. and Polyzos, G. C., 2020, May. Ransomware as a Service using Smart Contracts and IPFS. In 2020 *IEEE International Conference on Blockchain and Cryptocurrency (ICBC)* (pp. 1 – 5). IEEE.

[16] Pham, V. D., Tran, C. T., Nguyen, T., Nguyen, T. T., Do, B. L., Dao, T. C. and Nguyen, B. M., 2020, October. B – Box – A Decentralized Storage System Using IPFS, Attributed – based Encryption, and Blockchain. In2020 *RIVF International Conference on Computing and Communication Technologies (RIVF)* (pp. 1 – 6). IEEE.

[17] Krejci, S., Sigwart, M. and Schulte, S., 2020, September. Blockchain – and IPFS – based data distribution for the Internet of Things. In *European Conference on Service – Oriented and Cloud Computing* (pp. 177 – 191). Springer, Cham.

[18] Naz, M., Al – Zahrani, F. A., Khalid, R., Javaid, N., Qamar, A. M., Afzal, M. K. and Shafiq, M., 2019. A secure data sharing platform using blockchain and interplanetary file system. *Sustainability*, 11(24), p. 7054.

[19] Al Mamun, M. A., Alam, S. M., Hossain, M. S. and Samiruzzaman, M., 2020, March. A Novel Approach to Blockchain – Based Digital Identity System. In *Future of Information and Communication Conference* (pp. 93 – 112). Springer, Cham.

[20] Li, C., Wang, L. E., Xu, Q., Li, D., Liu, P. and Li, X., 2020, June. Groupchain: A Blockchain Model with Privacy – preservation and Supervision. In *Proceedings of the* 2020 4*th International Conference on High Performance Compilation, Computing and Communications* (pp. 42 – 49).

[21] Makhdoom, I., Zhou, I., Abolhasan, M., Lipman, J. and Ni, W., 2020. PrivySharing: A

blockchain – based framework for privacy – preserving and secure data sharing in smart cities. *Computers & Security*, 88, p. 101653.

[22] Alsayed Kassem, J., Sayeed, S., Marco – Gisbert, H., Pervez, Z. and Dahal, K., 2019. DNS – IdM: A blockchain identity management system to secure personal data sharing in a network. *Applied Sciences*, 9(15), p. 2953.

[23] Patole, D., Borse, Y., Jain, J. and Maher, S., 2020. Personal Identity on Blockchain. In Sharma H., Govindan K., Poonia R., Kumar S., El – Medany W. (eds) *Advances in Computing and Intelligent Systems* (pp. 439 – 446). Springer, Singapore.

第 7 章

区块链赋能车联网安全：解决方案分类、架构和未来方向

穆罕默德·祖海尔

普罗纳亚·巴塔查里亚

阿什温·维尔马

乌梅什·博德克赫

7.1 简介

近年来,汽车行业的进步和发展以及与物联网(IoT)的整合带来了更好的驾驶体验。车辆及相关的支持系统配备了许多传感器,这些传感器通过先进的车载设备生成异构数据[1]。车辆共享、收集并对生成的数据进行计算,以创建智能交通系统。根据用户的要求和期望,符合当今现状的技术必须是可扩展的、灵活的和方便的,而且还需要不断地升级。就交通系统而言,研究人员整合了各种技术,如物联网、车载自组网(Vehicular Ad Hoc Networks,VANET)、云计算、车联网和人工智能(Artificial Intelligence,AI),以设计智能交通系统。

随着人口、车辆及其用户的激增,车联网已成为当今世界最盈利的生态系统之一。这些车辆配备了传感器、数据通信模块等智能设备,通过这种设备向其他车辆和路侧单元(Roadside Unit,RSU)传输速度、路况等信息。车联网通信的三大组成部分是车内网、车际网和车载移动互联网[2]。车联网通信涉及不同类型的车辆、车上的乘客、骑行者和行人。车联网通信可分为5种不同的类型:①车与车(Vehicle – to – Vehicle,V2V);②车与个人设备(Vehicle – to – Personal Device,V2P);③车与路边单元(Vehicle – to – Roadside Unit,V2R);④车与传感器(Vehicle – to – Sensor,V2S);⑤车与蜂窝网络基础设施(Vehicle – to – Infrastructure of Cellular Network,V2IC)。

这些设备共享多元数据,如音频、视频、传感器读数和文本消息。车联网中的数据共享产生了数据隐私问题,如数据篡改、身份伪造和敏感信息披露。例如,以伪造身份为目的的女巫攻击,它伪造车辆的身份,通过伪造的节点控制其他车辆。它通过伪造的节点向连接的服务器发送虚假信息,以歪曲交通状况信息,这可能导致交通拥塞或事故。因此,鉴于这种危险,确保车辆的隐私(身份、位置、司机的历史信息等)和消息的认证至关重要。隐私保护[3]、防碰撞广播和资源调度[4]等挑战对车辆数据的流通产生了不利影响。因此,车联网中的隐私保护问题可能会导致该技术得不到广泛应用。

区块链是计算系统领域的新兴趋势,旨在确保网络中不同实体之间信息的安全共享。最近,由于区块链的去中心化、匿名性和信任特性,区块链技术与车联网的整合引起了研究人员和开发人员越来越多的关注[5]。通过区块链建立安全可信、去中心化的智能交通生态系统,可解决车辆数据共享问题。一些全球最大的汽车公司,如大众和福特,已经整合了区块链,以确保车辆之间的通信安全,他们甚至已经为这项技术申请了专利[6]。该领域的研究目前正朝着这样的方向发展:基于区块链生成驾驶证明和隐私保护机制,以支撑车辆之间的数据安全传输和通信[7],或者军事、医疗健康和其他服务领域的通信[8]。

在车联网中实现区块链时,应考虑几个相关问题。例如,现有的区块链系统有一种倾向,要么过于脆弱,要么过于臃肿。例如,零币和门罗币区块链系统[9-10]通过实施环签名或零知识证明[11]来保护用户隐私。但对于车联网,车辆的隐私保护应该有前提条件。如果使用零知识证明或环签名,要揭示车辆的真实身份将成为一项挑战[12]。发达城市具有大规模的车联网部署,而这些城市中的车辆数量较多,车联网会在短时间内产生大量各种类型的数据。因此,需要建立可以快速有效地存储大量数据的区块链网络[13]。

7.1.1 车联网的架构、特点及应用

车联网的架构支持现有的车载自组网(VANET)及其新发展。表 7.1 比较了车载自组网与车联网。Kaiwartya 等[14]提出了表 7.2 所列的 5 层架构,即商业层、应用层、人工智能(AI)层、协调层和感知层[14]。每一层都有自己特定的功能。

表 7.1 车载自组网与车联网的比较

特点	车载自组网	车联网
目标	提高交通安全、避免伤亡、提高交通效率(时间、成本和环境),但对于乘客来说缺乏娱乐功能	提高交通安全、效率和商业信息娱乐
通信	两种通信:①车与基础设施;②车与车	5 种通信:①车与车;②车与路侧单元;③车与基础设施;④车与传感器;⑤车与个人设备
兼容性	与个人设备(智能手机、笔记本电脑等)不兼容	与个人设备兼容
范围	仅限于本地,且适合于有限的规模	全球范围,并且可持续发展

续表

特点	车载自组网	车联网
处理	算力有限	涉及大数据,并使用先进的计算技术(雾计算、边缘计算等)
网络	使用单例网络架构	使用异构网络(WAVE、Wi-Fi、4G/LTE、卫星网络)
数据量	数据有限,因为根据本地信息决策	大数据,因实时生成大量数据
云计算	不支持	使用云计算存储、处理和分析数据

表7.2 车联网架构

架构层	可视化	功能
商业层	图形、流程图、示意图、表格	投资和商业模式设计;资源利用和应用定价;预算编制和数据融合
应用层	车辆动力学智能应用	智能服务用户;服务的发现和整合;数据的使用和相应的统计
AI层	云计算、专家系统、数据分析	数据的存储、处理和分析;基于分析的决策;服务管理
协调层	多样化网络,如Wi-Fi、LTE	统一转换;互操作性条款;安全交换信息
感知层	车辆、路侧单元、个人设备(Personal Device,PD)的传感器	数据收集:车辆、交通、个人设备;数字化和通信;能耗优化

车联网具有类似于物联网的特点,但车联网的性质要复杂得多,而且是动态的,因为车辆在移动并快速进出系统。这使得车联网系统具有高机动性,涉及特定网络中的短暂连接。驾驶车辆的司机各不相同,这将影响车辆与司机之间的通信。车与传感器的交互取决于司机,司机的不同也会影响车与传感器的通信。车辆在移动时经常会改变车与传感器的通信,以及车与基础设施的通信。因此,由于司机、车辆、传感器和道路的变化,车联网的变化频率比物联网高得多。

车辆网络的规模是不断变化的,取决于城市的人口密度。车辆的数量每天都在增加,车辆的出行取决于各种因素,如办公时间、假期等。所以,处理车联网的网络必须是可扩展的,有能力根据需求进行调整。

车联网的应用可分为四大类:①安全应用;②车载娱乐;③交通效率和管

理;④医疗健康应用[15]。安全应用旨在减少和避免交通事故,向司机提供有关交通和路况的前瞻性信息;车联网中的娱乐应用是为了提高旅行者的舒适度,如游戏,搜索附近的餐厅、戏剧院和电影院、咖啡厅、停车位、视频流,拼车等[16]。

车联网中的交通效率和管理应用旨在通过优化交通流来避免事故和防止拥堵,通过提前告知交通状况,司机可根据需要改变路线,从而缩短行程时间[17]。医疗健康应用是通过无线体表传感器网络来实现的,以便在患者和医疗健康专业人员之间提供更好的通信。该应用通过体表传感器收集和传输个人健康信息,如血压、体温等,并通过环境传感器将外部环境状况传输到健康中心[18]。

7.1.2 车联网平台

传统的车辆使用基本的控制器,如微控制器(Micro Control Unit,MCU)和数字信号处理(Digital Signal Processing,DSP)来处理车辆各个部件产生的数据,诸如空调、尾灯操作、辅助驾驶功能等都是通过这些控制器操作的[19]。与此相反,在车联网中,处理器必须计算数百万行的代码来执行智能算法。因此,车联网需要强大的计算平台,有适当的硬件和软件能力。

未来,图形处理器(Graphics Processing Unit,GPU)和现场可编程门阵列(Field-Programmable Gate Array,FPGA)将在汽车行业有更广泛的应用。图形处理器具有利用并行计算进行图像处理的能力[20]。这使得图形处理器成为自动驾驶中复杂系统的理想选择,如路障检测和防碰撞。现场可编程门阵列具有低能耗的并行计算能力。

软件模块是车联网平台的另一个关键组成部分。汽车行业对软件有自己的定制要求。欧洲汽车行业开发了用于汽车的实时操作系统 OSEK/VDX[21]。日本在本田、日产和丰田等汽车公司的合作下,于2004年建立了日本汽车软件平台与架构(Japan Automotive Software Platform and Architecture,JASPAR)。OSEK/VDX 和 JASPAR 的缺点是没有纳入当前汽车行业的可再用性需求。汽车开放系统架构(AUTO-motive Open System Architecture,AUTOSAR)标准的制订是为了将软件应用与相关硬件分开。该架构降低了开发成本,但需要进一步改进以支持人工智能应用[22]。AUTOSAR 联盟正与其全球合作伙伴合作开发一个自适应平台,提供支持基于以太网架构的编程接口。

鉴于现有性质,软件行业对其产品和服务的安全与更新存在担忧[23]。在使用安卓智能手机时,会感受到同样的情况。手机以及安装在手机上的应用程序都需要安装新版本和更新。同样,在车联网中,车辆上的软件也需要安装新版本和更新。更新期间的安全是非常重要的,并已成为研究人员所感兴趣的一个研究课题[24]。

车联网必须观察车辆及周围的环境。在车联网中,也需要超出正常的视觉范围,以优化车辆的行驶路线。所以,车辆需要安装先进传感器。这些传感器应在正常和不利的天气与光照条件下探测物体并进行分类。这些传感器的输入必须是可靠的,以确保车辆安全行驶。

通过组合或融合多个传感器,可确保周围环境信息的可靠性和鲁棒性[25]。车联网常用的传感器是激光探测及测距(Light Detection and Ranging,LiDAR)、视觉传感器和雷达。LiDAR 使车辆能够观察到外部世界,通过不同的激光通道提供 360°视野。高端车辆上装有多媒体波雷达。这种雷达可以穿透非透明的物质,如雪、灰尘和雾。单眼视觉系统和立体视觉系统是自动驾驶车辆上部署的两个重要的智能视觉传感器。目前,这两个系统用于目标探测、疲劳检测等[26]。为了产生准确的结果,汽车行业将深度学习等人工智能技术与视觉传感器的输入结合使用[27]。视觉传感器的缺点是对光线、天气等外部条件敏感。因而,此时仅靠一种类型的传感器数据是不行的,我们需要汇集不同的传感器数据,才能融合不同传感器产生的不同信息,从而确保可靠性。

7.2 车联网安全

车联网的益处是显而易见的,但也伴随着与网络内的安全、认证和隐私有关的挑战与问题。安全是车联网的主要问题之一,黑客或入侵者可能会别有用心地接入和控制车辆[28],从而引发交通事故。攻击者可能会截获、篡改、复制和拖延车联网中传播的信息[29]。如果信息被篡改并传播,则车辆可能会改道至交通密集的地方,最终造成交通事故、停车问题等。因此,为了使车联网发挥作用,能够在实际场景中使用,首先必须克服安全挑战和问题。

车联网的首要安全需求是确定车联网的安全目标。这些安全目标包括保密性、身份认证、数据完整性、不可否认性、访问控制、隐私性等。保密性确保敏感数据的传输具有隐私性和机密性[30]。身份认证旨在确保信息的发送者是真实可信的。数据完整性确保生成的数据没有受到任何形式的篡改。不可否认性机制防止信息发送者/接收者否认所传输的信息[31]。访问控制措施将为网络中的参与车辆/节点分配不同的权限,可确保每个节点都根据其有资格提供的服务执行其指定功能。隐私性确保行驶轨迹、历史信息以及司机的个人信息不会披露给未经授权的人。

车联网的安全挑战可分为以下几个方面:容错、信息加密和解密的密钥管理、可扩展性、稳定性、安全性、网络的隐私性和车辆的移动性。相比于物联网,车联网需要更高的容错率。网络质量和低带宽问题会成为实时通信的障碍。轻微的通信延迟和小错误都可能导致致命事故[32]。由于节点数量众多,密钥管理对敏感通信的加密和解密至关重要。在车联网中,密钥管理是一笔巨大的开销[33]。车联网需要大量的数据存储和高性能计算机来进行分析。因此,使用云服务来管理数据和进行计算。用户和云平台之间的数据传输有潜在的危险。所以,为了保护隐私,数据传输和数据存储需要高效的加密方法[34]。

7.3 车联网攻击分类

车联网容易受到多种类型的攻击和威胁。要成功部署车联网,必须积极主动地解决车联网安全方面的威胁。然而,在实际情况下,预测车联网可能面临的每个潜在威胁是不可行的。因此,还需要反应式方法。图7.1显示了一种分类方法,该方法侧重于两个主要的攻击场景:①基于身份认证的攻击;②基于问责的攻击。

7.3.1 身份认证

身份认证包括以下几点:

(1)虫洞攻击。虫洞攻击是无线网络中一个众所周知的问题。这种攻击一般由两个或更多的攻击者/节点进行,它们将自己置于网络中的战略位置,并利用自己的战略位置,在其他节点中宣称其拥有最短的信息传输路径。通过这种方式,攻击者相互建立直接链接,一端的攻击者接收数据包并传输到

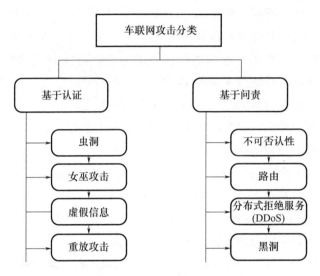

图7.1 车联网生态系统中部分攻击的分类[35]

网络的另一端。攻击者可以在不损害任何主机/节点的情况下进行攻击。

(2)女巫攻击。女巫攻击是对车联网最危险的攻击之一。当一个节点的行为看似合法,但通过改变MAC/IP地址或任何其他识别信息来创建多个虚假身份时,就会发生女巫攻击。这会在集中式机构识别合法节点时造成混乱。因此,车辆/节点无法区分信息是否来自单个或多个车辆/节点。女巫攻击归类为最危险的攻击,也是最难检测的攻击。攻击者可以利用这一点,通过在特定位置创建大量的身份,让人觉得道路的某一部分存在巨大的交通流量,从而改变行驶路线。

(3)虚假信息攻击。在虚假信息攻击中,车辆可以生成并向网络发送虚假信息。攻击者的目的是恶意操纵网络中的其他车辆。车联网中的车辆可以生成关于交通事故的虚假信息,并将该虚假信息发送给网络中的其他车辆,使这些车辆改变路线。通过这种方式,攻击者还可以使多辆车改道至某条道路,以此造成交通拥堵。这种攻击的计算成本很低,并且由于它对车联网的巨大影响而非常普遍。如果攻击者只能控制一辆车,那么这辆车会在不知不觉中成为攻击者,并向网络中的其他车辆传播虚假信息。

(4)重放攻击。重放攻击与黑洞攻击有关,它是中间人攻击的一个变体。攻击者不断地重发有效帧,以破坏车联网的实时运作。在这种攻击中,攻击者可以收集和存储信息。在以后的某个时间点,将这些信息发送到网络中,即使该信息是无效的。在车联网中,攻击者可以保存过去发生的交通拥塞、事故等信息,之后,再将这些信息发送到网络中。

7.3.2 基于责任的攻击

基于责任的攻击包括以下几点:

(1)不可否认性攻击。在这种攻击中,车辆可以否认对信息的接收或传输。这会使发送者重发信息,造成网络资源的额外消耗,并使车联网发生延迟。

(2)拒绝服务(Denial of Service,DoS)攻击。拒绝服务攻击有多种形式,无论是哪一种形式都会阻碍系统的正常运行。这种攻击的操作是,非法用户通过发送大量的虚假数据包/信息来淹没网络中的主机/服务器,使其过载,从而耗尽网络资源。因此,这些资源无法在合法用户请求时提供服务。在车联网中,攻击者可能会试图切断由路侧单元建立的网络,以阻断车辆和路侧单元之间的通信。JellyFish 攻击、泛洪攻击和智能欺骗攻击是众所周知的拒绝服务攻击[36-37]。任何对网络稍有了解的人都可以尝试拒绝服务攻击。这种攻击会阻断通信,使车辆无法接收实时交通信息,其影响非常大且概率较高。因此,必须尽快检测出这种攻击,并及时启动应对措施。

(3)分布式拒绝服务攻击。在拒绝服务攻击中,攻击者使用单个 IP 地址来产生攻击,这对攻击者的资源造成了相当大的负担。在分布式拒绝服务攻击中,攻击者使用多个 IP 地址来攻击目标系统,并向目标系统发送大量的虚假数据包/信息,使目标系统无法向合法用户提供服务。与拒绝服务攻击一样,分布式拒绝服务攻击也可以在路侧单元和网络中的其他车辆上执行。分布式拒绝服务攻击甚至更难对付和减轻,因为信息来自不同的 IP 地址。

(4)黑洞攻击。黑洞攻击在通信系统中非常常见。在这种攻击中,攻击者通过在网络中发送一段虚假的路由信息,声称它有一条通往目的地(车辆/路侧单元)的最佳路线,从而利用路由协议。虚假路由信息在网络中广播后,会使路侧单元/车辆通过攻击者的节点发送信息/数据包。攻击者拥有对该节点的控制权,它通常会删除传入的信息,从而创造一个黑洞,吸入传入的所有数据包/信息,因此无法在网络中流通。这种攻击会对车联网的性能产生非常严重的影响。攻击的后果是关乎生命的,因为数据包/信息的丢失可能导致严重的事故。

7.4 基于区块链的安全车联网生态系统

在安全问题备受关注的领域,区块链引起了许多研究人员的关注。区块链是由不可变的区块组成的链,保存着网络中所有参与成员的全部交易细节。区块链上的每个区块都分为区块头和区块体两部分。区块头包含关于自身和前序区块的信息,这些信息链接在一起,类似于链表。第一个区块称为创世区块,它保持着每笔交易的所有权,并且不指向任何一个前序区块。区块链上的每笔交易都需要密钥对(公钥–私钥)来验证,且每个区块都使用私钥来验证交易[38]。

区块链的应用非常广泛,研究人员几乎在所有涉及安全的领域中实现了区块链。同样,在车联网中,研究人员提出了区块链模型来追踪、控制和拥有在车联网中共享的信息/内容。

区块链技术是实现车联网信息管理的一个重要技术手段。通过使用区块链平台,车联网中的通信(V2I、V2V、V2R等)可以变得安全。车联网中的交易可以是一种观察结果或车辆的任何活动,如交通、天气信息等。该平台将车辆和路侧单元产生的每笔交易都存储在区块链网络的区块中。

区块链使得分布式网络中的内容去中心化、匿名、安全及可追踪,如表7.3所列。区块链技术在车联网中的实现可总结如下:

表7.3 区块链与车联网的整合

区块链的特点	说明	对车联网的影响
防篡改性	车联网中的每个节点都拥有交易的数字副本	容错、透明、不可破坏、组织良好
去中心化	没有中央管理机构	不需要第三方,用户控制减少了发生故障的概率
共识	参与节点均有批准交易的权力	提高可靠性、增加透明度并加快交易
安全性	通过加密哈希函数确保安全和隐私	建立保护隐私的交通系统
透明度	交易存储在每个节点中,并开放提供交易审查	在节点之间建立信任

续表

区块链的特点	说明	对车联网的影响
带时间戳的记录	每个区块在添加到区块链网络之前都会盖上时间戳	使智能交通系统中的每个事件有序化
可追溯	识别记录的每个数据	带有时间戳的数据记录可确保识别事件的时间顺序
不可否认性	数据的完整性和来源证明	一旦交易成功记录,车联网就不能否认它
伪身份	通过用户名、密钥和数字签名识别用户的身份	车辆和路侧单元的身份可通过其公钥和用户名来识别

(1)大数据存储与数据管理。车联网通过车辆内外的传感器产生数据,包括驾驶模式、交通数据、人机界面和路侧单元。这些数据也包括电子商务交易、车辆保险、加油等。车辆以及道路网日益增多,它们将产生大量的数据。这意味着可以利用区块链的去中心化和分布式存储概念。通过区块链可以解决安全隐私方面的问题,以及在边缘节点之间建立信任[39]。区块链的防篡改性可用于确保车辆之间的安全数据通信[40]。

(2)资源共享。在车联网中,车辆可共享资源。这使得车辆可与附近的实体共享空闲的计算资源。这样做的益处是显而易见的,但在实现方面主要存在两个问题:①在各方之间建立信任;②提供经济益处以鼓励参与资源共享。区块链支持去中心化的平台,各节点可以共享它们的资源。区块链可确保建立信任,同时顾及到安全和隐私问题[41-42]。本章提出了一个基于信誉的共识机制,目的是在各方之间建立信任,并减少对计算成本高的挖矿过程的依赖。设计鼓励共享资源的激励方案,可在成本节省上比统一定价方案高出30%。

(3)车辆管理。车辆、路侧单元、停车场和其他资源的管理是一项复杂的任务。车辆管理方面最受关注的问题是车辆队列行驶和智能停车。随着车辆数量的增加,问题在于停车管理以及使用中央管理系统维护用户的隐私和安全。通过区块链的实现可解决这些数据泄露问题[43]。研究人员开发了一种区块链集成平台,在该平台上可搜索可用的停车位并预订[44]。车队行驶通常用于重型车辆长途运输,其概念是减少空气阻力,从而提高燃油效率。研究人员提出了区块链赋能的车联网平台,以创建可称为车队的匿名车组[45]。车辆无须付费即可加入队列中,因为平台使用路线匹配来选择队列的匹配车辆。

①去中心化和冗余性。区块链的特性包括去中心化、防篡改性、安全性以及车联网中一组节点之间的极高容错性。可以在一个特定区域内的不同指定节点上创建分布式云计算数据中心。

②用户隐私。在区块链技术中,每个用户的密钥由用户自己管理,每个数据块节点都存储加密的用户数据。因此,通过实现区块链技术,可解决车联网中的隐私问题。

③交通控制和管理。近10年开发的技术使交通管理和控制比以前更容易。现在,车辆和路侧单元可产生交通数据、交通事故和拥堵信息、道路维护信息以及其他相关信息,使交通管理变得更加容易。这些信息可用来建立智能交通系统、缓解交通拥堵等。这些益处也伴随着数据存储的安全问题,并且车辆和路侧单元容易受到攻击。这将影响数据的可用性、可访问性、完整性和隐私性。区块链平台可以成为这一问题的解决方案之一,因为它支持去中心化的管理、可用性、自动性和防篡改性[46]。

7.5 攻击对策

本节描述了车联网生态系统中各种安全攻击的参数分类。表7.4列出了基于相关参数的潜在攻击媒介,并提出了相应的对策。

表7.4 攻击媒介及可能的安全对策

安全方面	攻击类型	对策
对认证的攻击	重放攻击、女巫攻击	哈希链椭圆曲线加密算法(Elliptic Curve Cryptosystem,ECC)
	伪造消息	区块链、椭圆曲线加密算法、双线性对哈希函数等
	重放	双线性对
	链接	离散对数问题、椭圆曲线加密算法
	虚假信息流	离散对数问题、椭圆曲线加密算法
对可用性的攻击	拒绝服务攻击	公钥基础设施、区块链、对称加密
	分布式拒绝服务攻击	
	信道障碍	
对保密性的攻击	窃取	区块链、加密
	截留消息	
	删除消息	

续表

安全方面	攻击类型	对策
对完整性的攻击	数据伪造和操纵攻击	IDS、数据包消息熵
	恶意软件	
	黑洞	

(1)基于认证的攻击。在基于认证的攻击中,攻击者获取车联网节点的身份信息,然后加入网络并进行伪装。区块链可能解决该问题,因为交易存储了前序区块的哈希值,任何尝试伪造交易的行为都会导致区块失效[47]。对于签名,区块链采用椭圆曲线数字签名算法,因此攻击者的节点需要在短时间内解决离散对数问题才能进行攻击。这需要具备高算力和存储,目前还没有可行的方法。

(2)对可用性的攻击。在这种攻击中,攻击者的目的是获得对开放传感器端口的访问,并在服务器和路侧单元上发送资源预留请求。在访问时,恶意入侵者在服务器上形成机器人群,迫使服务器为每个恶意请求预留资源。在大量请求涌入的情况下,服务器无法向授权用户授予访问权限。此外,攻击者还可能将通信与噪声信号混合,以及被动地在开放通信链路上窃取通信信息,以此试图阻碍通信。在这种情况下,源和目的地节点必须保密地处理信息,而椭圆曲线加密算法允许它们在约定的群组基础上安全地交换密钥。

(3)对保密性的攻击。在这种攻击中,攻击者通过在密钥交换过程中获取通信实体的共享密钥来检测信道上发送的信息。因此,攻击者可能会截留信息,达到截获信息的目的[48]。为了应对这种攻击,通信实体需要区块链和适当的签名方案来通过共享共识记录交易区块。

(4)对完整性的攻击:基于完整性的攻击涉及通过操纵哈希码来伪造发送的数据。攻击者可能通过黑洞攻击来消耗网络资源。攻击者使其他车联网节点认为恶意节点有一条低成本的通往目的地的最佳路径。对此,需要制定有效且安全的路由策略,在信任的基础上选择最佳路径。另外,也可以对数据包加密,然后在信道上发送,但这增加了每个节点的开销。

7.6 车联网中基于区块链的证书生成方案研究

经过区块链网络每个成员的验证后,每笔交易都可以添加到区块中,如图 7.2 所示。所提出的框架通过整合无签名公钥机制来保护用户的隐私。任何节点(车辆、路侧单元等)都可以进入车联网。节点的公-私密钥经过初始化并提交给认证机构进行验证[50],即验证节点的凭证。如果有效,将为车辆生成证书,否则驳回认证。该证书包含密钥,以及表示证书到期之日的时间戳。

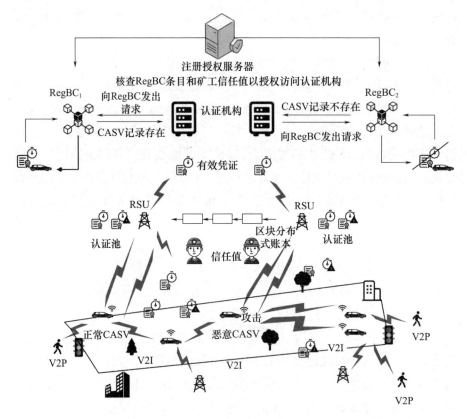

图 7.2　车联网中基于区块链的证书生成,以减少攻击者攻击[49]

假设网络中存在两辆车 V_1 和 V_2,V_1 要与 V_2 通信时,V_1 需要将已验证的证书发送给 V_2 进行验证。V_2 将核查证书的有效性、过期情况和密钥。此外,

V_2 将通过认证机构核查 V_1 是否真的存在。仅在密钥、时间戳和证书都有效的情况下,V_1 和 V_2 才可以开始通信。对 V_1 进行验证后,V_2 将通过路侧单元核查 V_1 的信任值。路侧单元将核查和验证 V_2 的 ID,如果 V_2 的 ID 通过验证,路侧单元将核查来自服务器的信任值并发送给 V_2。

一旦通过身份验证,V_1 和 V_2 就可以相互通信。V_1 每次向 V_2 发送消息 M_1 时,V_2 都会评估 M_1 的可信度,以确定 M_1 的可信性。每个事件/消息的信任值都会得到计算并存储在信任集中。如果 M_1 的可信度超过阈值,将接受 M_1,否则会视为虚假消息。V_2 将对接受的 M_1 产生积极评级,对虚假消息产生消极评级。消息评级界定了车辆/节点的可信度。

如果 V_1 和 V_2 在区块链网络更新之前没有进行任何通信,那么 V_1 的信任值将保持不变。如果 V_1 和 V_2 之间有成功的通信,则路侧单元必须获取 V_1 的最新信任评级。此后,路侧单元将计算并更新 V_1 的信任评级。车联网会计算每辆车的信任值偏移。

每个路侧单元都会注册时间戳并评估哈希函数。如果路侧单元评估的哈希函数低于阈值函数,路侧单元将交叉验证信任偏移和绝对值最大总和。如果某一路侧单元的绝对值小于绝对值最大总和,那么该路侧单元将选为矿工。选为矿工后,该路侧单元将在网络中公布自己。

7.7 车联网的研究挑战和未来研究方向

区块链在实现方面存在许多问题。对于区块链赋能的车联网,目前需要关注的研究挑战如下:

(1)系统的吞吐量。区块链的共识算法需要大量的资源和算力来更新与同步网络中的车辆之间传输的数据副本。车辆上的现有技术在处理和计算方面的能力有限,因此降低了系统的吞吐量并增加了延迟[51]。所以,应根据延迟和吞吐量需求来设计共识算法。

(2)网络攻击。虽然区块链技术保证了车联网基础设施的安全,但仍然存在可能遭受网络攻击的漏洞。由于区块链的公开性,这些攻击是可能发生的。不同的参与车辆来自不同的地点,因此许可链对车联网来说是不可行的。公有链网络的问题在于,任何恶意的车辆都可以计算和解决工作量证明(PoW)问题,并成为区块链网络的一部分。

（3）可扩展性问题。区块链网络保存了所有交易的备份,以确保数据的透明度和可用性。在车联网中,在每个区块上保存这些备份是不现实的,因为它对数据存储有巨大的内存需求。因此,区块链将变得复杂,随着网络中车辆数量的增加,网络的性能会下降。

（4）认证。最适合车联网的区块链类型是公有链。在这种系统中,车辆可以通过执行工作量证明来加入网络。在公有链中,恶意车辆加入网络的概率比较高。因此,对加入网络的节点进行适当的认证是一项挑战。

（5）车联网上的信任。在区块链网络的参与节点或成员之间建立信任的要求非常重要。车辆是在公共网络的基础上运行的,这种网络非常容易出现故障。这就给车辆之间以及车辆与路侧单元之间信任的建立带来了挑战。

（6）无线连接。车联网依赖于互联网,而在印度等发展中国家存在连接问题。为了实现区块链赋能的车联网,必须加强网络连接,并在最大限度上减少无线通信基础设施的出错率。对于无线网络中的高性能计算,光核心网是一个可行的选择[52]。

7.8 结论

在现代可持续交通生态系统中,车联网在通过开放信道有效共享数据方面发挥着突出作用。由于这个原因,车联网容易受到攻击者有计划地攻击,在节点之间进行数据共享时需要信任、隐私和保密。由于区块链的不可篡改性和时间顺序性,它可以推动安全可信的车联网赋能生态系统的发展。本次研究强调了区块链与车联网的整合,以利用不同车辆之间共享数据的信任和隐私。本章提出了车联网攻击的解决方案分类,并讨论了基于区块链的解决方案。此外,还讨论了基于区块链的证书生成方案的案例研究。最后,提出了将区块链整合到车联网中的研究挑战和未来研究方向。因此,本章对车联网中的攻击进行了全面的概述,并推动区块链作为解决方案。这一重点方向有助于汽车利益相关者、研究学者和行业部署基于区块链的智能车联网解决方案。未来,我们希望通过引入安全的基于区块链的解决方案,研究5G网络在车联网中的作用,以提高带宽、减少延迟,并增加可能在车联网生态系统中整合的服务可用性。

参考文献

[1] A. Ladha, P. Bhattacharya, N. Chaubey, and U. Bodkhe, "Iigpts: IoT-based framework for intelligent green public transportation system," in *Proceedings of First International Conference on Computing, Communications, and Cyber-Security (IC4S 2019)*, (P. K. Singh, W. Pawlowski, N. Kumar, S. Tanwar, J. J. P. C. Rodrigues, and O. M. S, eds.), vol. 121, pp. 183-195, Springer International Publishing, 2020.

[2] J. Liu, J. Li, L. Zhang, F. Dai, Y. Zhang, X. Meng, and J. Shen, "Secure intelligent traffic light control using fog computing," *Future Generation Computer Systems*, vol. 78, pp. 817-824, 2018.

[3] J. Lim, H. Yu, K. Kim, M. Kim, and S.-B. Lee, "Preserving location privacy of connected vehicles with highly accurate location updates," *IEEE Communications Letters*, vol. 21, no. 3, pp. 540-543, 2016.

[4] C.-Y. Wei, A. C.-S. Huang, C.-Y. Chen, and J.-Y. Chen, "Qos-aware hybrid scheduling for geographical zone-based resource allocation in cellular vehicle-to-vehicle communications," *IEEE Communications Letters*, vol. 22, no. 3, pp. 610-613, 2017.

[5] A. Shukla, P. Bhattacharya, S. Tanwar, N. Kumar, and M. Guizani, "Dwara: A deep learning-based dynamic toll pricing scheme for intelligent transportation systems," *IEEE Transactions on Vehicular Technology*, vol. 69, no. 11, pp. 12510-12520, 2020.

[6] J. Kang, Z. Xiong, D. Niyato, D. Ye, D. I. Kim, and J. Zhao, "Toward secure block-chain enabled internet of vehicles: Optimizing consensus management using reputation and contract theory," *IEEE Transactions on Vehicular Technology*, vol. 68, no. 3, pp. 2906-2920, 2019.

[7] M. Singh, and S. Kim, "Blockchain based intelligent vehicle data sharing framework," *arXivpreprintarXiv*:1708.09721, 2017. https://arxiv.org/abs/1708.09721.

[8] S. B. Patel, H. A. Kheruwala, M. Alazab, N. Patel, R. Damani, P. Bhattacharya, S. Tanwar, and N. Kumar, "Biouav: Blockchain-envisioned framework for digital identification to secure access in next-generation UAVs," in *Proceedings of the 2nd ACM MobiCom Workshop on Drone Assisted Wireless Communications for 5G and Beyond*, DroneCom '20, (New York, NY, USA), pp. 43-48, Association for Computing Machinery, 2020.

[9] E. B. Sasson, A. Chiesa, C. Garman, M. Green, I. Miers, E. Tromer, and M. Virza, "Zerocash: Decentralized anonymous payments from bitcoin," in *2014 IEEE Symposium on Security and Privacy*, pp. 459-474, IEEE, 2014.

[10] S. Noether, "Ring signature confidential transactions for Monero," *IACR Cryptol. ePrint Arch.*, vol. 2015, p. 1098, 2015.

[11] L. Li, J. Liu, L. Cheng, S. Qiu, W. Wang, X. Zhang, and Z. Zhang, "Creditcoin: A privacy – preserving blockchain – based incentive announcement network for communications of smart vehicles," *IEEE Transactions on Intelligent Transportation Systems*, vol. 19, no. 7, pp. 2204 – 2220, 2018.

[12] P. Bhattacharya, S. Tanwar, U. Bodke, S. Tyagi, and N. Kumar, "Bindaas: Blockchain based deep – learning as – a – service in healthcare 4.0 applications," *IEEE Transactions on Network Science and Engineering*, vol. 8, no. 2, pp. 1242 – 1255, April – June 2021, DOI: 10.1109/TNSE.2019.2961932.

[13] U. Bodkhe, S. Tanwar, P Bhattacharya, and N. Kumar, "Blockchain for precision irrigation: Opportunities and challenges," *Transactions on Emerging Telecommunications Technologies*, p. e4059, 2020, DOI: 10.1002/ett.4059.

[14] O. Kaiwartya, A. H. Abdullah, Y. Cao, A. Altameem, M. Prasad, C. – T. Lin, and X. Liu, "Internet of vehicles: Motivation, layered architecture, network model, challenges, and future aspects," *IEEE Access*, vol. 4, pp. 5356 – 5373, 2016.

[15] L. C. Hua, M. H. Anisi, L. Yee, and M. Alam, "Social networking – based cooperation mechanisms in vehicular ad – hoc network——a survey," *Vehicular Communications*, vol. 10, pp. 57 – 73, 2017.

[16] Y. Toor, P. Muhlethaler, A. Laouiti, and A. De La Fortelle, "Vehicle ad hoc networks: applications and related technical issues," *IEEE communications surveys & tutorials*, vol. 10, no. 3, pp. 74 – 88, 2008.

[17] R. G. Engoulou, M. Bellaiche, S. Pierre, and A. Quintero, "Vanet security surveys," *Computer Communications*, vol. 44, pp. 1 – 13, 2014.

[18] R. Gupta, A. Shukla, P. Mehta, P. Bhattacharya, S. Tanwar, S. Tyagi, and N. Kumar, "Vahak: A blockchain – based outdoor delivery scheme using uav for healthcare 4.0 services," in *IEEE INFOCOM 2020——IEEE Conference on Computer Communications Workshops (INFOCOM WKSHPS)*, pp. 255 – 260, 2020.

[19] J. Xu, and F. Zhong, "Automotive air conditioning control system based on stcl2c5a60s2 singlechip," *Auto Electric Parts*, pp. 14 – 16, 2014.

[20] E. Lindholm, J. Nickolls, S. Oberman, and J. Montrym, "Nvidia tesla: A unified graphics and computing architecture," *IEEE micro*, vol. 28, no. 2, pp. 39 – 55, 2008.

[21] B. Liu, and Y. Sun, "Osek/vdx: An open – architectured platform of vehicle electronics sys-

tem," *Acta Armamentarll the Volume of Tank*, *Armored Vehicle Engine*, vol. 2, pp. 61 – 64, 2002.

[22] C. Guettier, B. Bradai, F. Hochart, P. Resende, J. Yelloz, and A. Garnault, "Standardization of generic architecture for autonomous driving: A reality check," in Langheim J. (eds) *Energy Consumption and Autonomous Driving*, Springer, Cham, pp 57 – 68, 2016.

[23] S. Furst, and M. Bechter, "Autosar for connected and autonomous vehicles: The auto – sar adaptive platform," in 2016 *46th Annual IEEE/IFIP International Conference on Dependable Systems and Networks Workshop (DSN – W)*, pp. 215 – 217, IEEE, 2016.

[24] F. Sagstetter, M. Lukasiewycz, S. Steinhorst, M. Wolf, A. Bouard, W. R. Harris, S. Jha, T. Peyrin, A. Poschmann, and S. Chakraborty, "Security challenges in automotive hardware/software architecture design," in 2013 *Design, Automation & Test in Europe Conference & Exhibition (DATE)*, pp. 458 – 463, IEEE, 2013.

[25] M. Dibaei, X. Zheng, K. Jiang, S. Maric, R. Abbas, S. Liu, Y. Zhang, Y. Deng, S. Wen, J. Zhang, et al., "An overview of attacks and defences on intelligent connected vehicles," *arXiv preprint arXiv*:1907.07455, 2019. https://arxiv.org/abs/1907.07455.

[26] Y. Dong, Z. Hu, K. Uchimura, and N. Murayama, "Driver inattention monitoring system for intelligent vehicles: A review," *IEEE transactions on intelligent transportation systems*, vol. 12, no. 2, pp. 596 – 614, 2010.

[27] R. Singh, A. Singh, and P. Bhattacharya, "A machine learning approach for anomaly detection to secure smart grid systems," in Ashwani Kumar and Seelam Sai Satyanarayana Reddy (eds.) *Advancements in Security and Privacy Initiatives for Multimedia Images*, IGI Global, pp. 199 – 213, 2020.

[28] I. Ali, A. Hassan, and F. Li, "Authentication and privacy schemes for vehicular ad hoc networks (vanets): A survey," *Vehicular Communications*, vol. 16, pp. 45 – 61, 2019.

[29] P. Bhattacharya, P. Mehta, S. Tanwar, M. S. Obaidat, and K. F. Hsiao, "Heal: A block – chain – envisioned signcryption scheme for healthcare iot ecosystems," in 2020 *International Conference on Communications, Computing, Cybersecurity, and Informatics (CCCI)*, pp. 1 – 6, 2020.

[30] S. M. Ghaffarian, and H. R. Shahriari, "Software vulnerability analysis and discovery using machine – learning and data – mining techniques: A survey," *ACM Computing Surveys (CSUR)*, vol. 50, no. 4, pp. 1 – 36, 2017.

[31] F. Wang, Y. Xu, H. Zhang, Y. Zhang, and L. Zhu, "2flip: A two – factor lightweight privacy preserving authentication scheme for vanet," *IEEE Transactions on Vehicular Technology*,

vol. 65, no. 2, pp. 896 – 911, 2015.

[32] S. – W. Kim, B. Qin, Z. J. Chong, X. Shen, W. Liu, M. H. Ang, E. Frazzoli, and D. Rus, "Multivehicle cooperative driving using cooperative perception: Design and experimental validation," *IEEE Transactions on Intelligent Transportation Systems*, vol. 16, no. 2, pp. 663 – 680, 2014.

[33] W. Xi, C. Qian, J. Han, K. Zhao, S. Zhong, X. – Y. Li, and J. Zhao, "Instant and robust authentication and key agreement among mobile devices," in *Proceedings of the* 2016 *ACM SIGSAC Conference on Computer and Communications Security*, pp. 616 – 627, 2016.

[34] C. Castelluccia, and P. Mutaf, "Shake them up! a movement – based pairing protocol for cpu – constrained devices," in *Proceedings of the 3rd International Conference on Mobile Systems, Applications, and Services*, pp. 51 – 64, 2005.

[35] P. Bagga, A. K. Das, M. Wazid, J. J. P. C. Rodrigues, and Y. Park, "Authentication protocols in internet of vehicles: Taxonomy, analysis, and challenges," *IEEE Access*, vol. 8, pp. 54314 – 54344, 2020.

[36] I. Aad, J. – P. Hubaux, and E. W. Knightly, "Denial of service resilience in ad hoc networks," in *Proceedings of the 10th Annual International Conference on Mobile Computing and Networking*, pp. 202 – 215, 2004.

[37] A. – S. K. Pathan, *Security of self – organizing networks: MANET, WSN, WMN, VANET*. CRC press, 2016.

[38] A. Srivastava, P. Bhattacharya, A. Singh, A. Mathur, O. Prakash, and R. Pradhan, "A distributed credit transfer educational framework based on blockchain," in 2018 *Second International Conference on Advances in Computing, Control and Communication Technology* (*IAC3T*), pp. 54 – 59, 2018.

[39] J. Kang, R. Yu, X. Huang, M. Wu, S. Maharjan, S. Xie, and Y. Zhang, "Blockchain for secure and efficient data sharing in vehicular edge computing and networks," *IEEE Internet of Things Journal*, vol. 6, no. 3, pp. 4660 – 4670, 2018.

[40] Y. Chen, X. Hao, W. Ren, and Y. Ren, "Traceable and authenticated key negotiations via blockchain for vehicular communications," *Mobile Information Systems*, vol. 2019, Article ID 5627497, 2019.

[41] H. Chai, S. Leng, K. Zhang, and S. Mao, "Proof – of – reputation based – consortium blockchain for trust resource sharing in internet of vehicles," *IEEE Access*, vol. 7, pp. 175744 – 175757, 2019.

[42] P. N. Sureshbhai, P Bhattacharya, and S. Tanwar, "Karuna: A blockchain – based sentiment

analysis framework for fraud cryptocurrency schemes," in 2020 *IEEE International Conference on Communications Workshops (ICC Workshops)*, pp. 1 – 6, 2020.

[43] S. B. Patel, P. Bhattacharya, S. Tanwar, and N. Kumar, "Kirti: A blockchain – based credit recommender system for financial institutions," *IEEE Transactions on Network Science and Engineering*, pp. 1 – 1, 2020 *aop*, DOI: 10. 1109/TNSE. 2020. 3005678.

[44] W. Al Amiri, M. Baza, K. Banawan, M. Mahmoud, W. Alasmary, and K. Akkaya, "Privacy – preserving smart parking system using blockchain and private information retrieval," in 2019 *International Conference on Smart Applications, Communications and Networking (SmartNets)*, pp. 1 – 6, IEEE, 2019.

[45] C. Chen, T. Xiao, T. Qiu, N. Lv, and Q. Pei, "Smart – contract – based economical platooning in blockchain – enabled urban internet of vehicles," *IEEE Transactions on Industrial Informatics*, vol. 16, no. 6, pp. 4122 – 4133, 2019.

[46] L. Cheng, J. Liu, G. Xu, Z. Zhang, H. Wang, H. – N. Dai, Y. Wu, and W. Wang, "Sctsc: A semicentralized traffic signal control mode with attribute – based blockchain in iovs," *IEEE Transactions on Computational Social Systems*, vol. 6, no. 6, pp. 1373 – 1385, 2019.

[47] U. Bodkhe, P. Bhattacharya, S. Tanwar, S. Tyagi, N. Kumar, and M. S. Obaidat, "Blohost: Blockchain enabled smart tourism and hospitality management," in 2019 *International Conference on Computer, Information and Telecommunication Systems (CITS), Shanghai, China*, pp. 1 – 5, IEEE, 2019.

[48] P. Bhattacharya, S. Tanwar, R. Shah, and A. Ladha, "Mobile edge computing – enabled blockchain framework——A survey," in *Proceedings of ICRIC* 2019 (P. K. Singh, A. K. Kar, Y. Singh, M. H. Kolekar, and S. Tanwar, eds.), (Cham), pp. 797 – 809, Springer International Publishing, 2020.

[49] U. Bodkhe, D. Mehta, S. Tanwar, P. Bhattacharya, P K. Singh, and W. Hong, "A survey on decentralized consensus mechanisms for cyber physical systems," *IEEE Access*, vol. 8, pp. 54371 – 54401, 2020.

[50] N. Kabra, P. Bhattacharya, S. Tanwar, and S. Tyagi, "Mudrachain: Blockchain – based framework for automated cheque clearance in financial institutions," *Future Generation Computer Systems*, vol. 102, pp. 574 – 587, 2020.

[51] Verma A., P. Bhattacharya, U. Bodkhe, A. Ladha, and S. Tanwar (2021) DAMS: Dynamic association for view materialization based on rule mining scheme. In: Singh P. K., Singh Y., Kolekar M. H., Kar A. K., Chhabra J. K., Sen A. (eds) *Recent Innovations in Computing. ICRIC 2020. Lecture Notes in Electrical Engineering*, vol 701. Springer, Singa-

pore. DOI: 10.1007/978 – 981 – 15 – 8297 – 4_43.

[52] Singh, A, Tiwari, A. K. and Bhattacharya, P "Bit Error Rate Analysis of Hybrid Buffer – Based Switch for Optical Data Centers," *Journal of Optical Communications*, 2019. DOI: 10.1515/joc – 2019 – 0008.

第 8 章

基于区块链的联合云环境：问题和挑战

阿什温·维尔马
普罗纳亚·巴塔查里亚
乌梅什·博德克赫
穆罕默德·祖海尔
拉姆·基尚·德万甘

8.1 简介

最近,大数据、物联网、雾计算和云计算的不断发展推动了对新技术和解决方案的需求快速增长,以便处理分布在网络中的去中心化系统[1]。由于通过网络连接的用户数据量大幅增加,加之连接数据的设备易受攻击,目前对部署可信、安全和可验证服务的需求很大。然而,大规模的用户数据泄露将导致大量私人信息外泄,因此,信任成为利益相关者之间的主要问题。作为众多计算架构的主要弱点,中心化在云用户(Cloud User,CU)和云服务提供商(Cloud Service Provider,CSP)之间建立了不平衡关系,这使得 CU 难以避免单点故障。大规模的用户数据泄露将导致大量私人信息外泄,这很快就会变得非常棘手,因此,信任成为利益相关者关心的主要问题。

区块链(Blockchain,BC)是分布式的交易数据库,并在计算系统网络中进行复制[2-3]。区块链的每个区块都由多项交易组成,每当区块链网络中记录到或发生新交易时,这些交易就会添加到每个利益相关者的分布式账本中。区块链具有分布式账本,用于记录本质上不可变的加密哈希值。区块链具有数据防篡改、数据可追溯的特性,是构建可信网络的备选方法。由于这些特性,人们普遍认为,区块链适用于任何需要信任和防篡改需求的领域,从金融服务(比特币、以太坊等)到面向应用的系统[4-7]。在区块链赋能系统中,智能合约(Smart Contract,SC)是能够自动控制系统流程的重要驱动力[8]。可信系统由区块链创建,并在智能合约的帮助下与不同的操作和流程绑定在一起,引入区块链赋能解决方案是解决云数据中心不同问题的战略计划。根据我们的发现,该领域的许多研究都在寻求借助区块链技术来增强当前系统的解决方案。在交叉网络环境中,通过区块链重构基于云的系统和数据中心既可靠又可信[9-10]。众所周知,区块链赋能技术的几个显著优势包括透明治理[11]、教育[12]、通过无人机实现医疗健康供应管理[13]、防篡改保护[14-16]、新商业模式[17-18]、去中心化安全[19-22]。此外,尽管区块链有可能彻底改变传统的分布式去中心化架构,但在实践中会产生一些新的问题[23-25],任何在系统实现或基本过程中的漏洞都将为攻击者恶意破坏系统创造机会。从这个角度来看,必须进行全面评估,了解技术影响。

在本次研究中,我们充分评估了区块链新兴技术与现有的区块链应用技术,并对相关技术的基本概念和关键特性进行了深入探讨,如表8.1所列。特别地,我们从医疗健康、大数据、物联网、云和雾计算等新兴应用的角度研究了区块链技术,将其作为实现全集成计算服务和区块链应用的重要范式。在联合云环境(Federated Cloud Environment,FCE)中,多个云服务提供商联合起来向云用户提供服务。云用户消费所提供的服务,并且只对该服务的有限使用付费,或以与该服务相关的订阅费用形式付费。涉及多个云服务提供商的集中信息需存储在一个集中式服务器上,该服务器不仅容易受到与用户数据相关的攻击,还容易受到与重要服务信息相关的攻击。因此,安全性和访问控制与数据存储一样是联合集中式环境的一个重要方面,用户需要防止数据篡改以及优化存储。同时,资源分配和资源识别是服务配置、资源卸载及其适当管理、资源交换的重要方面,使资源可用于交换,是对资源的最佳利用。

表8.1 现有研究与拟定研究的比较分析及其优缺点

作者	年份	信任	时间顺序	服务级别协议验证	资源配置	数据溯源	数据隐私	优点	缺点
Uriarte 和 Nicola[26]	2018	是	是	否	是	是	是	比较并分析了区块链赋能的去中心化云解决方案	未验证计算结果
Zhang 等[27]	2018	是	是	否	否	是	是	提出了 Cloud I 模型,讨论了安全攻击的分类	未以有效方式显示用户云安全状态的检测情况
Sukhodolskiy 和 Zapechnikov[28]	2018	是	是	否	否	否	是	提出了一组隐私计算赋能的加密协议	作者未强调资源配置
Gao 等[29]	2018	是	否	否	是	是	是	详细讨论了各种主要网络攻击的漏洞	未关注由于使用区块链技术而在云计算中遇到的障碍
Jiao 等[30]	2019	是	是	是	是	是	是	讨论了信任和计算效率	在模拟期间未考虑生态系统中的通信约束

续表

作者	年份	信任	时间顺序	服务级别协议验证	资源配置	数据溯源	数据隐私	优点	缺点
Xie 等[31]	2019	是	是	否	否	是	是	讨论了基于区块链的去中心化 CloudEX 平台的优点	交易存在不公平
Baniata 和 Kertesz[32]	2020	是	是	否	是	否	是	部署和集成了联合云与区块链	未提出(即使是小规模的)实现或模拟区块链赋能的雾模型
Sohrabi 等[33]	2020	是	是	否	是	是	是	提出了基于 Shamir 密钥的 BACC 模型	未讨论服务级别协议验证
Kumari 等[34]	2020	是	是	否	否	是	是	为云端能源管理集成了区块链和人工智能技术	未对 ECM 系统进行实际模拟
Bodkhe 等[35]	2020	是	否	否	否	是	是	深入调查了工业 4.0 应用	未探讨服务级别协议验证、网络延迟
我们拟定的研究	2021	是	是	是	是	是	是	联合云环境的技术方面(即安全性、服务和性能)涵盖了多云架构的所有方面	—

因此,为了在联合云环境(其中,云用户和云服务提供商在去中心化系统中消费和提供服务)中解决上述问题,需要在系统的不同利益相关者之间建立信任框架。因此,区块链是一场明显的技术革命,它可以在所有利益相关者中就商定的一套规则提供匿名信任。区块链形成并创建了一个去中心化的、可信的信息共享账本,用于解决上述问题。图 8.1(a)显示了 2010—2020 年该行业公共云计算市场的总规模(单位:百万美元),并且由于基础设施的可靠可用性和高响应性,该市场未来有望呈指数级增长。图 8.1(b)描绘了组织从 2016 年到 2020 年每个季度的平均云使用情况,其中每个季度的值显示了组织中消费者和企业的云使用情况,2020 年第四季度显示企业消费了 1564 种不同的云服务。图 8.1(c)显示了区块链可在联合云环境中提供解决方案的不同领域。

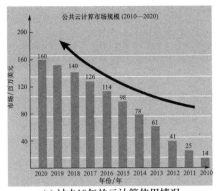
(a) 过去10年的云计算使用情况

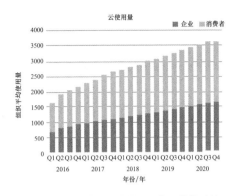
(b) 按组织类型划分的云服务平均使用量

(c) 区块链在联合云环境中的应用

图 8.1　云服务提供商和云用户的服务使用情况统计以及区块链在联合云环境中的应用

8.1.1　内容概述

本章主要内容如下：

(1) 介绍了区块链在联合云环境中的作用，并提供了详细阐述。

(2) 详细讨论了使用多个参数对有关联合云环境的几种方法进行的比较分析。

(3) 描述了区块链赋能的联合云环境中存在的未解决问题，以及未来在这方面的研究方向。

8.1.2　章节编排

本章内容如下：8.2 节介绍了背景知识以及区块链在联合云环境中的重

要作用。8.3节重点介绍了联合云环境中的区块链解决方案分类。8.4节介绍了尚未解决的问题,以及未来研究方向。8.5节给出了几个结论。

8.1.3 研究范围

本章采用以下调查方法:首先,广泛搜索图书馆的数字资料库,使用不同的关键词查找与过去5年(2016—2020年)的相关研究文献。关键词既可以单独搜索,也可以通过"AND""OR"等运算符,结合其他词进行搜索,如"区块链和云计算""区块链和多云环境""区块链和服务配置""区块链和云安全"以及"区块链和云资源管理"。共找到73篇论文,其中48篇详细调查了就区块链在联合云环境中的全新应用开展的研究工作。

本章的主要目的是分析现有的区块链研究,从而推动基于云的应用以及通过基于云的方法来改善系统的新机制。每个技术维度,如性能(吞吐量)、兼容性(网络、数据库)、算力成本、隐私和安全,都涉及区块链框架的关键方面。

到目前为止,已经进行了许多调查,探讨了联合云环境的各个方面。然而,根据文献调研,其中许多工作侧重于虚拟机(Virtual Machine,VM)攻击、租户网络中的攻击、资源交换、存储优化、云卸载、资源分配、数据复制和资源识别。基于上述事实,我们分析了不同的研究论文,并提出了对联合云环境领域的新见解。首先,本章从区块链的角度对软件工程的再工程进行了深入的分析。在分析过程中,从相同的技术维度进行了比较,从而为从业者和学者提供明确的研究和实践指导。其次,本章提供了有关推荐系统的有用见解,以便从大量提供商中确定合适的云服务提供商。这项工作依赖于各种有助于学术/行业参与的技术因素,对于云系统或基于云的区块链系统的实现也至关重要。

8.2 背景

在当今时代,计算不仅仅局限于台式机,相反,它正在成为一种全球架构,该架构由一组定制服务组成,这些服务的提供方式与传统实用程序(如配电、电话连接、水和燃气分布)相同,并根据用户的消费量收费。用户基于自身需求通过应用程序编程接口(Application Programming Interface,API)访问服务,而无须考虑托管和交付的服务。企业的云计算能力确保可通过互联网以复杂的方式使用应用程序。在市场导向的云计算中,多个云提供商聚集在公共平台上向云用户提供服务,这种环境称为"联合云环境"。传统中,每个云服务提供商通过其门户或提供给云用户的 API 来提供服务,云用户的任务是搜索每个门户并确定最佳服务。在市场导向的联合云环境中,除了数据存储和带宽,最大的挑战是服务的标准化和集中化,这是联合云环境应该实现的法律框架。除此之外,云服务提供商还需要通过服务级协议(Service-Level Agreement,SLA)中的资源识别提供保证,从而在云用户中建立信任,并根据服务级别协议中定义的服务级目标(Service-Level Objectives,SLO)进行验证。在联合云环境中,创建可信框架的另一个挑战是,在多个云服务提供商进行资源交换的过程中确定云服务提供商。

区块链是一个以不可更改的链式数据结构记录信息的分布式系统。如果链中的任何区块改变,该区块的哈希值也会改变,最终导致后续区块的前序哈希值改变。因此,不能改变链中的任何区块,从而实现系统的可信性和安全性。交易账本以多副本的形式分布式存储在区块链网络中的所有节点上。图 8.2 显示了区块的内部结构。区块链中的每个区块都由版本信息、前序区块的哈希值、默克尔根(数据结构)、时间戳、难度目标和随机数组成。

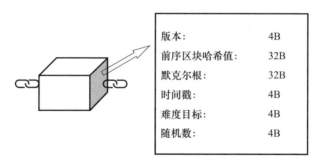

图 8.2 区块的内部结构

这些连接的块状结构存储在网络中的所有节点上,意味着在区块中添加新交易需要用户之间达成共识。这些结构会先使用共识算法来验证区块,然后才将其添加到链中,这使得系统可信,而不需要信任系统的任何其他用户[36]。区块链至少包含以下两个方面:首先,前序区块的哈希值链接到当前区块的哈希值;其次,存储的信息可以是任何通用交易,这取决于使用该信息的应用程序。就比特币而言[37],数据段存储交易。根据对区块的写入权限,区块链可以分为三类[38]。①公有链。这种系统具有开放网络和公开性,因此,在公有链中,任何人(参与者)都可以查看、读取和写入数据,所有节点都可以访问这些数据,没有特定的参与者对区块链中的数据有特殊的控制权,即任何参与者都可以添加区块。②私有链。由单一实体(如管理员)管理,只有管理员可以添加区块,其他参与者需要权限才能读取、写入或审核区块。③联盟链。这种系统由一组预定义的参与者管理,只有这些参与者可以在系统中添加区块,它不是一个公共平台。公有链是公开的,而私有链和联盟链需要许可。通常,我们使用一种称为超级账本 Fabric 的许可链[39]。

8.3 多云环境中的区块链:解决方案分类

近年来,区块链已经成为一种基于安全交易记录列表的可信分布式技术。区块链支持其他利益相关者通过网络与不可信方进行交易[40]。有研究分析了区块链在联合云环境中的潜力。

本节将介绍多云环境中的区块链解决方案分类。图 8.3 显示了联合云环境中基于区块链的解决方案分类。

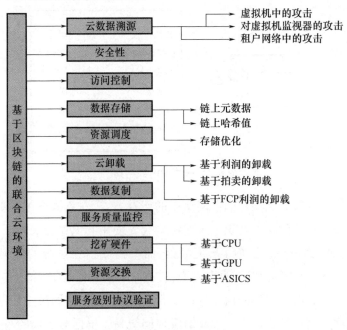

图 8.3 多云环境分类

8.3.1 云数据溯源

基于云计算的物联网网络主要用于以时间为重要参数的实时系统,如工业用电、智能电网、安全和数字自动监控系统。在这种网络中,众多物联网设备从多个远程环境中收集数据,并通过与云端的无线连接,依赖于多个中间代理进行数据存储、审查并做出决策。为保证做出正确和及时的决策,这些系统需要高度可信的数据[41]。然而,在大多数情况下,物联网数据会在传输到云服务器的过程中变得不确定。这将成为确保异构多层环境中的数据来源所面临的关键安全问题。

为了解决该问题,Ali 等[42]提出了以云为中心的数据溯源系统,将不可逆和确定性区块链智能合约应用于传统的以云为中心的传统物联网网络。所提出的框架将各设备的加密哈希密钥存储在区块链上,而实际数据存储在链下。云使得该框架对密集的物联网设备高度可用且可扩展,以保证存储在云上的数据的来源。区块链上部署了多个智能合约。该框架包括云存储、区块链网络和作为其网关节点的物联网设备三个主要组成部分[43]。物联网设备感知数据,并将其发送到网关节点,而网关节点充当云和区块链网络之间的中介。云提供数据分析、决策和存储服务,而区块链网络仅用于存储设备的元数据,如设备身份和周期流量配置文件。各物联网设备都使用域名系统(Domain Name System,DNS)自行注册,并映射为唯一 ID(即公钥/私钥)。从物联网设备接收数据后,网关使用设备的数字签名验证数据的真实性和完整性。然后,网关聚合数据,并以交易的形式将其发送到区块链网络。通过执行智能合约来保证数据的溯源。

8.3.2 安全性

随着基于云计算的应用程序的广泛使用,安全性成为其中最重要的部分。云用户需要安全的环境,以便在由云服务提供商控制的外部服务器上传输敏感信息。由于联合云环境中的云用户和云服务提供商快速增长,漏洞和攻击媒介也随之增加。为了检测入侵行为,人们对入侵检测系统进行了大量的研究。Zhang 等[44]总结了各种攻击及其分类,图 8.4 对此进行了说明。

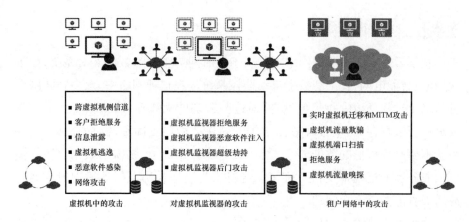

图 8.4 云计算攻击分类[44]

8.3.2.1 虚拟机中的攻击

跨虚拟机的侧信道攻击,即攻击者通过从与当前虚拟机一起工作的同一内存访问其他虚拟机来绕过逻辑隔离;由于虚拟机管理程序配置不当而导致的客户拒绝服务(DoS);单个虚拟机消耗几乎所有资源,导致对同一台机器上执行的其他虚拟机应用程序发起拒绝服务攻击;通过访问硬件(如随机存取内存或缓存数据读取)、访问其他虚拟机内存、使用恶意软件破坏客户操作系统以及借助端脚本和 cookie 篡改来泄露信息。

8.3.2.2 对虚拟机监视器的攻击

攻击者可以利用虚拟机监视器,并借助拒绝服务攻击,造成 CPU、RAM 等资源枯竭,并注入 rootkit 应用程序,从而劫持对服务器的完全控制权。利用后门,攻击者可以重写虚拟机管理程序的代码,从而操纵客户操作系统中的内核数据。

8.3.2.3 租户网络中的攻击

当虚拟机从一台机器迁移到另一台机器时,攻击者可以以合法云用户的名义变换与云服务提供商通信的数据。借助 IP 欺骗生成攻击流量,其中多项攻击是以合法云用户的名义生成的。端口扫描还提供工作端口的信息,攻击者可以通过这些端口发起其他攻击,用欺骗数据包淹没虚拟机,使其无法提供运行的服务,在系统中创建拒绝服务攻击。流量欺骗是虚拟机与虚拟交换机连接时的常见攻击。

8.3.3 服务级别协议验证

由于云服务提供商负责管理安全性和物理基础架构,当本地计算资源迁移到商业云时,云用户就失去了对物理服务器的完全控制。因此,管理和监控资源分配、性能、安全性等变成了云服务提供商的责任,这就引发了云用户和云服务提供商之间的信任问题。云服务提供商通过服务级别协议解决信任问题,该协议在云服务提供商和云用户之间建立信任,并定义所有相关利益方的权利和义务,以及目标服务质量(Quality of Service,QoS)。当违反服务级别协议中定义的服务级别目标时,云用户有责任确定违反行为并核实相应处罚。云服务提供商仅在发现违反行为时核实并实施处罚。因此,为了消除双方的依赖性并同时实现任务的自动化,需要双方提供第三方验证。

Wonjiga 等[45]为云端提出了一种基于区块链的服务级别协议验证方法。云用户可以随时执行验证,云用户和云服务提供商都参与验证过程,以确保验证数据的安全。区块链可用于移除第三方,分布式账本会存储一部分证据,用于检查外包数据的正确性。这由两个阶段组成。在第一阶段,云用户将数据及其哈希值发送给云服务提供商,哈希值用于检查上传到云上的文件的正确性。上传数据后,云用户和云服务提供商都会更新账本中的哈希值。在第二阶段,即验证阶段,为了检查存储数据的完整性,云用户通过请求数据的当前哈希值来请求云上存储数据的当前状态,并且云用户可以用存储的哈希值来验证当前哈希值。如果哈希值不匹配,云用户可以使用存储在分布式账本中的证据来声明违规。

8.3.4 访问控制

近年来,在云上远程存储和同步用户数据的服务一直在增加。许多用户以这种方式存储其重要机密数据。将这些数据传输到外部环境时,会产生重大问题,除了所有者,任何其他人都可以访问这些信息。有几种方法可以解决安全存储远程数据的问题。一种有效的方法是在将数据从用户端发送到云端之前对数据进行加密。然而,这在集体使用和访问数据方面造成了一些障碍。在将文件发送到云服务之前对其进行加密的工具包括"BoxCrypt" "CryptDB"[46] "ARX"[47]和"巨链数据库"[48],这些工具确保了完整性和不可否认性。

Sukhodolskiy 和 Zapechnikov[28]提出了基于区块链的访问控制方法,可用于通过实现基于以太坊的智能合约在不可信的云上存储数据。数据将存储在云上,而识别数据/文件的信息将存储在区块链上。公共云信息按原样存储,而需要授权访问的限制性信息在传输到外部云之前需要加密。用户将为每个文件创建智能合约,以存储有关访问策略、所有者、云识别、文件变更的信息,以及所存储信息的哈希值,即使用区块链系统可维护所有安全事件、访问请求和撤销请求的日志。此时,只有将数据的哈希值传输到区块链账本时,基于以太坊的智能合约才能被执行。

8.3.5 云资源调度

由于网速方面取得的发展,存储和检索信息的能力得到了提高,为了处理大量数据,所有信息都存储在云端,以便在任何时间都能轻松检索。云环境为用户提供了基础架构和应用即服务,在不同的配置和部署条件下,这些应用在虚拟机上具有复杂的调度[49]。因此,需要优化调度标准,以确保云数据的可恢复性和安全性[50]。

Zhu 等[27]提出了云环境中基于区块链的分布式任务调度方法,该方法将调度信息存储在云集群中。他们使用了去中心化的分布式解决方案,将区块链与传统方法相结合,以解决任务调度问题并维护云信息的完整性和安全性。该系统由区块链网络、云数据库、控制系统和云集群 4 部分组成。首先,对云集群中的每个实体进行注册。其次,收集日志文件,日志文件由集群中的任务调度生成。将与此相关的元数据传送到控制系统,将其哈希值转发到区块链,并将原始数据存储在云数据库上。一旦数据被收集并将其上传到区块链网络上,这些事件就会以交易的形式被记录,该交易提供了认证、审计和溯源信息。最后,通过哈希计算来确认交易,验证该区块并将其添加为不可篡改账本的一部分。

8.3.6 云存储可靠性

大多数组织依赖云计算基础架构来满足其数据存储、通信和计算需求,因为云服务通过取代 IT 基础架构的成本来发挥其优势。然而,这种模式也产生了一些严重的问题,因为用户重视隐私,只将不太敏感的数据放在云端上,从而限制了该模式的全部潜力。组织还没有准备好将敏感数据迁移到不受其控制的服务器上,而且将应用程序和数据保存在地理位置不同、具有不同数据保护立法规范的第三方服务器上也存在一些法律影响。当发生意外情况导致数据不可访问时,如何解决这些问题?所以,云用户和云服务提供商都面临着问责方面的挑战。

G. D'Angelo 等[51]提出了一种记录飞行数据的系统,其思想是在区块链网络中实现所有数据的云上存储。区块链上记录了虚拟机初始化、所访问资源的时间戳、删除、修改和文件上传等事件。所有这些事件都需要由云用户或云服务提供商通知。这些事件有助于确定违反服务级别协议的原因。为了更好地理解这些内容,下面以 Amazon Glacier 的数据存档和备份为例进行说明。这些服务支持:①存储数据块 k;②回读数据块 k;③删除数据块 k。现在假设云服务提供商无法将所请求的数据块 k 传送给云用户,或者所提供的数据块 k 与预期的不同。在这种情况下,对区块链的一系列检查可以表明云服务提供商是否丢失了 k,或者云用户是否更新了 k,或者云用户是否删除了云服务器上的 k 或从未将 k 上传到云服务器上。

8.3.7 服务质量监控

当前对云使用的需求迫使云服务提供商在基础架构中维持大量计算资源,以避免违反服务级别协议。为了缓解资源利用不足和过度配置的问题,云服务提供商联合起来扩展和共享他们在联合云环境中的资源,以使利润最大化并提高服务质量[52]。由于一些棘手的问题,包括联合云环境的稳定性、云服务提供商对云用户的长期承诺、公平的收入共享模式,以及存在不可信的未知利益相关者,有人提出了云链[53]。云链允许云服务提供商将资源外包,并保存在交换过程中价值变化的历史记录。基于区块链的模型消除了传统云计算的障碍,并通过维护云用户和云服务提供商之间的服务协议来提供完全透明的分布式管理。基于区块链的联合云环境,重要的是避免盲目信任服务级别协议,同时正常维持服务质量。由于无法访问外部数据,区块链无法处理系统中云服务提供商的不良行为。

Taghavi 等[54]引入了基于 Oracle 的验证代理,用于监控服务质量,并将其报告给部署在区块链网络上的智能合约。Oracle 是在区块链网络之外进行通信的可信第三方。在提供服务或来自另一个云服务提供商的请求时,云服务提供商和云用户之间的交互涵盖通过智能合约实现的自治系统。云用户以几乎零成本寻求优质的受监控服务,而云服务提供商旨在以较少的保持容量实现平衡的服务。部署的智能合约得到执行,这证明无论检索什么数据都可以防篡改。服务质量通过 5 个多代理模型来监控,即请求代理、云服务提供商代理、验证代理和两个智能合约代理(一个是注册配置文件合约代理,另一个是注册验证代理)。当发生新交易时,注册配置文件合约代理将触发智能合约,区块链节点将根据从智能合约接收的数据进行更新。注册验证代理检查并检测请求代理的任何异常活动。

8.3.8 联合云环境中的资源共享

通常,云用户从单一云服务提供商处购买云服务,因为每个云服务提供商都有自己的市场,并且由于缺乏竞争环境,云用户难以选择既合适又具有成本效益的服务。这就成了提高定价的原因,而单一的云服务提供商无法维持不同类型的竞争结构。云交换是适用于单一云服务提供商的潜在解决方案,它采用了传统模式,在这种模式下,它完全由一个组织控制。但由于中心化,云交换会遭受单点故障和交易篡改的影响。在云用户寻找合适的服务时,不诚实的云服务提供商可能会投放骚扰广告,并且当云用户与云服务提供商之间发生交易纠纷时,最终判决可能会不公平或偏向特定的云服务提供商。

Xie 等[31]概述了基于区块链的云交换。其问题和挑战如图 8.5 所示。一些基于区块链的市场命名为"Nasdaq Linq",这是一种基于私人安全的云市场,用于以更少的风险敞口和结算时间买卖证券,最终降低管理负担。比特币对应数字货币市场是一种去中心化的数字货币交易市场,更安全且交易费用更低,在该市场中,用户创建自己的资产并进行交易,无须中间人参与。比特股(Bitshare)数字资产市场比其他市场更可靠、交易费用更低,组织可以在比特股网络中发行自己的股票。Enerchain 是更加安全和可靠的能源产品市场,用户可以在没有第三方参与的情况下进行电力和天然气交易。尽管如此,云交换仍然存在安全和隐私、易受拒绝服务攻击和交易争议等方面的问题。

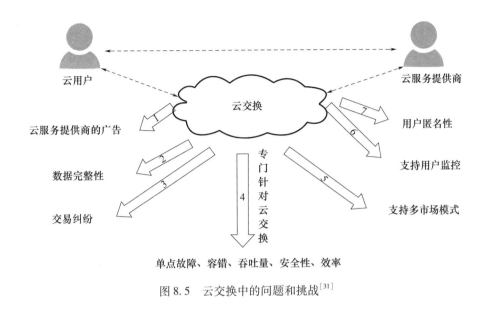

图 8.5 云交换中的问题和挑战[31]

8.4 未解决的问题和挑战

尽管区块链因其独有的特征(如信任、不可篡改、透明性和去中心化)为联合云环境中的各种问题提供了解决方案,但由于其现有的局限性,仍有一些问题和挑战无法通过区块链解决。图 8.6 显示了基于区块链的联合云环境面临的问题和挑战。

(1)联合云环境中的服务级别协议标准化。在多云环境中,许多云服务提供商联合起来,在联合环境中提供服务,传统上,每个云服务提供商都有自己的 API 和广告产品,但联合环境要求所有产品都采用标准格式,这样所有服务产品都易于分析,以供云用户考虑。

(2)在联合云环境中确定合适的云服务提供商。在竞争激烈的云环境中,当多个云服务提供商联合起来利用资源并通过公共 API 提供服务时,云用户需要竭尽全力寻找最经济的云服务提供商。因此,需要自动化程序来接受云用户的请求,并寻找合适的云服务提供商。在确定云服务提供商后,系统执行云用户与云服务提供商之间的智能合约。

(3)对智能合约的攻击。智能合约是一种部署在区块链网络中,可自动

区块链在信息安全保护中的应用

图8.6 联合云环境中的问题和挑战

执行的程序,即没有第三方参与,它能够根据系统中触发的特定事件自行执行命令。一旦部署,就不能更改,无法通过针对任何漏洞开发的任何安全补丁进行更新。对智能合约的最常见攻击是Parity钱包漏洞和去中心化自治组织攻击,因此在智能合约中部署强大的安全策略非常重要。以下7种攻击技术会严重影响智能合约。

①重入攻击。

②智能合约栈溢出和下溢。

③短地址攻击。

④默认可见性。

⑤交易顺序依赖。

⑥时间戳依赖。

⑦代码注入攻击。

(4)挖矿激励。在任何给定的时间,矿工都会被大量交易淹没,区块中的交易数量由区块长度和大小决定。当发送方在消息中包含大量信息时,矿工很难挑选出该区块。此外,如果使用权益证明共识算法来验证区块,多个矿工会联合起来,在挖矿社区创建联盟,由于权益数较高,他们很容易有机会参与挖矿,并形成垄断,从而限制该系统向所有矿工提供公平的挖矿机会[41]。同样,在工作量证明中,与算力一般的矿工相比,算力较好的矿工可以更快地达到难度目标值,这在去中心化系统中是不公平的。

(5)云服务提供商之间的联合。在多云环境中,当两个或多个云服务提供商组成联盟并提供服务时,他们可以抬高价格、降低服务质量,从而操纵服务。区块链无法控制云服务提供商的这种垄断行为。

(6)共识协议的调整。如今,区块链及智能合约已广泛应用到加密货币及各类应用中,区块链使用共识协议来验证网络中的区块。但在分布式网络中,没有完美的共识协议。由于攻击者只需要50%的算力就可以生成私有链来替换原来的链,从而进行双花攻击,而工作量证明协议会消耗大量算力,这对联合环境中的低功耗设备来说是不利的[55]。联合云环境中使用的共识协议存在容错、低功耗、可扩展性等方面的需求。此外,共识方案可能需要适用于低功耗计算的有效规则挖矿方案,而这又需要严格的优化约束[56]。因此,预定义共识协议的调整是一门实践艺术。

8.5 结论

本章对基于区块链改造云计算的技术可行性进行了系统性研究。由于具有时间顺序性和可审计性,区块链已经发展成熟,可以为联合云环境提供有效的解决方案。本章包括联合云环境的安全性、服务和性能三个技术方面。我们侧重于采用当前最先进的基于区块链的联合云环境技术,面向以下几个方面提出解决方案:云再造、云数据溯源、基于区块链的云卸载、基于区块链的市场导向型网络中的云交换、对联合云环境的不同安全攻击、基于区块链的服务级别协议验证、对数据中心的访问控制、基于区块链的资源调度、基于区块链的云端存储可靠性和资源共享。我们讨论了区块链部署的详细分类和挑战。本章将为研究学者、行业从业者和联合云环境利益相关者提供指南,指导他们使用区块链提供基于云的安全解决方案。未来,我们希望根据通过联合云环境提供的服务,进一步探索面向云用户的推荐服务。

参考文献

[1] A. Ladha, P. Bhattacharya, N. Chaubey, and U. Bodkhe, "Iigpts: IoT – based framework for intelligent green public transportation system," in *Proceedings of First International Conference on Computing, Communications, and Cyber – Security* (*IC4S* 2019), (P. K. Singh, W. Paw lowski, N. Kumar, , S. Tanwar, J. J. P. C. Rodrigues, and O. M. S, eds.), vol. 121, pp. 183 – 195, Springer International Publishing, 2020.

[2] U. Bodkhe, and S. Tanwar, "Secure data dissemination techniques for iot applications: Research challenges and opportunities," *Software Practice and Experience*, pp. 1 – 23, 2020, doi: 10.1002/spe.2811.

[3] P. N. Sureshbhai, P. Bhattacharya, and S. Tanwar, "Karuna: A blockchain – based sentiment analysis framework for fraud cryptocurrency schemes," in *2020 IEEE International Conference on Communications Workshops (ICC Workshops)*, pp. 1 – 6, 2020.

[4] L. Da Xu, and W. Viriyasitavat, "Application of blockchain in collaborative internet – of – things services," *IEEE Transactions on Computational Social Systems*, vol. 6, no. 6, pp. 1295 – 1305, 2019.

[5] T. Aste, P. Tasca, and T. Di Matteo, "Blockchain technologies: The foreseeable impact on society and industry," *computer*, vol. 50, no. 9, pp. 18 – 28, 2017.

[6] P. Bhattacharya, S. Tanwar, U. Bodke, S. Tyagi, and N. Kumar, "Bindaas: Blockchain – based deep – learning as – a – service in healthcare 4.0 applications," *IEEE Transactions on Network Science and Engineering*, pp. 1 – 1, 2019, doi: 10.1109/TNSE.2019.2961932.

[7] U. Bodkhe, P. Bhattacharya, S. Tanwar, S. Tyagi, N. Kumar, and M. S. Obaidat, "Blohost: Blockchain enabled smart tourism and hospitality management," in *2019 International Conference on Computer, Information and Telecommunication Systems (CITS)*, pp. 1 – 5, Aug 2019.

[8] A. Dorri, M. Steger, S. S. Kanhere, and R. Jurdak, "Blockchain: A distributed solution to automotive security and privacy," *IEEE Communications Magazine*, vol. 55, no. 12, pp. 119 – 125, 2017.

[9] H. Zhou, X. Ouyang, Z. Ren, J. Su, C. de Laat, and Z. Zhao, "A blockchain based witness model for trustworthy cloud service level agreement enforcement," in *IEEE INFOCOM 2019 – IEEE Conference on Computer Communications*, pp. 1567 – 1575, IEEE, 2019.

[10] K. Gai, K. – K. R. Choo, and L. Zhu, "Blockchain – enabled reengineering of cloud data-

centers," *IEEE Cloud Computing*, vol. 5, no. 6, pp. 21-25, 2018.

[11] F. S. Hardwick, R. N. Akram, and K. Markantonakis, "Fair and transparent block-chain based tendering framework-a step towards open governance," in *2018 17th IEEE International Conference On Trust, Security And Privacy In Computing And Communications/12th IEEE International Conference On Big Data Science And Engineering (TrustCom/BigDataSE)*, pp. 1342-1347, IEEE, 2018.

[12] A. Srivastava, P. Bhattacharya, A. Singh, A. Mathur, O. Prakash, and R. Pradhan, "A distributed credit transfer educational framework based on blockchain," in *2018 Second International Conference on Advances in Computing, Control and Communication Technology (IAC3T)*, pp. 54-59, 2018.

[13] R. Gupta, A. Shukla, P. Mehta, P. Bhattacharya, S. Tanwar, S. Tyagi, and N. Kumar, "Vahak: A blockchain-based outdoor delivery scheme using uav for healthcare 4.0 services," in *IEEE INFOCOM 2020 - IEEE Conference on Computer Communications Workshops (INFOCOM WKSHPS)*, pp. 255-260, 2020.

[14] B. Chen, Z. Tan, and W. Fang, "Blockchain-based implementation for financial product management," in *2018 28th International Telecommunication Networks and Applications Conference (ITNAC)*, pp. 1-3, IEEE, 2018.

[15] A. Hari, and T. Lakshman, "The internet blockchain: A distributed, tamper-resistant transaction framework for the internet," in *Proceedings of the 15th ACM Workshop on Hot Topics in Networks*, pp. 204-210, 2016.

[16] S. B. Patel, H. A. Kheruwala, M. Alazab, N. Patel, R. Damani, P. Bhattacharya, S. Tanwar, and N. Kumar, "Biouav: Blockchain-envisioned framework for digital identification to secure access in next-generation uavs," in *Proceedings of the 2nd ACMMobiCom Workshop on Drone Assisted Wireless Communications for 5G and Beyond, DroneCom'20*, (New York, NY, USA), pp. 43-48, Association for Computing Machinery, 2020.

[17] K. Biswas, and V. Muthukkumarasamy, "Securing smart cities using blockchain technology," in *2016 IEEE 18th international conference on high performance computing and communications; IEEE 14th international conference on smart city; IEEE 2nd international conference on data science and systems (HPCC/SmartCity/DSS)*, pp. 1392-1393, IEEE, 2016.

[18] R. Cole, M. Stevenson, and J. Aitken, "Blockchain technology: Implications for operations and supply chain management," *Supply Chain Management: An International Journal*, vol. 24, no. 4, pp. 469-483, 2019.

[19] N. Fabiano, "Internet of things and blockchain: Legal issues and privacy. the challenge for a

privacy standard," in *2017 IEEE International Conference on Internet of Things* (*iThings*) *and IEEE Green Computing and Communications* (*GreenCom*) *and IEEE Cyber, Physical and Social Computing* (*CPSCom*) *and IEEE Smart Data* (*SmartData*), pp. 727 – 734, IEEE,2017.

[20] W. Meng, E. W. Tischhauser, Q. Wang, Y. Wang, and J. Han, "When intrusion detection meets blockchain technology: A review," *IEEE Access*, vol. 6,pp. 10179 – 10188,2018.

[21] U. Bodkhe, S. Tanwar, P. Bhattacharya, and N. Kumar, "Blockchain for precision irrigation: Opportunities and challenges," *Transactions on Emerging Telecommunications Technologies*, p. e4059,2020,doi: 10. 1002/ett. 4059.

[22] U. Bodkhe, and S. Tanwar, "A taxonomy of secure data dissemination techniques for iot environment," *IET Software*, pp. 1 – 12, July 2020.

[23] R. Matzutt, J. Hiller, M. Henze, J. H. Ziegeldorf, D. Müllmann, O. Hohlfeld, and K. Wehrle, "A quantitative analysis of the impact of arbitrary blockchain content on bitcoin," in *International Conference on Financial Cryptography and Data Security*, pp. 420 – 438, Springer,2018.

[24] H. S. Yin, and R. Vatrapu, "A first estimation of the proportion of cybercriminal entities in the bitcoin ecosystem using supervised machine learning," in *2017 IEEE International Conference on Big Data* (*Big Data*), pp. 3690 – 3699, IEEE,2017.

[25] Z. Zheng, S. Xie, H. – N. Dai, X. Chen, and H. Wang, "Blockchain challenges and opportunities: A survey," *InternationalJournal of Web and Grid Services*, vol. 14, no. 4, pp. 352 – 375,2018.

[26] R. B. Uriarte, and R. De Nicola, "Blockchain – based decentralized cloud/fog solutions: Challenges, opportunities, and standards," *IEEE Communications Standards Magazine*, vol. 2, no. 3, pp. 22 – 28,2018.

[27] H. Zhu, Y. Wang, X. Hei, W. Ji, and L. Zhang, "A blockchain – based decentralized cloud resource scheduling architecture," in *2018 International Conference on Networking and Network Applications* (*NaNA*), pp. 324 – 329, IEEE,2018.

[28] I. Sukhodolskiy, and S. Zapechnikov, "A blockchain – based access control system for cloud storage," in *2018 IEEE Conference of Russian Young Researchers in Electrical and Electronic Engineering* (*ElConRus*), pp. 1575 – 1578, IEEE,2018.

[29] W. Gao, W. G. Hatcher, and W. Yu, "A survey of blockchain: Techniques, applications, and challenges," in *2018 27th international conference on computer communication and networks* (*ICCCN*), pp. 1 – 11, IEEE,2018.

[30] Y. Jiao, P. Wang, D. Niyato, and K. Suankaewmanee, "Auction mechanisms in cloud/ fog

computing resource allocation for public blockchain networks," *IEEE Transactions on Parallel and Distributed Systems*, vol. 30, no. 9, pp. 1975 – 1989, 2019.

[31] S. Xie, Z. Zheng, W. Chen, J. Wu, H. - N. Dai, and M. Imran, "Blockchain for cloud exchange: A survey," *Computers & Electrical Engineering*, vol. 81, p. 106526, 2020.

[32] H. Baniata, and A. Kertesz, "A survey on blockchain - fog integration approaches," *IEEE Access*, vol. 8, pp. 102657 – 102668, 2020.

[33] N. Sohrabi, X. Yi, Z. Tari, and I. Khalil, "Bacc: Blockchain – based access control for cloud data," in *Proceedings of the Australasian Computer Science Week Multiconference*, pp. 1 – 10, 2020.

[34] A. Kumari, R. Gupta, S. Tanwar, and N. Kumar, "Blockchain and AI amalgamation for energy cloud management: Challenges, solutions, and future directions," *Journal of Parallel and Distributed Computing*, vol. 143, pp. 148 – 166, 2020.

[35] U. Bodkhe, S. Tanwar, K. Parekh, P. Khanpara, S. Tyagi, N. Kumar, and M. Alazab, "Blockchain for industry 4.0: A comprehensive review," *IEEE Access*, vol. 8, pp. 79764 – 79800, 2020, doi: 1109/ACCESS. 2020. 2988579.

[36] U. Bodkhe, D. Mehta, S. Tanwar, P. Bhattacharya, P. K. Singh, and W. Hong, "A survey on decentralized consensus mechanisms for cyber physical systems," *IEEE Access*, vol. 8, pp. 54371 – 54401, 2020.

[37] S. Nakamoto, and A. Bitcoin, "A peer – to – peer electronic cash system," *Bitcoin*, vol. 4, 2008, URL: https://bitcoin.org/bitcoin.pdf.

[38] D. Guegan, "Public blockchain versus private blockhain," 2017, https://halshs.archives – ouvertes.fr/halshs – 01524440/, last accessed 23 – 07 – 2021.

[39] E. Androulaki, A. Barger, V. Bortnikov, C. Cachin, K. Christidis, A. De Caro, D. Enyeart, C. Ferris, G. Laventman, Y. Manevich, et al., "Hyperledger fabric: A distributed operating system for permissioned blockchains," in *Proceedings of the thirteenth EuroSys conference*, pp. 1 – 15, 2018.

[40] J. Mendling, I. Weber, W. V. D. Aalst, J. V. Brocke, C. Cabanillas, F. Daniel, S. Debois, C. D. Ciccio, M. Dumas, S. Dustdar, et al., "Blockchains for business process management challenges and opportunities," *ACM Transactions on Management Information Systems (TMIS)*, vol. 9, no. 1, pp. 1 – 16, 2018.

[41] P. Bhattacharya, P. Mehta, S. Tanwar, M. S. Obaidat, and K. F. Hsiao, "Heal: A blockchain – envisioned signcryption scheme for healthcare iot ecosystems," in *2020 International Conference on Communications, Computing, Cybersecurity, and Informatics (CCCI)*, pp. 1 – 6, 2020.

[42] S. Ali, G. Wang, M. Z. A. Bhuiyan, and H. Jiang, "Secure data provenance in cloudcentric internet of things via blockchain smart contracts," in *2018 IEEE SmartWorld, Ubiquitous Intelligence & Computing, Advanced & Trusted Computing, Scalable Computing & Communications, Cloud & Big Data Computing, Internet of People and Smart City Innovation (SmartWorld/SCALCOM/UIC/ATC/CBDCom/IOP/SCI)*, pp. 991–998, IEEE, 2018.

[43] A. Shukla, P. Bhattacharya, S. Tanwar, N. Kumar, and M. Guizani, "Dwara: A deep learning-based dynamic toll pricing scheme for intelligent transportation systems," *IEEE Transactions on Vehicular Technology*, vol. 69, no. 11, pp. 12510–12520, 2020.

[44] J. Zhang, L. Zheng, L. Gong, and Z. Gu, "A survey on security of cloud environment: Threats, solutions, and innovation," in *2018 IEEE Third International Conference on Data Science in Cyberspace (DSC)*, pp. 910–916, IEEE, 2018.

[45] A. T. Wonjiga, S. Peisert, L. Rilling, and C. Morin, "Blockchain as a trusted component in cloud sla verification," in *Proceedings of the 12th IEEE/ACM International Conference on Utility and Cloud Computing Companion*, pp. 93–100, 2019.

[46] R. A. Popa, C. M. Redfield, N. Zeldovich, and H. Balakrishnan, "Cryptdb: Protecting confidentiality with encrypted query processing," in *Proceedings of the Twenty-Third ACM Symposium on Operating Systems Principles*, pp. 85–100, 2011.

[47] R. Poddar, T. Boelter, and R. A. Popa, "Arx: A strongly encrypted database system.," *IACR Cryptol. ePrintArch.*, vol. 2016, p. 591, 2016.

[48] T. McConaghy, R. Marques, A. Müller, D. De Jonghe, T. McConaghy, G. McMullen, R. Henderson, S. Bellemare, and A. Granzotto, "Bigchaindb: A scalable blockchain database," *white paper, BigChainDB*, 2016, https://git.berlin/bigchaindb/site/raw/commit/b2d98401b65175f0fe0c169932ddca0b98a456a6/_src/whitepaper/big-chaindb-whitepaper.pdf.

[49] R. K. Ko, and M. A. Will, "Progger: An efficient, tamper-evident kernel-space logger for cloud data provenance tracking," in *2014 IEEE 7th International Conference on Cloud Computing*, pp. 881–889, IEEE, 2014.

[50] U. Bodkhe, S. Tanwar, P. Shah, J. Chaklasiya, and M. Vora, "Markov model for password attack prevention," in *Proceedings of First International Conference on Computing, Communications, and Cyber-Security (IC4S 2019)*, (P. K. Singh, W. Pawlowski, N. Kumar,, S. Tanwar, J. J. P. C. Rodrigues, and O. M. S, eds.), vol. 121, pp. 831–843, Springer International Publishing, 2020.

[51] G. D'Angelo, S. Ferretti, and M. Marzolla, "A blockchain-based flight data recorder for cloud accountability," in *Proceedings of the 1st Workshop on Cryptocurrencies and Block-*

chains for Distributed Systems, pp. 93 – 98,2018.

[52] M. M. Hassan, A. Alelaiwi, and A. Alamri, "A dynamic and efficient coalition formation game in cloud federation for multimedia applications," in *Proceedings of the International Conference on Grid Computing and Applications*, p. 71,2015.

[53] M. Taghavi, J. Bentahar, H. Otrok, and K. Bakhtiyari, "Cloudchain: A blockchain – based coopetition differential game model for cloud computing," in *International Conference on Service – Oriented Computing*, pp. 146 – 161,Springer,2018.

[54] M. Taghavi, J. Bentahar, H. Otrok, and K. Bakhtiyari, "A blockchain – based model for cloud service quality monitoring," *IEEE Transactions on Services Computing*, vol. 13, no. 2, pp. 276 – 288,2019.

[55] P. Bhattacharya, S. Tanwar, R. Shah, and A. Ladha, "Mobile edge computing – enabled blockchain framework—A survey," in *Proceedings of ICRIC 2019* (P. K. Singh, A. K. Kar, Y. Singh, M. H. Kolekar, and S. Tanwar, eds.), (Cham), pp. 797 – 809, Springer International Publishing,2020.

[56] A. Verma, P. Bhattacharya, U. Bodkhe, A. Ladha, and S. Tanwar, "Dams: Dynamic association for view materialization based on rule mining scheme," in *The International Conference on Recent Innovations in Computing*, pp. 529 – 544,Springer,2020.

第 9 章

基于区块链的机密网络安全数据管理

S. 萨蒂什·库马尔
S. 戈库尔·库马尔
S. 钱德拉普拉巴
B. 马鲁提·尚卡尔
S. A. 希瓦·库马尔

9.1 简介

区块链技术并不能解决复杂的问题。确切地说,区块链使复杂的问题变得更有条理,以提高当前国防系统的实时效率。当前系统在管理数据和保护关键数据方面的复杂性是行业要解决的主要挑战。

政府可以参与创建中央存储库或企业系统,以便在内部和私营机构之间共享信息。在任何情况下,第三方或私营部门都不得随意获取这些数据。因此,在区块链提供的环境中,数据可以轻松在个人和组织之间系统地共享,大家都可以掌握自己的数据所有权并控制信息流。

新兴区块链技术可以支持这种场景,这样各国防部门就能将信息、每项交易的记录和测试结果上传到区块链加密数据库的专用分布式账本中。个人或部门都可以通过互联网获取信息。每个用户都有权使用其个人私钥密码读取或更改信息。在这种情况下,某些特定信息可以提供给满足预定条件的指定机构[1]。

9.2 系统概述

控制单元(Control Unit, CU)级别的实现对于国防工业根据工业标准存储测试数据至关重要,因为控制单元对消费者来说是无法变更的,只能由生产者更改。机载诊断II(On-Board Diagnostic II, OBD II)插座用于累计和传输测试变量,但这还不够,因为变量可能会产生影响,进而让黑客能够攻击来自加密狗的数据。因此,建议直接从控制单元检索数据。

作为一项附加的安全协议,Enigma 编码方法旨在控制私营部门查看或分析门户网站。密码将在运行时随机生成,并以加密方式共享给希望立即进入门户的用户。

以太坊具有图灵完备性,允许在区块链上执行部分编码判断并实现智能合约。所以,一旦所有权发生变化,测试数据和存储过程的执行与监控就变得至关重要。因此,以太坊系统使用一种称为"挖矿"的共识机制,通过工作量证明确保极大的时间和资源开销。

基于区块链的新型原型架构包括智能合约的所有交互和相关方。主要方是执行账户初始化的操作方,即测试单元具有私钥。轻客户端已存入私钥,测试单元持有人可获得该私钥,并可将信息/样本结果传输到区块链网络的数据库。本章将介绍使用区块链的各种安全升级和现代密码学起源。这为国防应用提供了更好的保障和信息安全。区块链的架构如图 9.1 所示。

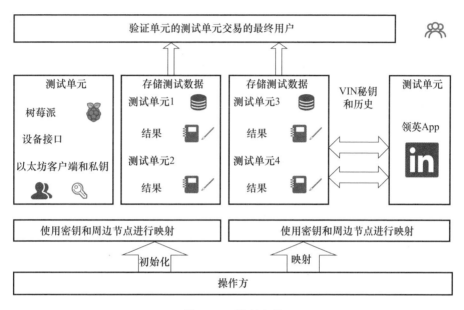

图 9.1　区块链架构

9.3　国防部门的区块链

世界各地的国防和军事部门都面临着广泛的网络安全威胁。黑客不断窃取信息,并将其出售或传递给其他私人团体和不良团体,这最终将破坏公共安全。军事和国防组织面临的问题与大多数其他团体面临的问题相同:交易的追踪;企业资源规划(Enterprise Resources Planning,ERP)系统不完整;质量差;自动化程度不足。印度国防和军事部门也面临这些可能导致信息泄露的问题。

9.3.1　目标/框架

本章介绍了区块链用于重组系统中存储测试数据所必需的数据的解决方案。对于军用级别的区块链安全,需要确保所有接收到的重要数据都是精确的,并且数据可以继续受到保护,尽可能不受外部威胁。

9.3.2 工作动机

区块链在国防领域是一种新兴技术,近年来在应用中提供了有效的支撑和解决方案。涉及多方时,区块链提供以下解决方案:

(1)内容。如果没有相关权限,就无法更改数据。这也意味着所有数据事务都可以进行端到端的跟踪和监控。

(2)透明度。区块链技术有助于端到端集成产品生命周期管理(Product Lifecycle Management,PLM)和企业资源规划(ERP)系统,从而确保所有相关方都可以保持相同进度,交易不会在系统中丢失。

(3)验证。业务规则自动化和数据验证将降低成本、提高效率、减少异常,并改进对账。

(4)质量改进。100%的质量保证。

(5)准确报告。凭借区块链技术的去中心化特性,可以简化业务,实现报告规范化和运营一致性。

(6)数据安全。区块链不存在单点故障问题,可以实现基于加密技术的账本数据安全和更好的网络可扩展性,以及自动化访问控制。

(7)迈向数字化的一步。区块链在国防领域可用于实现端到端数字化,世界各国都可以投资这项技术。

9.3.3 现有概念证明

现有概念证明包括以下三点:

(1)无线 OBD Ⅱ 车队管理系统的设计和实现[8]。本章描述了无线 OBD Ⅱ 车队管理系统的计划工作和进度。该方案的目标是计算车辆的速度、距离和燃料消耗量,以便进行跟踪和调查。

(2)基于区块链技术的可信记录系统——汽车行业里程存储的原型[9]。减少汽车市场里程欺骗的方案模型。该方案使用基于以太坊开放式网络及智能合约的分布式数据库,对车辆信息(如里程信息)进行验证。

(3)PUFchain[10]。本章描述了曾经的区块链,它可以即时控制用于信息安全的设备,这对不断发展的万物互联(Internet-of-Everything,IoE)至关重要。本章阐述了区块链的独特思想,它吸收了物理不可克隆功能(Physical

Unclonable Features,PUF)等物理安全原语,这可以解决可扩展性、延迟和能源需求等问题,称为 PUF 链。

9.4　可信防御系统需求

区块链中的区块一旦生成,就不可能再修改。如果区块数据被篡改,则该区块将成为无效区块。因此,应在第一次生成区块时正确添加。区块链的测试过程既关键又复杂。交易涉及验证、解密、加密、传输等过程。区块链技术的总体布局如图 9.2 所示。为了确保过程顺利,需要端到端地进行测试。这种特性能够有效阻止黑客攻击。

图 9.2　区块链技术的布局

9.5　区块链所需的测试类型

1. 功能测试

需要对每个功能进行测试,以确保系统中的组件正常工作。如果功能中存在任何问题,则区块链中的整个交易将无效。

2. 集成测试

在区块链的整个周期中,可以跨越多个系统和环境。为了保证性能一致,必须确保接口的正常工作和系统不同部分的集成。因此,集成测试非常重要。

3. 安全测试

区块链应用程序的安全测试是所有测试参数中最重要的。安全测试确保了授权系统的鲁棒性,并实施了充分保护,免受恶意攻击。在安全测试期间,还将检查完整性、身份校验、机密性和不可抵赖性。

4. 性能测试

如果应用程序要取得成功,就需要确保所有系统的性能。如果交易数量增加,用户变得稳固,则系统的响应速度必须足够快。必须制订解决方案来克服瓶颈。如果应用程序发生任何变化,区块链技术将进行调整,以免影响性能。对系统的信任将有助于国防部门防止数据变更和对系统的任何黑客攻击[7]。

9.6 区块链的初步评估

区块链建立在两种关键策略之上。第一种是透明的隐私访问保护,支持对交易和隐私的公开验证,并消除重复输入。这种隐私保护是通过一种有组织的方式进行控制的,即基于用户的交易及贡献平等地向用户提供相对应的权限[6]。

第二种是安全和效率之间的冲突。记账交易的安全性由"规范逻辑"保持,并通过链区块进行维护。这种规范逻辑有助于所有类型的变更或操作。此逻辑增加了传播时间和成本,进而在添加新区块时降低了处理速度。可通过允许组内的每个人写入一个区块来避免这种问题,以确保节点集有限。

一旦网络节点验证结束,便将完整的交易区块添加进区块链账本。这种方法的建议是,创建新的算法逻辑来理解新交易的添加。交易的验证由节点确认,从而消除了双花,并确认数据未被黑客攻击[3]。

9.7 国防工业中的数据操作

目前,对于防止黑客攻击数据和测试可靠的系统,还没有适当的解决方案。我们建议使用区块链技术解决国防系统中的信息存储问题。不是所有的设施都可以在单个部门使用,为了测试产品,必须将其运送到不同的官方实验室、测试环境和私营部门实验室进行测试。

在这个过程中,不存在可信的数据存储环境,数据可以通过任何形式进行访问。因此,区块链技术通过利用时间戳及不可篡改的分布式账本取代了第三方。所有文件由各部分加密存储,在从一个系统传输到另一个系统时,可以通过加密锁或服务设备对文件进行加密保护。

9.8 国防数据存储配置的要求

从技术上来讲,目前可验证或检查国防部门的多方访问数据存储系统的解决方案非常局限。对此,我们提出了一种值得信赖的解决方案,以解决国防部门中的数据泄露问题。因此,使用物联网和软件/硬件设置的去中心化应用需独立于第三方,以确保生成的所有数据的安全性,这不会使存储的数据设置输出无效[4]。

在图9.3所示的原型设置中,数据存储和读取可以用T1和T2表示,接口可以用T3表示。变更请求可以用T4表示。应尽量减少人工干预,执行完整

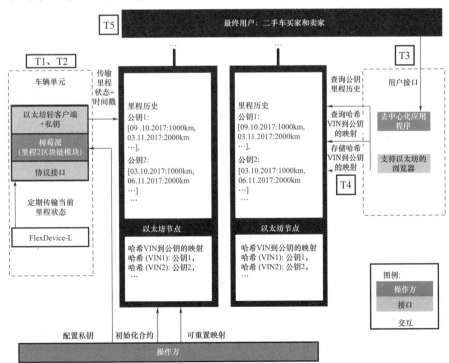

图9.3 原型设置

的自动化流程,以检查和验证数据,并实施完整的安全措施。这可以用 T5 表示。测试数据的项目名称可以用唯一编号(Unique Number,UNR)存储。每个测试结果都应存储在控制单元 Gland 设备数据库中,任何访问数据的用户都必须经授权后注册登录[3]。

作为测试案例,我们将测试一个机械制动器系统。测试数据存储在区块链环境中,以便在国防部门共享数据。通常,测试设施在单个设施中不可用,这意味着该单位需要前往不同实验室,并且需要完成测试。

用于国防领域的机械系统必须经过以下测试:

(1)环境应力筛选测试。

(2)老化测试。

(3)随机振动测试。

(4)热循环测试。

(5)随机振动测试。

(6)制造热处理测试。

(7)部件检验测试。

(8)部装检验测试。

(9)总装检验测试。

(10)测试设备。

(11)外观测试。

(12)绝缘电阻测试。

(13)负荷测试。

(14)电气和机械行程测试。

所有测试数据结果都可以存储在硬件中,并使用区块链进行保护。

9.9 提出的架构及其实现

本节将介绍提出架构的解决方案、工作原理以及测试设置。各测试数据的结果都需要用区块链传输和存储。生成的数据与 Gland 设备互联,Gland 设备与测试设备(如制动器)一起工作,然后将数据传输到区块链并存储。该设置还连接到树莓派计算机,这是从测试设备到区块链模块的网关。各输出数据都用区块链模块传输和存储。为了存储数据的时间和复杂程度,我们需要基于 Web 的应用程序,这种应用程序可以从任何浏览器模块进行访问。

该原型包括负责交易的所有各方。账户初始化由第一方通过每个测试单元的私钥执行。当密钥存储在树莓派中时,测试人员将提供密钥。第一方执行初始化并可验证测试数据[2-3]。

图 9.4 展示了闭环网络的硬件配置。Gland 设备 G 和 M 使用总线来模拟云用户。如图 9.5 所示,Gland 设备从测试数据硬件设置中跟踪测试数据,并将其发送到下一个模块。

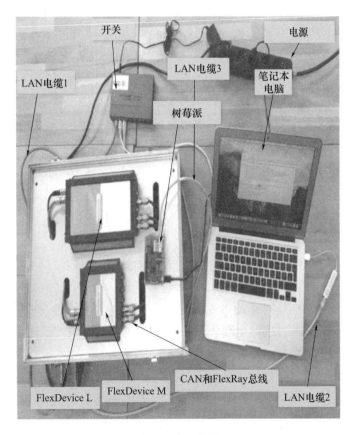

图 9.4 闭环网络

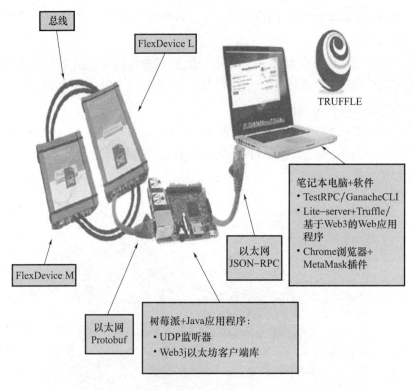

图 9.5 测试数据硬件设置

9.10 设计变更

在 Gland 设备中创建的数据用于模拟测试数据结果,并使用局域网(Local Area Network,LAN)电缆将结果发送到区块链模块。该模块包括测试节点,节点用于监控交易。通过私钥,数据被加密并传输。第一个登录名分配给测试人员,第二个登录名授权给那些想要访问测试数据的各方。每次数据修改都会带有时间戳。完成一种测试后,区块链客户端将确保数据存储。然后,借助 Gland 设备,获得授权的人员可以通过开发的 Web 应用程序登录并检查数据结果。

可以使用整个模块来监控数据的创建、跟踪和存储,也可以使用缓冲协议对数据进行序列化,还可以使用传输协议将数据作为打包数据进行传输[2]。

该设计分配了单独的服务器来存储和监控静态文件,以服务前端。公钥通过源代码映射,包括时间和测试结果存储。

9.11 验收程序

测试人员执行单元的验收测试程序,整个制动器系统应满足所述订单的相关要求,并符合验收条件。记录的结果确保符合程序。

根据使用测试设置的程序(图9.6)执行不同的测试,如产品的电气连接器验证、静态电流和键合电阻测试,并创建数据,将数据传输到区块链模块。同样,通过模块来创建、存储、跟踪和传输数据。

图9.6 测试设置

9.12 Enigma 编码推广

本节将介绍基于 Web 的 Enigma 应用程序。想要分析数据的用户必须拥有密码和代码数据。一旦输入密码,Enigma 将产生乱码代码,另一半则在编码表上,然后将这两个部分一起键入以登录。

9.13 基于方法的评估和讨论

这种方法可以帮助军事和国防部门的用户处理机密数据,避免黑客攻击的危险。

方法1:存储模块中的数据没有任何限制。

方法2:对测试结果数据的复制无限。

方法3:完善用户界面协调。

方法4:数据库安全性高,黑客无法攻击。

方法5:成本效益高且用户满意。

9.14 基于需求的评估和讨论

需求1:对测试数据存储验证和历史验证无限制。
需求2:对数据编辑和输入无限制。
需求3:针对高接口可用性来扩展去中心化应用。
需求4:数据更可靠,无须操作。
需求5:实现每笔交易完全自动化。
需求6:完全符合成本效益。

9.15 挑战和限制

1. 应用程序的可扩展性有限

如果单元对项目进行更多的测试,那么数据存储将会增加。这会降低系统速度,成为软件和硬件设置的负担。因此,系统可能会变慢,如果需要增加存储容量,那么可能需要升级。

2. 交易成本

系统维护需要成本。因此,在特定的时间段内,如果用户数量增加,则每笔交易的成本也会增加。

9.16 结论

原型用于存储测试数据,结果值可得到保护,原型的成本非常低,并基于区块链构建分布式数据库。存储过程完全自动化,不需要人为干预。系统建立后可确保不需要任何可靠的第三方,因为在私有以太坊网络上配置了数据且执行智能合约。

当用户在区块链上枚举测试识别号(Testing Identification Number,TIN)时,任何识别出TIN的人都可以获得测试信息。这些信息将通过在Web应用程序中输入TIN来重新获取,因此消费者无须熟悉基本的区块链技术。

9.17　未来工作

区块链中的信息是独立的,存储在分布式的数据库中,该数据库对信息进行强制排序,并保护信息免受影响或可能的黑客攻击,这与常规数据库不同。为了满足信息安全和保证用户匿名的需求,区块链上远程信息记录的TIN规划支持更新。读取器和仿真器之间的语句测试验证了该结构可以与异常测试单元兼容,并检索传感器测量值。

不同的技术集成在设备中,以降低不同功能设备的设计成本。在未来的功能开发中,可以引入全球定位系统(Global Positioning System,GPS)数据跟踪和 Wi-Fi 实现,以监控移动系统中的数据。

以太坊网络的局限性需要通过规模化的应用程序来解决。工作量证明共识机制需要足够的算力,这导致了对可扩展性和延迟的限制。测试数据可以覆盖每个模块单元 1000 笔交易,如果这一数字增加,那么成本也将增加。当数据波动时,这仍然是个挑战。

未来,在可信节点网络和中心化用户系统中,区块链会优先采用 Fabric 架构以克服这种局限性。但这将与市场上潜在买家的需求相矛盾。可以预见的是,针对这方面的局限性,以太坊将规划从工作量证明到权益证明协议的变更。

去中心化的能力是区块链技术的核心特征,与使用方法无关。这种能力消除了可能遭到利用的单点漏洞。因此,几乎不可能在单个位置渗透访问控制、数据存储和网络流量。所以,在不久的将来,区块链可能是最有效的网络威胁防范技术之一。尽管如此,区块链还是与其他颠覆性技术一样,在经历痛苦的发展过程时,也面临着无数的应用障碍。

参考文献

[1] Yan Z, Zhang P, Vasilakos AV. A survey on trust management for Internet of Things. *J Netw Comput Appl*. 2014; 42:120–134.

[2] Rimba P, Tran AB, Weber I, Staples M, Ponomarev A, Xu X. Quantifying the cost of distrust: comparing blockchain and cloud services for business process execution. *Inf Syst*

Front. 2018; 22:489 - 507.

[3] Salimitari M, Chatterjee M. A Survey on Consensus Protocols in Blockchain for IoT Networks.

[4] Katarina Preikschat, Moritz Böhmecke – Schwafert, Jan – Paul Buchwald, Carolin Stickel. Trusted systems of records based on Blockchain technology—A prototype for mileage storing in the automotive industry. *Concurrency and Computation: Practice and Experience* 2021; 33:e5630.

[5] CoinDesk. $6.3 Billion: 2018 ICO Funding Has Passed 2017's Total. 2018. https://www. coindesk. com/6 – 3 – billion – 2018 – ico – funding – alreadyoutpaced – 2017/. Accessed October 02,2019. 14.

[6] Wright A, De Filippi P. Decentralized blockchain technology and the rise of lex cryp – tographia. *SSRN Electron J*. 2015. 15:2580664.

[7] Nakamoto S. Bitcoin: a peer – to – peer electronic cash system. 2008.

[8] Malekian, Reza, Ntefeng Ruth Moloisane, Lakshmi Nair, Bodhaswar T. Maharaj, and Uche AK Chude – Okonkwo. "Design and implementation of a wireless OBD II fleet management system." *IEEE Sensors Journal* 17, no. 4 (2016): 1154 – 1164.

[9] Preikschat, Katarina, Moritz Böhmecke – Schwafert, Jan – Paul Buchwald, and Carolin Stickel. "Trusted systems of records based on Blockchain technology – a prototype for mileage storing in the automotive industry." *Concurrency and Computation: Practice and Experience* 33, no. 1 (2021): e5630,pp. 1 – 18.

[10] Mohanty, S. P. , V. P Yanambaka, E. Kougianos, and D. Puthal. "PUFchain: Hardware – assisted blockchain for sustainable simultaneous device and data security in the Internet of Everything (IoE),Sept 2019." (2019),pp. 8 – 10.

第 10 章

基于区块链技术解决物联网系统隐私安全问题及挑战

C. J. 拉曼
S. 乌沙·基鲁蒂卡
L. 贾维德·阿里
S. 卡纳加·苏巴·拉哈

区块链在信息安全保护中的应用

10.1　物联网系统的隐私和安全问题

物联网技术的飞速发展,许多实时应用程序都受到物联网应用影响。几乎所有事物都能感受到物联网的存在——从常用设备到普通家居用品,尽皆如此。物联网拥有巨大潜力,但在提高物联网的用户友好度上,还面临着各种各样的挑战。要开发物联网领域的可扩展应用,需要大量设备,但这实际上很难满足,因为存在着时间、内存、处理能力和能耗方面的限制。以记录全国温度变化的物联网应用为例,说起来容易做起来难,这种应用可能需要数十万台不断产生大量数据的物联网设备。物联网硬件设备固有的运行特征,通常本身就存在着变化,如采样率和错误率变化。此外,部署在物联网环境中用于监测事件和数据收集/传输的传感器及执行器本身就很复杂。在物联网环境中部署这些复杂度不同的组件,会形成异构物联网,其产生的数据可能会不同。海量聚合的物联网数据,需要采用压缩和融合技术才能实现传输与通信成本的最小化。

建议未来的物联网增强与数据标准化相关的认识。物联网数据传输中最烦恼的特征是,在物联网环境中传输或接收的数据,其数据完整性不太值得信赖。物联网数据不断受到来自黑客、恶意软件、病毒等各种威胁攻击。整个物联网环境极易受到攻击,导致信息不安全。物联网已经在多个日常应用中获得肯定,包括智能电网、智能交通、智能安全和智能家居。用物联网技术可以开发出各种规模的应用,如门禁卡和公交卡。尽管物联网技术通过提供各种便利影响着人类生活,但其不安全的运行环境也无法保障个人隐私,这将导致个人信息容易被攻击者所利用。因此,需要进一步深入分析物联网的安全,不能置之不理。物联网信号的使用将直接影响设备之间交换的信息。物联网发展同时还激发了可能被攻击者使用数据的不安。因此,需要充分解决物联网中的这些安全问题,以使其全部优点得到充分利用。

10.2　物联网的安全架构

物联网技术也存在移动网络和互联网等各种网络中普遍存在的安全问题。物联网领域最突出的安全问题包括(但不限于)隐私、访问控制、数据存储和网络管理[1-2]。应用层面的挑战源于数据和隐私保护[3]。物联网技术中,射频识别(Radio Frequency Identification,RFID)技术依赖加密技术来维持所传输信息的完整性和保密性[4-8]。其他技术也通过随机哈希锁协议、哈希链协议、从传输通道管理和生成密钥的方法、加密标识符等。采用身份认证和访问控制技术来减少伪装攻击并维护所交换信息的完整性,可以确保持续通信的可信度[9-13]。物联网数据传输存在两个安全问题:一个是物联网技术本身,另一个是用于构建和实施网络功能的技术[10]。物联网包括多个集成在一起的异构网络,这都会引发兼容性和安全问题。

在这类网络中,各节点之间的信任关系不断变化,可通过应用密钥管理和选择合适的路由协议来将其常态化[14-16]。物联网内所传输信息的安全,可能面临多种不同的攻击威胁,如拒绝服务(DoS)/分布式拒绝服务(DDoS)、伪装冒充、中间人攻击、因互联网协议第6版(Internet Protocol Version 6,IPv6)而产生的应用风险攻击,以及因无线局域网(Wireless Local Area Network,WLAN)应用而产生的冲突等。由于物联网传输的数据量巨大,物联网的核心网络可能容易受拥塞影响。因此,在物联网中,应该更加重视容量和连接问题,包括地址空间、网络冗余度和安全标准。物联网中出现的应用安全问题包括信息访问和用户验证、数据保密性、中间件安全等。物联网由感知层、传输层和应用层三层架构组成。对物联网安全问题的详细研究可通过以下方式展开,即把感知层分为感知节点和感知网络,把传输层分为接入网络、核心网络和局域网(LAN),最后,把应用层分为应用支持层和物联网应用。每层都必须承担希望其提供的特定责任。物联网的安全架构,如图10.1所示。

物联网各层都需要得到安全保护,以免受到任何不可预测的事件影响。除各层外,物联网还应该确认整个系统的安全性超越了其自身各层的安全性。在感知层中,提供的安全类型包括射频识别安

图 10.1 物联网的安全架构

全、无线传感器网络(Wireless Sensor Network, WSN)安全、鲁棒安全网络(Robust Secure Network, RSN)安全和其他类似的安全类型。传输层的接入子层负责控制无线自组网安全、通用分组无线业务(General Packet Radio Service, GPRS)安全、3G安全和无线保真(Wireless Fidelity, Wi-Fi)安全。核心网络的子层负责互联网安全和3G安全。局域网子层负责与局域网相关的安全。应用层由应用支持层和物联网应用组成,负责中间件技术安全、云计算平台安全等。不同的行业有不同的应用安全需求,而这些安全需求均由物联网应用安全子层来满足。因此,在物联网环境下提供安全保障,需要有一个巨大的多层安全架构。除了每层的安全,还应该包括不同网络安全问题的跨层整合。

10.3 物联网的安全问题分析

物联网至今仍未确立标准架构。2002年,国际电信联盟电信标准局(International Telecommunication Union Telecommunication Standardization Sector, ITU-T)提出物联网应该由感知层、传输层和应用层三层组成。

10.3.1 感知层

感知层的范围包括收集信息、洞察对象和控制对象。感知层又细分为感知节点和感知网络两个部分。感知节点可能是传感器、控制器等,而感知网络负责监督与传输网络的关系。在感知节点收集和聚集的数据,通过感知网络向网关发送,或者以控制信息的形式传递。由感知层管理的技术包括射频识别、无线传感器网络、强健安全网络、全球定位系统(GPS)等。

以下小节将分析这些技术,确定受感知层管理的安全问题[6]。

10.3.1.1 射频识别技术的安全问题和解决方案

射频识别技术是一种非接触式识别技术,它可以自动探测目标的标签信号,然后在不作任何手动干预的情况下,将其转换成相关数据[17]。射频识别可部署在较恶劣的环境中。尽管其应用范围较广,但也存在以下几个问题:

1. 统一编码

射频识别技术到目前为止,还不具备已经定义的任何标准编码技术。目前,存在两种标准:一种由日本定义和支持,即"通用标识";另一种由欧洲国家定义和支持,即电子产品代码(Electronic Product Code,EPC)。由于标准化编码技术不可用,因此标签信息的获取可能受阻,或者可能在读取时出错。

2. 冲突碰撞

当多个射频识别标签同时向其读取器传输自己的信息时,读取器处将发生数据干扰,导致数据读取操作失败。对此,可以应用防冲突技术来识别多个标签,从而向读取器同步传输信息。冲突可归为两类:一类是标签导致的冲突,另一类是读取器导致的冲突。当多个标签同时向读取器传输自己的信息时,读取器可能无法正确提取数据,因而引发标签冲突。射频识别传感器的使用范围需要更宽,在这个范围内,多个传感器的合作同样重要。但这种合作可能导致信息被重复读取,造成正在读取的信息发生冗余,同时,还会增加网络负荷。这种冲突就是读取器冲突。

3. 射频识别的隐私保护

用于射频识别的标签非常经济,这有助于降低存储空间的消耗。射频识别所涉及的计算相当简单,因此可能只支持简单的隐私保护解决方案。数据隐私和位置隐私是通过射频识别保护的两种隐私类型。

1) 数据隐私

射频识别中的安全和隐私保护技术,可以大致分为物理技术和密码技术两类。物理方案中采用了多种技术,包括块标签、信号干扰、停用销毁命令、夹子标签、伪标签、天线能量分析、法拉第笼等。密码方案中包含的技术有哈希锁技术、随机哈希锁技术、哈希链机制、匿名ID创建技术和重加密技术。除了这两种方案,各行业还会根据自身的物联网基础设施类型,采用不同类型的隐私保护技术。例如,法国国家科研署采用T2TIT框架,该框架将主机标识协议(Host Identity Protocol,HIP)用作克服数据隐私问题的一种解决方案。考虑射频识别中应用的安全技术类型和计算复杂程度,将敏感度较低的信息放在标签里、将敏感较高的信息迁移到下一个更高级别的服务中是很有意义的。

2) 位置隐私

即使关键信息未存储在标签级,但标签ID仍在黑客的掌控之中。获得标签ID后,黑客就能轻松跟踪标签的位置。例如,若一辆车装有导航和跟踪系统,如全球导航卫星系统,则该系统可以轻松读取标签ID,之后就能基于其工作特征(如范围和能力)通过标签ID跟踪标签的位置。

4. 信任管理

物联网应该确保任何参与节点的隐私性。因此,应该将信任管理功能加入射频识别系统中。读取器与标签之间的信任、读取器与相邻基站之间的信任,需要得到保障。数字签名方案可用于在双方之间建立信任,也可用于对各种通信实体应用之间发生的数据交换进行身份验证。数字签名可以使用加密算法和安全协议生成。这些算法和安全协议会大量占用射频识别系统中本就稀缺的存储空间及计算资源。因此,在射频识别中使用的身份验证算法,除了要考虑常规存储和隐私局限,还应该考虑标签的存储和处理能力。目前,研究重点在于如何让安全的复杂程度与普遍存在的资源约束问题相对应。

目前,有 4 种技术可以用于解决射频识别的安全问题,即信任管理、冲突碰撞、统一编码和隐私保护。通过将标签数据统一编码,可以最大限度地增加信息交换。通过采用一种高效技术来解决冲突,可以减少数据干扰,提高射频识别读取器的信息读取准确度。应用轻量级的数据隐私保护技术,会保护数据隐私和位置隐私的安全。通过加入高效的信任管理算法,可以加强读取器、标签和基站之间的信任。

10.3.1.2 无线传感器网络中的安全问题和技术解决方案

无线传感器网络具有自组织能力,这种网络拥有灵活的网络拓扑结构。无线传感器网络中存在的传感器本身有多种局限,如存储空间有限、计算能力较弱、传感能力有限,因此这种网络更易遭受多种攻击。此外,感知的目标是形成一个全感知环境。由于传感器本身的局限,网络结构的复杂程度因存在多个传感器节点而有所增加。感知层更多集中在数据和数据聚合上。而在考虑无线传感器网络时,分析收集到的数据是被研究最多的主题。无线传感器网络中的数据收集可能引起多种攻击,如窃取、恶意路由、修改所传输信息的完整性,以及会对整个物联网环境构成严重威胁的其他类似问题。应该关注的数据相关安全问题包括数据保密性、数据合法性、数据可靠性和数据及时性。通过设计高效的加密算法、密钥管理技术,实施安全路由技术及节点信任建立技术,可以获得数据外泄问题的解决方案。

10.3.1.3 异构集成的问题

集成射频识别技术和无线传感器网络,会形成一个射频识别传感器网络,该网络在物联网环境中应用广泛。射频识别和无线传感器网络之间可以通过4种不同的方式同化,即整合标签与传感器节点,整合标签与无线传感器节点,将射频识别读取器同时与无线传感器节点和无线传感器设备整合,以及将射频识别与传感器节点整合。物联网是一种异构网络,因此射频识别传感器网络可以提供异构问题的解决方案。物联网将从各种来源生成大量数据。来源的多样导致数据的格式也多样。收集到的数据需要通过应用数据统一技术进行有效分析,不遵守这一规定就可能导致数据丢失、销毁或泄露。攻击者可能开展多种活动,如监测节点、盗窃数据,从而导致隐私保护措施的效率低下。在集成多个来源的数据时,会出现许多安全问题。在数据集成引发的诸多问题中,最关键的问题是异构数据。无线传感器网络和射频识别采用各种程序来收集数据,因此会产生与数据格式、通信协议有关的兼容性争议。要解决这些问题,就需要有数据编码标准和数据交换协议。射频识别和无线传感器网络要想实现系统层面的合作,就应该在软件层面兼容。尽管射频识别和无线传感器网络技术的存储格式不同、数据访问格式不同且采用的安全控制措施也不同,但仍然需要实现软件层面的兼容。由于这些差异,射频识别和无线传感器网络在过滤、聚合和处理数据时,处理数据的方式不同。因此,研究应该侧重于已经提及的变化(数据访问格式、数据存储格式、数据处理程序和安全控制机制)。

10.3.2 传输层

物联网的传输层负责以通用模式提供对感知层的访问,存储和传输感知层生成的信息,以及执行其他相关任务。传输层可基于其提供的功能分为接入网络、核心网络和局域网三个子层。传输层由多个异构网络混合而成。

与传输层功能架构有关的安全问题

1. 接入网络

接入网络向感知层创建了一个无处不在的访问基础设施。在感知层访问核心网络时,会出现安全问题。接入网络可以是任何类型,如无线网络、无线自组网等。无线网络可以按网络的结构差异进一步细分为中心网络和非中心网络。在中心网络中,移动节点之间的通信通过基站路由,如常见的蜂窝网络和无线局域网。在非中心网络中,移动节点之间的通信不通过基站路由。

1)分析 Wi-Fi 的安全问题

Wi-Fi 的定义见 IEEE 802.11 的无线局域网标准。该标准是使用最广泛的无线标准。依据该标准,无线终端以无线模式彼此互联。物联网中基于 Wi-Fi 的应用包括通过 Wi-Fi 访问互联网、访问电子邮件服务器、下载在线内容、观看网络视频等。安全是 Wi-Fi 接入模式中的一大问题。用户在网上冲浪时可能遇到各种钓鱼网站,导致用户的账户和密码信息泄露。Wi-Fi 的安全漏洞可分为两种形式——给网络中的用户创造网络陷阱、利用该陷阱发起网络攻击。Wi-Fi 的安全问题包括访问攻击、钓鱼攻击、拒绝服务/分布式拒绝服务攻击等。

2)分析无线自组网的安全问题

无线自组网是无基础设施的网络,容易针对特定任务而创建。网络中的节点,采用分布式网络管理策略运行,并且仍以无线模式进行通信。这种网络由用户自己创建、自己组网。在物联网中,无线自组网属于非中心网络类别。无线自组网感知层节点之间存在的异构,通过该网络的路由协议被消除。网络中的节点可以适应网络运行过程中遇到的任何变化类型。这些节点动态适应变化,不会在核心网络发生感知层网络通信时产生任何问题。无线自组网的安全问题来自无线信道和网络类型。无线信道始终容易遭到窃听和干扰。无线自组网属于非中心网络类,因此非常容易遭到欺骗、伪装之类的攻击。在物联网环境中,以下是与无线自组网有关的安全问题。

(1)非法节点访问安全问题。参与通信的节点可以在任何交换开始之前确定彼此的身份。若未确定,攻击者就能模拟或捕捉任何节点,泄露节点中存在的关键信息。适当的授权和身份验证可以解决这个安全漏洞。每个节点的安全证书将确定彼此的身份。授权将决定每个节点对任何系统资源的访问权。

(2)数据安全问题。在无线自组网中,通信是单向的。无线自组网的传感器将其数据传输至基站或任何指定的汇聚节点。因此,数据被泄露给网络中无授权用户的概率更高。此外,还可以篡改网络路由信息,确定通信用户的位置。在网络中执行适当的身份验证和密钥管理,并可以克服这些漏洞。

(3)分析 3G 网络的安全问题。将 3G 网络部署为接入网络时,会出现多种安全问题,如泄露用户资料、数据不准确、遭到不道德的攻击和任何其他相似类型的攻击。通过采取保护用户信息保密性的措施以及高效的密钥管理技术、身份验证技术和密码加密技术,可以解决这些安全问题。但实际上,所有这些技术都还在不断发展。在数据传输过程中,可能发生多次入侵,如数据外泄、违反访问权限和遭到不道德的攻击。除上述问题外,3G 网络还存在其他一些常见攻击,即拒绝服务/分布式拒绝服务攻击、身份盗窃攻击和钓鱼攻击。

2. 核心网络

物联网通过核心网络传输数据,而核心网络主要是互联网。互联网容易遭到多种攻击。无线环境由多个传感器节点组成,而传递信息需要节点有 IP 地址。但 IPv4 地址数量稀少,上述需求可能得不到满足。改用 IPv6 地址可以解决这个问题。传感器节点使用 IPv6 地址所占用的处理能力,可通过 6Lowpan(一种基于 IPv6 的低速无线局域网标准)技术来管理。

3. 局域网安全分析

物联网中的局域网应该设计得足够强健,能够挫败未经授权的数据访问、服务器遭到的攻击等。局域网管理的安全原则还需要加强[6]。应该仅向合法用户提供网络资源的访问权限,这将对保护网络安全大有帮助。另外,还可以采取其他安全措施来保护局域网,如识别任何系统中的任何恶意代码,清除未获必要许可而安装的无用系统服务,定期更新操作系统的补丁文件,使用强效密码来访问资源。

10.3.3 应用层

10.3.3.1 分析应用支持层的安全问题

应用层位于传输层之上。该层为实现业务应用、计算设施和资源分配提供各种支持,对投影、选择和数据处理等方面进行优化。其能力足以区分合法数据、垃圾数据和恶意数据,并及时作出相应决定——允许或抛弃该数据。它的组织方式因其提供的各种服务而异。该层的安全范围包括中间件支持、云计算支持、机器对机器通信支持、服务支持以及其他类似的平台[6]。物联网中间件的开发采用了多种核心技术。通信组件包括能在不同操作系统上部署软件的中间件服务器。物联网中生成的信息量庞大且充满活力。因此,物联网中部署的中间件应该能够处理如此庞大的数据,且其本身应该具有可以线性扩展存储容量的措施。物联网中部署的中间件封装了控制环境温度、维持环境状态等功能,而这些功能通常很复杂。在这些情况下,中间件应该同时处理不同位置的多个设备及其对相关数据发出的请求。这些请求类似于一个持续时间有限的上下文。多个上下文执行多个功能,故可满足多位用户的不同需求。收到的请求将按其抵达时间进行处理。不过还有大量实时应用需要优先处理。因此,系统应该区分此类紧急服务并立即处理。

在物联网中,机器对机器通信模型越来越重要。但即使是这样的模型,也不是没有安全风险。在这些模型中,数据以信号形式经实线电缆或空中传输。应用层的机器对机器模型,确定存在三种安全问题。涉及后端终端和中间件的应用程序应该高度安全,因为它们将负责收集和分析数据,从而提高业务处理的智能水平。

这些应用的源代码需要得到同等的安全保障。在这一级别确定的其他安全问题涉及访问控制、隐私保护、用户授权、数据完整性保护、实时服务等。在云计算平台中发现的主要安全风险包括:对各种进程进行优先级排序的风险、来自管理机构的风险、数据位置的风险、数据隔离风险、数据恢复风险、提供调查支持的风险,以及与长期发展有关的风险。

1. 根据互联网数据中心调查确定的安全威胁

云环境中的安全问题受到了高度关注。所有受访者都认为云环境本身就存在技术安全问题。存储在云上的数据会在存储之前加密。此外,云还会将用户数据的备份保留一段时间。因此,在将数据存储到云平台之前,需要立即采取一些安全措施。世界上许多领先企业都冒险选择了云存储来保存其企业级数据。不论云环境是否有任何可被黑客攻击的安全漏洞,都需要给予保护。云数据存储普遍不安全,因此一般建议企业不要使用云存储,如医疗企业和金融企业。

2. 服务中断问题和攻击问题

从云的发展历史可以看出,服务中断是难以避免的。中断的常见服务包括数据备份、关机以及数据中心进入离线模式。不过,这种不幸的情况是可以预测的。而且,云也无法避免遭到分布式拒绝服务攻击的可能性。分布式拒绝服务将中断云,阻碍合法用户使用云服务,操纵特定云服务占用庞大的系统资源,如存储器、中央处理器时间、网络带宽等。所有这些都会拖慢云服务提供者的服务器运行效率。

10.3.3.2 物联网应用安全分析

综合业务和特定应用的业务都将在物联网环境的应用层获得所需的服务。这一层出现的安全问题(如隐私保护)发生在传输层或感知层的概率较小。在某些情况下,应用层的这些安全问题会对用户和数据构成严重威胁。位置隐私讨论的是过去或当下的用户位置,查询隐私涉及与提出的查询及其答案有关的信息。例如,在用户发布寻找餐厅或游乐园的查询时,有可能被攻击者利用,而且用户的位置、薪资、生活方式、社交行为和其他隐私信息可能很容易被跟踪。目前的隐私保护技术包括伪装用户位置、创建匿名空间、空间加密等。

10.3.4 物联网整体安全问题

随着物联网越来越普及,上述指出的安全问题都需要得到恰当解决。在各层/子层下指定的解决方案虽然有效,但无法整合到一起,只能作为一个单独的解决方案提供。物联网已经在几乎所有领域的应用中获得了肯定,包括智能交通、智能家居解决方案、智慧城市管理、智能医疗应用和智慧电网。所有这些应用的安全要求各有不同。例如,对于智能交通和智能医疗应用而言,与数据隐私相关的安全至关重要。但对于智慧城市管理和智慧电网而言,所处理数据的真实性才是最受关注的。因此,需要对每种应用做出不同的权衡。综上所述,在单个层级应用单种技术并不足以提供需要的安全。例如,在物联网系统中,应用层比较薄弱和不安全,而且整个系统都容易遭到狡猾黑客的攻击。因此,在这类情况中,各层之间的合作至关重要。未来的政策应该以这种跨层互操作为中心进行设计。

10.4 物联网与传统网络面临的安全问题比较

从上述讨论可以明显看出,在物联网领域和网络安全领域的情况中,针对每种不足,提供的安全要求和解决方案并不相同。物联网由射频识别节点和无线传感器节点组成,而这两种节点都非常需要资源。另外,互联网由计算机、服务器和移动设备组成,而这些设备都配备了充足的资源。因此,可以

区块链在信息安全保护中的应用

使用复杂的轻量级混合算法,通过最大限度地减少内存、存储器和处理能力等资源的消耗来实现最大的安全。在物联网情况中,使用轻量级算法就是为了在安全和功耗之间寻求平衡。物联网应用已经融入了我们的日常生活,从中收集我们的日常信息,让我们的生活变得更轻松。这些物联网应用甚至还可以达到控制我们生活环境的程度。如果这些应用得不到妥善控制,我们就会面临失去隐私信息的风险。因此,需要有综合的解决方案来保护物联网环境的安全。

物联网的安全和隐私问题,可通过整合基于新型分布式账本技术[4]的区块链技术,避免集中维护数据的方式来解决。这种技术允许在经过适当验证后,将每笔交易感测到的信息记入分布式账本中。

10.5 区块链概念

目前,区块链这个概念引起广泛关注。存在于链中的区块,在工作量证明的帮助下,确保参与者之间的数据准确无误,从而保证分布式环境中的参与者之间保有必要的信任。

每个区块由一个节点形成,其中包含区块头、数据和元数据。多个区块以加密形式连接到一起,形成一个链条,就形成了区块链。区块链是一个涉及分布式协议的分布式账本,其中保存着一个可以新增记录的记录列表。已经存在的全部记录均禁止修订和干预。区块链各区块中的数据都不能篡改和修改。因此,区块链被视作一种适合为数据提供防篡改分布式账本的技术。

10.5.1 区块链的结构

区块链的特点是交易区块以特定顺序排列。图10.2显示了区块链机制的结构。区块链架构中使用了两种重要的数据结构——指针和链表。

指针保存着下一区块的信息,而链表代表一系列的区块。

区块头中区块哈希值用于识别某个特定的区块,而这个区块将重复进行哈希计算,以生成工作量证明,从而获得挖矿奖励。前一个区块通过其前序区块的头部哈希值与特定区块相连。默克尔根是网络中一个区块所有交易的哈希值。

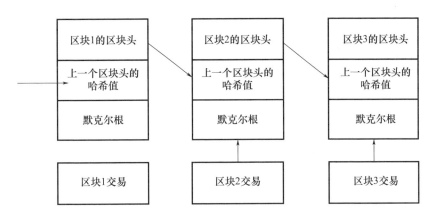

图 10.2　区块链机制的结构

10.5.2　区块链的工作原理

区块链主要提供整体可用性、完整性、公开性,以及更安全地存储和交换数据的能力。数据可以是任何类型,包括文件、货币交易、签名或合约。区块链能够支持更多种类的任务,不需要中间人。区块链允许实体能够生成资产持有权的公共记录。它属于一个开放的分布式环境,其中的操作全都会经过验证。区块链本质上就是一个分布式账本,其副本可以在网络内的所有机器上找到。副本分散在整个网络中,消除了整体数据不安全的可能性。

区块链在系统上对已经登记的所有交易保存着完整记录。网络中存在的每个系统都在自己的设备上维持着数据库的副本,而共识算法的存在使副本无论位于何处都能得到同步。确切地说,共识算法能够解决在区块链网络中交易一致性的问题。

网络中存在的节点都是身份不明的实体。它们可能是进程,也可能是用户。在设想的节点作用中,除证明自己的身份外,还可以启动和验证交易。为维持数据的完整性,节点还会进行挖矿,以同其他节点保持共识。只要节点发起了一项将传输至其他节点的交易,该节点就会利用其私钥对交易签名,以证明其自身是该笔交易的实际所有者。点对点网络和共识算法对于跨节点之间的复制至关重要。

分布式账本由网络中存在的对等节点维持。对等网络功能除了允许参与节点与网络中存在的其他节点相连,从而交换交易数据,还会确保网络不受集中控制。网络中存在的对等节点可以分为记账节点和验证节点两类。验证节点基于验证策略完成并允许交易后,记账节点收到经过验证的交易,然后更新账本。记账节点也可扮演排序节点的角色,在收到经过验证的交易后,对其进行排序,然后将其发送给其他记账节点。

节点还扮演着矿工的角色,生成具有适当信息的新区块,而且还可以添加新的交易和证明自己的身份。节点也称为区块签名者,其责任是以数字方式验证身份和签署交易。在区块链网络中需要考虑的主要因素是找出有足够能力将后续区块添加到链上的节点。共识算法有助于做出这类决策。为了清楚识别源节点和汇聚节点,区块链网络中的所有通信都受到加密保护。若有矿工想要添加数据,就会应用共识算法来决定其需要在网络中何处进行打包。存在于网络中的区块分为子区块和父区块两种。子区块包含交易的集合、交易的时间戳以及与父区块的相应连接,这种连接会形成区块链。

网络中采用的共识算法构成了三个主要阶段。第一阶段,对交易做出背书;第二阶段,将经过背书的交易全部按顺序写入账本中;第三阶段,验证收到的交易并记入账本中。网络中的节点利用点对点消息来识别其他对等节点,查询、调用和安装交易,确保节点同步并授权交易。

通过验证的交易由主节点接收,再分发至网络中。之后,采用特定标准和算法验证该交易。对照相应公钥验证嵌入交易中的主节点数字签名,通常采用的是脚本。如果脚本中提及的所有条件均得到满足,则将该交易称为已获主节点验证。之后,会将该交易的文件与其他交易的文件汇集到一起,在分布式账本中生成一个新数据块。

然后,将新生成的区块添加到当前区块链中,再把交易标记成稳定且不可更改。区块链是一个公共数据库,其中包含的记录都是明确开放的,而且可以直接确认。信息不受集中控制,因此黑客无法控制、操作、篡改或删除信息。

当一个矿工节点连接到对等网络时,该节点必须执行下列任务。请其他节点提供时序区块,下载相关区块链,从而与网络同步;通过验证和确认交易的数字签名及其输出对交易进行身份验证;使用一套已经获得认可的规则,确认区块;提出一个新区块并将其与从他处取得的已完成身份验证的交易合并,从而创建新区块;通过解题发现一个合法区块,从而进行工作量证明;在解决工作量证明问题后获得奖励,由该节点向其他节点宣布结果,从而授权并承认该区块。

哈希计算在区块链中发挥着重要作用。哈希算法是一种数学算法,它通过将数据对象转换成一个固定大小的哈希值,得到一个以数据对象为中心的值。哈希函数基本上是一个不可逆的单向函数。哈希树也称为默克尔树。在默克尔树中,最低一层的节点代表数据块的哈希值,中间的节点代表其子节点标签的哈希值。在区块链中,每笔交易都包含一个经过哈希计算,得出了哈希值的区块。多个哈希值相结合就会形成默克尔树。哈希计算过程产生的输出,连同上一个区块的区块头及时间戳一起,补充到当前区块的区块头上。然后,将新区块头作为加密程序的输入,生成一个随机数,再补充到区块链中。

10.5.3 区块链的类型

区块链有公有链、私有链、联盟链和混合链4种主要类别。不论如何变化,区块链中的节点都是在对等网络系统中运行的。网络中的节点都会保存一份共享分布式账本的副本,而且此副本会定期更新。除创建区块外,节点还能发起、验证和接收交易。

10.5.3.1 公有链

公有链是一种无须任何授权的非约束性分布式账本系统。任何人都可以在联网后进入这个平台,成为区块链网络的一部分。节点加入此区块链后,就可以获得当前记录和历史记录,验证交易,进行工作量证明以及挖矿。例如,以太坊(Ethereum)。

10.5.3.2 私有链

私有链是一种存在约束或以许可为导向的区块链,它仅在安全网络中运行。私有链在一个群组里使用,其参与人数非常有限。私有链的安全水平、批准、授权和便利程度都由控制群组决定。例如,Corda。

10.5.3.3 联盟链

联盟链是一种半分布式区块链,其区块链网络由两个或以上组织管理。这个特点将联盟链与私有链区分开来,即私有链由一个单独的群组控制。联盟链可能对组织之间交换信息和开展挖矿活动有用。例如,能源网络基金会(Energy Web Foundation)。

10.5.3.4 混合链

混合链综合了私有链和公有链的特征。在混合链中,存取数据的许可存储在区块链里,受用户限制。只有指定部分的区块链数据才可以公开,而其余部分将继续保持私有状态。这种区块链系统具有可扩展性,用户可以通过多个公有链连接至一个私有链。混合链私有网络中的协议通常在其内部确认,但操作者也可将其在公有链上公布,以得到确认。例如,龙链(Dragonchain)。

10.5.4 物联网的区块链解决方案

物联网的安全和隐私问题,可通过整合区块链技术,避免集中维护数据的方式来解决。区块链技术的基础是分布式账本技术[18-20]。这种技术允许对每笔交易进行适当的验证,再加入分布式账本中。区块链保证进入物联网系统的数据具有必要的完整性。如果对等网络的基础设施在物联网环境中得到认可,那么尽管区块链会保证数据的完整性,但其主要特征仍然可能使物联网变得更加复杂,如区块链的对等网络贡献、背书节点和记账节点提供的功能、共识算法的采用、工作量证明及其他相关事务。由于复杂程度增加,因此无法在物联网环境中使用一个完全受区块链保护的网络。

区块链技术会为物联网系统面临的一些问题提供适当的解决方案。在物联网系统的新形势下,需要增加网络中交互的设备量。只要交互的设备量上升,就有可能导致物联网环境出现其他问题,因为感测到的信息都储存在一个中央服务器里。只要将先进技术与物联网整合,以使其成为一个大规模系统,集中式方法就不会有效。现有的互联网基础设施无法满足大规模物联网系统在处理数据时的需求。要解决这个问题,就需要组建对等网络,分散文件分配以及独立协调设备。区块链机制可以执行这些必要的功能,因此如果将区块链机制融入物联网环境中,就可以帮助物联网系统跟踪大量互联的设备。

区块链使物联网环境中的现有设备能够协调地处理设备之间的交易,还会提升系统的隐私性和可靠性,并在分布式账本的帮助下加快对等节点之间的消息传递进程。当区块链融入物联网环境后,物联网环境中的数据流就会与原来大不相同。数据流将从传感器流向用户,如数据从传感器传输至网络;再从网络传输至路由器;之后从路由器传输至互联网;然后,数据流从互联网流向分布式区块链,再流向分析(设备),最后流向用户。分布式账本是防篡改的,因此不允许干预数据验证。区块链还会消除物联网中的单线程通信,使数据流更安全可靠。

区块链提供4种不同的特性来保护数据的完整性。具体如下:

10.5.4.1 加密和验证

在某节点发起交易后,将通过共识算法来验证该交易所对应的数据块。除非是在获得批准的情况下对数据进行修改,否则数据一经确认,即为永久。之后,采用加密协议将数据加密,从而确保数据的安全。

10.5.4.2 去中心化数据库

区块链技术本身是去中心化的,不由任何一个节点持有全部数据,因此降低了黑客入侵系统的可能性。区块链网络中的每个节点都有整个数据库的副本,因此单个节点的错误不会给整个网络带来任何问题。而且所有节点都会存取经过认证的已编码数据,所以没有必要为交易进行第三方验证。

10.5.4.3 私有链和公有链

尽管公有链不需要许可的性质吸引了很多人,但公有链提供的安全建立在最初进行的身份验证和加密上。因此,诞生了私有链。私有链以许可为基础,其中的节点需要明确标识自己才能访问网络,这使区块链网络又多了一层安全保障。

10.5.4.4 防篡改的网络

区块链中的区块本质上是防篡改的,区块中的数据通过加密受到保护。整个系统的设计,即使有几个节点遭到黑客攻击,系统也不会失效。区块链是一种分布式账本。对之前录入账本的某条记录每做出一次更改,就会记录该更改及新的时间戳。

要篡改或修改区块中的数据,就必须修改其之前的所有区块,而这并不是个容易的任务。

10.5.5 含区块链的物联网框架

含区块链的物联网此框架共分为物理层、通信层、数据库层和接口层4层(图10.3)。

区块链在信息安全保护中的应用

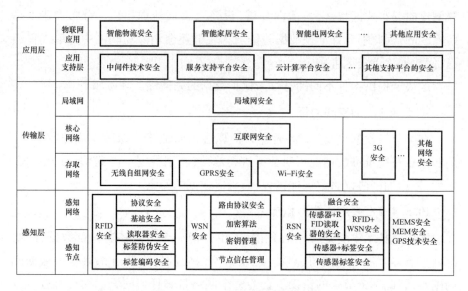

图10.3　含区块链的物联网框架

10.5.5.1　物理层

物理层包含配备传感器和执行器的所有智能设备。这些设备收集数据，并将其传输至物理层之上的各层。在正常情况下，为了提供必要的交叉功能，并不强制要求设备用一个标准来分享信息。但当区块链整合到物联网环境中后，在同一个网络上运行的所有传感设备都必须从同一个制造商采购。

10.5.5.2　通信层

物联网环境中的智能设备采用不同的通信机制来交换信息。人们把系统内通信数据的安全性和隐私性看得尤为重要。将区块链整合到系统中，可以解决这个问题。

10.5.5.3　数据库层

区块链是一种分布式数据库，其中存有数量不断增加的交易。区块链的另一个主要优势是公开透明和验证机制。

10.5.5.4　接口层

接口层由多个彼此互联的应用组成，旨在以协助的方式做出有益的决策。典型的物联网应用包括智慧城市和智能家居。

在大规模物联网系统中使用区块链技术的优点包括：

(1)去中心化管控。

(2)分布式文件共享。

(3)可靠性。

(4)稳健性。

(5)可信的点对点消息传递。

(6)持久化交易记录。

10.5.6　整合区块链与物联网的困难

将区块链技术整合到物联网环境中后,会解决物联网的隐私性和可靠性问题。但将其整合到物联网环境中,并不是个容易的任务。整合区块链与物联网还存在许多困难,比较突出的包括账本存储容量有限,缺乏适当的规范和标准,以及处理能力和可扩展性方面的困难。

10.6　结论

无线传感器网络领域的技术发展使传感器和执行器能够通过互联网网关与终端相连,从而形成一个统一的网络。这种网络中的设备会共享信息,而且终端的系统可能基于交换的信息发起合适的动作。大多数物联网设备都容易遭到攻击,很容易被入侵和破坏,区块链的技术可以解决这个问题。网络中存在的设备构成节点,每个活跃的节点都持有区块链的一个副本,所有活跃节点都共享账本。从计算方面来讲,这种账本被篡改的可能性非常低。将区块链提供的框架整合到基于物联网的系统中,能轻松解决安全问题和隐私问题。

参考文献

[1] Jing Qi, Athanasios V Vasilakos, Jiafu Wan, Jingwei Lu, & Dechao Qiu (2014), "Security of the Internet of Things: Perspectives and challenges", *Wireless Networks*, 20(8), 2481 – 2501.

[2] C. Tsai, C. Lai, & V. Vasilakos (2014). "Future internet of things: Open issues and challenges", *ACM/Springer Wireless Networks*, doi: 10.1007/s11276 – 014 – 0731 – 0.

[3] J. Wan, H. Yan, H. Suo, & F. Li (2011), "Advances in cyberphysical systems research",

KSII Transactions on Internet and Information Systems, 5(11), 1891 – 1908.

[4] G. Yang, J. Xu, W. Chen, Z. H. Qi, & H. Y. Wang (2010), "Security characteristic and technology in the internet of things", *Journal of Nanjing University of Posts and Telecommunications (Naturalscience)*, 4, 20 – 29.

[5] H. Liu, M. Bolic, A. Nayak, & I. Stojmenovic (2008), "Taxonomy and challenges of the integration of RFID and wireless sensor networks", *IEEE Network*, 22(6), 26 – 35.

[6] Manoj Kumar Nallapaneni, & Pradeep Kumar Mallick (2018), "Blockchain technology for security issues and challenges in IoT", *Procedia Computer Science*, 132 (2018), 1815 – 1823.

[7] Jayavardhana Gubbi, Rajkumar Buyya, Slaven Marusic, & Marimuthu Palaniswami (2013), "Internet of Things (IoT): A vision, architectural elements, and future directions", *Future Generation Computer System*, 29(7), 1645 – 1660, doi: 10.1016/j.future.2013.01.010.

[8] Manoj Kumar Nallapaneni, & Archana Dash (2017), "The Internet of Things: An opportunity for transportation and logistics." *Proceedings of the International Conference on Inventive Computing and Informatics (ICICI 2017)*, pp. 194 – 197, Coimbatore, Tamil Nadu, India.

[9] Daniel Minoli, & Benedict Occhiogrosso (2018), "Blockchain mechanisms for IoT security", *Internet of Things*, 1 – 2 (2018), 1 – 13.

[10] M. Pilkington (2016), Blockchain technology: principles and applications, in: F. X. Olleros, M. Zhegu (Eds.), *Research Handbook on Digital Transformations*, Edward Elgar Publishing, Northampton, MA, pp. 225 – 253.

[11] M. Samaniego, & R. Deters (2016), "Blockchain as a service for IoT", *Proceedings of the 2016 IEEE International Conference on Internet of Things (iThings) and IEEE Green Computing and Communications (GreenCom) and IEEE Cyber, Physical and Social Computing (CPSCom) and IEEE Smart Data (SmartData)*, Chengdu, China, Dec. 2016.

[12] Y. Zhang, & J. Wen (2017), "The IoT electric business model: Using blockchain technology for the Internet of Things", *Peer – to – Peer Networking and Applications*, 10 (4), 983 – 994.

[13] S. Huckle, R. Bhattacharya, M. White, & N. Beloff (2016), "Internet of Things, block – chain and shared economy applications", *Procedia Computer Science*, 98, 461 – 466, ISSN 1877 – 0509.

[14] S. Huh, S. Cho, & S. Kim (2017), "Managing IoT devices using blockchain platform", *Proceedings of the 2017 Nineteenth International Conference on Advanced Communication Technology (ICACT)*, Bongpyeong, South Korea, Feb. 2017.

[15] M. Samaniego, & R. Deters (2016), "Using blockchain to push software – defined IoT components onto edge hosts", *Proceedings of the International Conference on Big Data and Advanced

Wireless Technologies BDAW' 16,Blagoevgrad,Bulgaria,Article No. 58,November 2016.

[16] I. Bashir(2017),*Mastering Blockchain*,Packt Publishing,Birmingham,UK,ISBN 978 – 1 – 78712 – 544 – 5.

[17] International Telecommunication Union(2005),"Internet reports 2005：The internet of things",Geneva：ITU.

[18] Ben Dickson(2016),"Decentralizing IoT networks through blockchain",https://techcrunch.com/2016/06/28/decentralizing – iot – networksthrough – blockchain/.

[19] Ahmed Banafa(2017),"IoT and blockchain convergence：Benefits and challenges",https://iot.ieee.org/newsletter/january – 2017/iot – andblockchain – convergence – benefits – and – challenges.html.

[20] M. Conoscenti,A. Vetro,& J. C. De Martin(2016),"Blockchain for the Internet of Things：A systematic literature review."*IEEE/ACS 13th International Conference of Computer Systems and Applications(AICCSA)*,Agadir,pp. 1 – 6. doi：10.1109/ AICCSA.2016.7945805.

第 11 章

使用区块链的安全在线投票系统

米哈克·瓦德瓦尼

尼莎·曼苏里

希万吉·坦瓦

安查·汉达

巴韦什·N. 戈希尔

11.1 本章目标

基于区块链的在线投票系统,主要目标是实现去中心化、不可篡改且安全的电子投票系统,从而提高参与度。这将有助于以更灵活高效的方式投票。首先,必须认识到当前投票方式的短板,以及区块链如何通过其固有属性帮助克服这些短板。本章将充分解释和说明拟用电子投票系统的实施程序,以适当帮助读者正确理解内容。此外,本章还将简单介绍区块链的数字身份管理功能,以及如何用区块链来消除分享和存储个人凭证的需求。

本章目标读者为区块链爱好者与旨在开发区块链在线投票系统的个人。本章所述的应用主要为教育机构的选举工作而创建。但有关人士也在探索将这种技术运用于公司和政府选举的情况。根据此系统,教育机构的学生不再依赖教育机构工作人员获取投票的地点、时间和访问权限。不可篡改的去中心化选举模式将大幅提高所记选票的可验证性和安全性。

另一个目的是学习如何使用区块链的数字身份管理功能,从而消除分享和存储个人凭证的需求,方便投票。电子投票系统适用于全世界所有的选民,以及能实施或采纳电子投票方式的政府。

11.2 简介

选举过程应当可靠透明,让参与者确信选举过程可靠可信。之所以如此,主要是因为选举在当今社会发挥着重要作用。因此,投票方法一直在不断变化发展,主要目的是使投票系统透明、安全和可验证。投票的影响非常大,因此人们做出了许多努力来提高投票系统的整体效率和弹性。电子投票方式的诞生无疑让人印象深刻。自20世纪60年代首次使用打卡投票方式以来,随着互联网技术的采用,投票系统取得了显著进步[1]。有些必须遵守的指导准则,对广泛接受的基准参数进行了具体说明,包括选民匿名性、不可抵赖性以及投票完整性。

有些国家采取了重要措施,通过使用区块链技术来引入去中心化的对等网络,从而改进投票系统。随着区块链产生的还有公共账本。塞拉利昂是第一个使用区块链技术来验票的国家。2018年3月,塞拉利昂在举行总统选举期间采用了区块链技术进行验票,成为第一个使用区块链技术验票的国家。区块链技术的关键特点是无法删除或更改先前区块中的信息。区块链技术的核心是由许多互联节点组成的分布式网络。分布式系统中的每个节点都有自己的分布式账本副本,其中存有网络处理所有交易的完整记录。在这种网络中,任何一个实体或个人均无权控制流量。如果大多数节点批准,则接受交易。此网络通过加密措施维持用户的匿名状态。为便于理解,简单而言,区块链技术就是一个在实现电子投票方面极为可行的基础。此外,区块链技术还有可能使电子投票更可信和可接受。

本章评估了使用区块链来实施教育机构学年年度选举电子投票系统的情况。本章的原创贡献内容如下:

(1)回顾适用于构建区块链电子投票系统的现有区块链框架。

(2)提出用于教育机构选举的区块链电子投票系统,利用私人区块链实现流动民主。

11.3 理论背景

11.3.1 超级账本

超级账本是一个大型项目,旨在促进开源协作,进而实现在各种垂直业务领域使用区块链技术。来自金融、银行、供应链和技术领域的几位领导齐聚一堂,协力支持开发基于区块链的分布式账本。此技术并不支持比特币,其主要重点是产生新的交易应用,并能建立起透明度、责任制与信任[2]。与此同时,还必须提高业务流程和策略的效率。

1. 超级账本 Fabric 开发框架

超级账本 Fabric(超级账本最核心的项目,通常可用超级账本指代 Fabric)是一个用于制订解决方案和开发应用的企业级许可分布式账本框架。大量行业都在利用超级账本的多功能模块化设计。超级账本运用共识概念来优化性能,但并不妨碍隐私限制[3]。在专用工业网络内,首先要确保参与者的身份可验证。许可成员资格存在时,预计所有网络参与者均有已知身份。超级账本就属于这种情况。

超级账本 Fabric 呈模块化布局,分为三个不同阶段。第一个阶段由智能合约组成,包括分布式逻辑处理。然后,超级账本过渡到第二个阶段——进行交易排序的阶段。第三个阶段是验证交易并将交易提交到区块链中。分为三个阶段有多种好处,如提高网络可扩展性、减少信任级数和验证次数,这将使网络畅通无阻地运行,并提升整体性能[4]。

超级账本 Fabric CA 是超级账本 Fabric 的认证机构。超级账本 Fabric CA 提供多种功能,如入学证明保证、身份注册登记、证书撤销和更新[5]。

与超级账本 Fabric CA 服务器交互的方法有两种,包括通过超级账本 Fabric CA 客户端和超级账本软件开发工具包(Fabric SDK)交互。整个通信过程借助表征状态转移(Representational State Transfer,REST)API 实现。各应用借助应用程序编程接口与网络交互,然后运行智能合约。这些智能合约或链码由网络托管,并有独特的相关名称和版本。应用程序编程接口可用软件开发工具包访问。超级账本 Fabric CA 结构如图 11.1 所示。

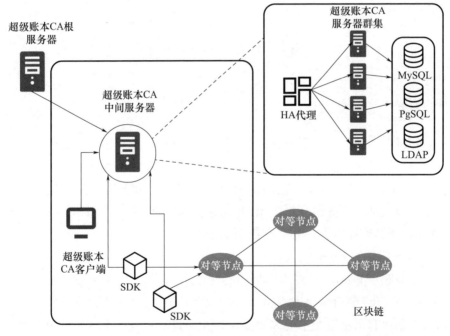

图 11.1 超级账本 Fabric CA 结构[22]

2. 架构

超级账本 Fabric 有自己的一套组件,这些组件彼此之间相互兼容。每个组件都是系统工作不可或缺的一部分,而且都有自己的功用。每个组件作为一个独立的 Docker 容器运行,并被设计成与其他容器同时工作。Docker 容器尽管在不同的机器上运行,但彼此可通过网络相互交流[6]。这些组件包括:

(1)认证机构。认证机构负责超级账本区块链网络内的访问控制逻辑、用户许可和成员身份管理。

(2)排序节点。排序节点的主要功能是使每个组件同步运行,其向系统中所有对等节点告知新提交的交易。系统中的排序节点增多后,系统可能面临的故障减少。

(3)对等节点。网络中的每个对等节点都有自己的世界状态副本。只有对等节点才有权限在网络中提交交易。信息还会传输至作为数据库运行的 CouchDB[7]。系统可以有多个对等节点和锚节点。锚节点是与网络中其他组织通信的关键[8]。

图 11.2 呈现了由两台机器组成的网络样本,其中展示了作为排序节点运行的单个机器、认证机构以及单个或多个对等节点。网络中的其他机器仅作为对等节点运行。这是单个组织的架构。超级账本 Fabric 还具有部署多组织网络的功能,每个组织都有一个单独的锚节点。一些组织也有多个锚节点,以避免单点故障。

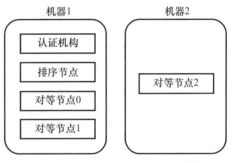

图 11.2 多对等节点网络架构[28]

3. 智能合约

智能合约是指通过区块链网络存储的计算机程序。智能合约的基础功能是执行程序中定义和制定的条款。受到外部事件调用或满足特定预设条件后,智能合约才开始执行[9]。以太坊虚拟机(Ethereum Virtual Machine,EVM)中使用面向合约的高级语言,如 LISP 类语言(LISP Like Language,LLL)、Serpent 或 Solidity 语言。超级账本 Fabric 中使用编程语言,如 JavaScript、Go 和 Java。

4. 超级账本中的共识

超级账本利用其他共识池中基于投票的许可共识,即基于投票的共识[10]。超级账本工程师的工作假设是,业务区块链网络在不完全信任的环境中运行。总之,基于投票的算法提供延迟少的策略,因此更受欢迎。在大部分节点验证进入链中的区块时,以达成的共识为主,确定最终结果。因此,区块被添加到区块链。然而,这其中存在着重大的权衡取舍问题。基于投票的算法需要节点将信息传输到网络中存在的所有其他节点。因此,网络中存在更多节点时,需要更长的时间才能达成共识。因此,在时间与可扩展性之间需要做出重大的权衡抉择。

超级账本中的共识在背书、排序和验证三个阶段出现。其共识流程如图 11.3 所示。如第①步和第②步所示,背书由政策推动。网络中的背书节点将适当的消息回送至客户端来为交易背书。第③步是通过排序服务进行交易排序。第④步是最终验证。验证后,由记账节点将交易提交至区块链网络。

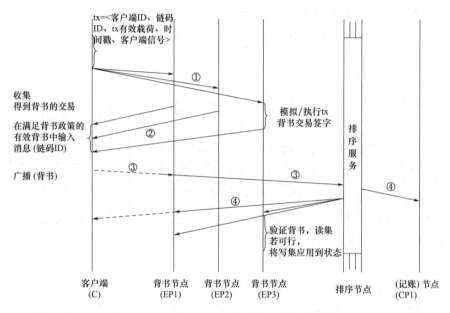

图 11.3　超级账本 Fabric 中的共识顺序[5]

11.3.2　超级账本 Composer

超级账本 Composer 由一套帮助创建区块链网络的工具组成,由各个业务所有者和开发者用于区块链应用和智能合约。这背后的主要目的是帮助解决业务问题和提高运行效率。超级账本 Composer 提供了一个内在功能,使用户能在网络中使用数字用户线(Digital Subscriber Line,DSL)来说明交易、资产和参与者。

在尝试建立业务网络时,最重要的是访问控制。根据业务网络定义中指定的访问控制规则强制实施访问控制[11]。在能部署业务网络定义前,必须将它压缩打包到(业务网络档案)(.bna)文件中[12]。从工作流程(图11.4)中可以看出,所生成的.bna文件是超级账本Composer应用运行时不可或缺的一部分。.bna文件的内容包含模型文件、脚本文件、访问控制文件和查询文件。图11.5显示了这些组件及其说明。将这4个文件进行打包,以创建业务网络档案。

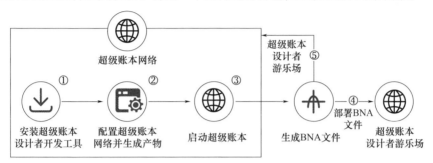

图11.4 超级账本Composer应用工作流程[23]

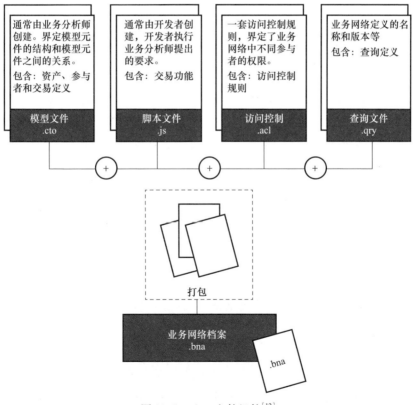

图11.5 .bna文件组件[12]

11.3.3　电子投票系统

在20世纪80年代早期,戴维·肖默(David Shaum)提出了电子投票的理念[13]。电子投票系统利用公开密钥加密技术,在助力投票的同时,隐藏选民的身份。为确保选民与选票之间没有联系,运用了盲签名原理。

在过去几年里,许多政府对电子投票系统表示出了强烈的兴趣。但这种兴趣往往伴随着安全问题,而且这些安全问题在采用电子投票系统时开始变得突出。有人提出了一些有助于建立更透明投票系统的方法,但这些办法既昂贵,又不可能大规模实施。随着人们在技术上的进步,电子和远程投票系统激励了更多人参与民主。

在构建取代传统投票方案的电子投票系统时,必须同时考虑几点,包括检测欺诈行为,使投票过程可验证可追溯。本节将讨论电子投票系统的期望标准,以及区块链技术在此垂直领域内带来的好处。经证明,区块链是一种透明和具有成本效益的方法,可用于验证大规模投票系统中发生的交易,这是区块链得以推广使用的另一个原因。

1. 电子投票系统的关键特点[14]

总之,电子投票系统必须具备特定属性才能被视为安全的系统。

1)公平

在完成投票程序之前,不得提前获取结果,以确保没有选民会受到另一个人所投选票的影响。

2)具备资格

具备资格是指只有合格选民才能投票,且只能投一次。查验选民是否具备资格的原理是验证身份,因为选民需要证明自己的身份才能被视为具备资格。

3)隐私

隐私是指选民的隐私应得到维护。选民需要使用个人详细信息登记投票;因此,安全性也应成为一个值得关注的问题。

4)可验证

可验证是指所有选民可查验自己的选票是否被统计在内。验证方式一般有个人验证和全面验证两种。采用个人验证方法,选民能查验自己的选票是否被统计在内[15]。全面验证方法使任何人都能查验宣布的选举结果是否确实与投出的选票相符[16]。

5）抗强制性

强制者是试图让选民按照强制者的偏好投票,并在选举前后与选民沟通的人。抗强制性是投票系统的一种属性,使选民无法向强制者证明自己以何种方式投票。这样就不会有人为了操纵选举结果而购买或勒索选票。

在理想情况下,投票系统应能检测到选民是否被强制投票。但由于在远程电子投票选举大会上仅用机械方法来实现抗强制性是不现实的,因此,人们不会有效地追求抗强制性。

2. 专有投票系统的问题

现有电子投票系统存在重大的设计缺陷。这要归因于现有电子投票系统的专有特点,即有一个独立电源在控制代码库、数据库、系统输出的同时,向监控软件提供数据,换言之,系统架构呈集中特点。由于缺乏独立可验证的开源输出,这种集中式系统难以获得选民和选举组织方的信任。考虑选举准备、监督和选后运作的组织成本较高,如果不能方便且免费地获取安全有效的电子投票技术,政治参与就很少发生且仅限于现场选举[17]。因此,在人们读写能力提高且更多使用技术时,这种设计缺陷使电子投票应用受到限制。实际上,这应促进电子投票应用在投票领域广泛采用区块链。

3. 区块链解决问题的方式

如果在线投票系统采用区块链,就可能实现更好的电子化管理。区块链将用于检查选民是否投票,并检查计票情况,从而使投票系统更高效。

区块链在线投票系统的优点如下:

1）缩减时间和成本

相比于传统投票方式,区块链在线投票系统可缩减时间和成本。按照现有投票方法,计票员需要花费一些时间才能统计完所有选票。但如果在区块链服务器上进行投票,投票完成后立即就能看到投票结果,因此,无须在一段时间后等待投票结果出炉。此外,由于投票过程简化,预计投票成本也会降低。相比于传统投票方法,区块链在线投票系统可降低投票和计票成本。相比于现有在线投票系统,区块链在线投票系统还能降低实施中心服务器和安全系统的成本。

2）提高选民参与度

区块链在线投票系统可提高公民的投票参与度。每个人都觉得难以参与到当前的直接投票活动中,但如果将区块链用于投票,就有可能克服物理限制,让更多的人参与到政策制定过程中。此外,网络选票将提供链接,供选民查看每位候选人的信息。因此,相比于传统投票方式,这样能让选民更容易、更快地获取信息。

3)安全可靠

人们担心在线投票系统存在投票保密性、个人信息安全以及投票权的滥用与捏造问题。但区块链去中心化的信息分享系统可自行确保完整性和安全性[18]。在传统的在线投票系统中,中心服务器、中央数据库管理和处理投票值时,投票结果被捏造的风险较高。

在区块链在线投票系统中,并非所有投票值都存储在中心服务器和中央数据库中,而是会透露给在对等(Peer to Peer,P2P)分布式网络上参与投票的每个人。因此,投票是透明的。此外,区块链在线投票系统使用其他投票值的密钥和哈希函数来连接投票值。因此,无法随意变换或省略投票值。由于单向计算很容易,逆计算非常难,无论使用何种方法均无法推断或计算输入值。因此,投票值难以伪造或变换,投票可以透明地进行。

4. 数字身份管理

选举期间面临的一个主要问题是身份验证。身份验证是一种确定某人是否与自己所报身份相符的过程。这是让任何处理敏感交易的在线系统值得信赖的一个关键组成部分。身份验证看起来很简单,但整个身份验证过程缺乏隐秘性。问题在于,身份验证对用户而言有多透明可见,这直接关系用户对信任的看法。如果不具备这种关键特点,在线投票系统就无法达到自己的目的。良好的身份验证过程应能验证用户凭证而无须损害用户隐私[19]。身份管理是一种将用户权限和限制与既定身份进行关联,从而确认、验证和授权个人或集体访问应用、系统或网络的组织过程。托管身份也可以指需要访问组织系统的软件进程。20世纪80年代,麻省理工学院的研究人员希尔维奥·米卡利(Silvio Micali)、莎菲·戈德瓦瑟(Shafi Goldwasser)和查尔斯·拉科(Charles Racko)提出了一种加密方法,很适合嵌入数字身份管理框架[20]。一方(即证明者)可向另一方(即验证方)证明某一特定陈述为真,而且此流程并未透露任何其他信息。这通常称为零知识证明方法[24]。

11.4 使用区块链确保在线投票的安全

11.4.1 现有投票系统

目前在教育机构中的投票系统包括一个被称为管理员的中央服务器,负责管理整个投票过程。所有学生都有资格使用其注册号作为系统用户名进行投票。此外,一份密码列表被准备并分发给教职工。这个密码与用户名一起分发的过程容易被对手利用。

现有系统的缺点如下:

(1)管理人员掌握着全部的记录,即选民投出的所有选票。因此,系统如果失灵,就会对整个投票程序产生不利影响。

(2)系统无法同时处理大量条目。之前出现过许多因系统无法适当记录选票而导致选票浪费的例子。

(3)投票密码由某个算法随机生成,但密码并不保密。事实上,在投票过程中,有一份列有所有学生 ID 和密码的清单在工作人员手中传阅。因此,某个匿名的人可以使用别人的凭证来投票。

(4)现有投票系统要求教育机构的所有学生到校投票,而许多走读学生认为没有必要仅为了投票就到学校来一趟。因此,大部分走读学生的选票均被浪费了。

(5)投票当天的气氛相当紧张,各个候选人都在尽力争取更多的选票。为了避开这种极端情况,许多学生宁愿不投票。

(6)由于记录的数据并无备用副本,因此即使有人蓄意变换某个数据,也不会有人发现任何变化。

11.4.2 拟用系统

图 11.6 中所示的流程描述了用户视角下的流程。用户将输入自己的电子邮箱 ID 和登记号,并将收到一次性密码(One-Time Password,OTP)。正确输入一次性密码后,用户需要填写个人信息。如果用户输入的一次性密码错误或填写的个人信息错误,系统将不允许用户进入下一阶段。用户需要再次输入自己的电子邮箱 ID 和登记号。如果输入的一次性密码正确,填写的个人

区块链在信息安全保护中的应用

信息有效(即使用教育机构数据验证个人信息),用户的注册邮箱 ID 将收到登录密码。之后,用户将被列为选民,此时便能投票了。一旦用户选择候选人并单击提交按钮,系统就让用户退出了。选票提交成功后,就会作为区块中的一笔交易添加到区块中,然后被添加到区块链网络。但如果选票提交失败,用户就可输入自己的登记号和登录密码,以再次登录系统。经过验证后,用户将能再次选择候选人并投票。

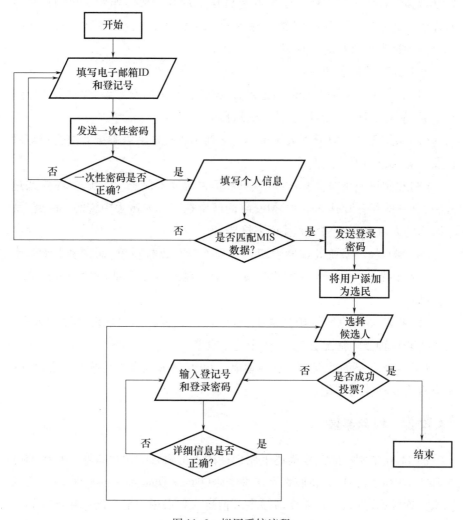

图 11.6 拟用系统流程

去中心化是使用区块链构建在线投票系统的主要目标之一。换言之，如能在多个对等节点上运行应用会产生多种好处。在此过程中，选民要先经过验证才能登记投票。投票后，数据将被传输到排序节点（单个或集群排序节点），排序节点汇编交易和世界状态变量，形成区块并添加到链上。此应用中所用的对等节点是记账节点，并不对交易背书，只是将区块提交到链。之后，排序节点创建一个区块，此区块被传输到记账节点，以便将交易区块添加到共享账本并更新状态变量。

选择超级账本而非以太坊的理由如下：

（1）超级账本 Fabric 的创新使区块链架构焕然一新。超级账本旨在提升自身的保密性、弹性、可扩展性和可靠性，并设计为可扩展的模块化通用许可区块链。

（2）分布式应用以标准编程语言编写，超级账本 Fabric 是第一个支持执行这类应用的区块链系统。超级账本 Fabric 的支持方式使这类应用可在多个节点上一致执行，给人以在单个全球级分布式区块链计算机上执行的印象。

（3）超级账本 Fabric 恰巧是许可区块链网络中的第一个分布式操作系统。超级账本 Fabric 的架构采用"执行—排序—验证"的格式。这是在不安全环境中分散执行用户不信任的代码时一般遵循的路径。交易流分为三个阶段，可在系统内的不同实体上运行[21]：

①背书——对交易背书，检查其准确性，并对其进行验证（对应交易的执行）。

②排序——通过共识协议排序，无论交易语义是什么。

③验证——针对应用验证交易。验证支持信任假设，还会删除因并发而产生的任何竞争状态。

11.4.3 模块化设计

整个系统分为 4 个子模块。这些模块负责执行系统的特定任务。以下功能由子模块执行。

（1）验证。在线投票系统的第一个阶段是验证过程。此模块用教育机构数据中的学生详细信息验证登记时所填写的详细信息。验证过程验证发送至注册电子邮箱 ID 的一次性密码以及其他详细信息（如教育机构中存在的详细信息）。

身份验证是实体证明身份时发生的过程。我们将身份验证分成多个步骤来实施。对照教育机构数据库核对学生的登记号。为确认学生输入正确的详细信息,将一次性密码发送至学生的注册电子邮箱ID。选民相关信息将被发送至选民自己的注册电子邮箱ID。根据教育机构数据库交叉检查个人详细信息(应用演示中的虚拟数据库)。某人如果在身份上有所欺瞒,一定会在三个步骤中的某一个步骤失败。

(2)登录。在线投票过程中的第二个模块是登录模块。这意味着,在使用教育机构数据完全验证学生的详细信息后,学生需要链接到应用才能投票(或进行交易)。通过将密钥发送到学生在登录系统时使用的注册邮箱ID,可使学生链接到应用。该密钥是用密码库生成的8位随机密钥。密码库具备各种功能,能生成不可预测的数据,因此在生成密钥方面非常有效。必须创建登录页面,而不只是将选民重新引导至直接投票的页面。有了登录页面后,学生将有义务在断电或系统失效时重新登录,然后投票。在登录过程中,选民用自己的用户ID、姓名和入学编号在区块链中创建为参与者。因此,成功登录后,选民便可投票(交易)。

(3)投票。成功登录的学生可在选举期间投票。通过验证并在区块链中链接为参与者后,选民可投票。管理节点(包括对等节点)将选票添加到区块链,因此确保选票安全且不可篡改。选民的选票将作为区块的一笔交易发送,而该区块将被添加到区块链中。单笔交易绑定单张选票,包括学生的登记号和投票时间,即时间戳。为调节区块中的交易数量,可设置时间。区块条目作为一项输入发送给哈希算法,以便相应的哈希值发送至下一个区块。

(4)宣布结果。投票程序结束后,管理人员将收到计票结果。

11.5 执行方法

我们采用了一种类似的系统方法来构建和开发区块链投票模型的后端。本节列出了系统模型的代码片段和屏幕截图。

11.5.1 对等网络

我们建立了一个由两个对等节点(包括一个管理节点和一个对等节点)组成的网络。管理节点也用作排序节点、认证机构和对等节点本身。系统的屏幕截图和描述上述理论的代码片段见下文。

第11章 使用区块链的安全在线投票系统

YAML 是一种可读的数据序列化语言,通常用于配置文件和存储或传输数据的应用。使用 Docker Composer,YAML 可用于配置应用服务。正如图 11.7 中的 11 行和 29 行所示,创建了多容器 Docker 配置,其中 Fabric CA、排序节点、对等节点和 CouchDB 服务是相互隔离的。

图 11.7 Docker – Compose.yml 文件屏幕截图

在创建配置的同时,此文件还提供了 CA 的位置。每次生成服务器时,CA 文件名更新,并且需根据相应目录中的文件名,更新 Docker – Compose.yml 文件中的文件名[22]。CA 目录位置如图 11.8 所示。此外,为了使对等节点能连接到网络,对等节点的网际互联协议(Internet Protocol,IP)地址需写在上述代码的额外主机部分(172.21.1.211 是第二个对等节点 peer1.org1.example.com 的 IP 地址)。

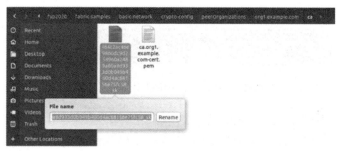

图 11.8 对等节点身份验证的认证机构

Start.sh 脚本首先删除所有对等节点和排序节点的先前实例,然后创建新的 Docker 容器。每个图像都有一个容器。所有服务都在不同端口监听,之后将协助提供身份验证、数据库、交易排序设施,并与客户端建立通信。Docker 容器的唯一 ID 及其状态如图 11.9 所示。执行 start.sh 脚本时,可在控制台上观察对应的输出。

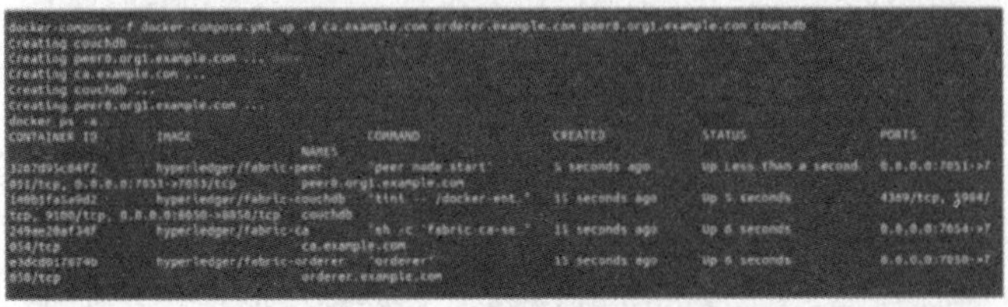

图 11.9 启动的服务器

接下来是第二个对等节点 peer1.org1.example.com. 的配置。此对等节点(peer1.org1.example.com.)使用端口 8051 与驻留在端口 7051 的服务器(peer0.org1.example.com)通信。如图 11.10 所示。额外主机就是服务器,也充当排序节点和认证机构,向希望连接到网络的所有对等节点提供身份验证详细信息。172.16.2.237 是服务器的 IP 地址。与服务器一样,Docker 的内容如图 11.11 所示。

图 11.10 对等节点 1 的 Docker – Compose.yml 文件

图 11.11 对等节点 1 中的 Docker 容器状态

当前网络中有两个对等节点。第一个对等节点(对等节点 0)也充当认证机构和排序节点,第二个对等节点(对等节点 1)作为普通对等节点,参与对收到的交易进行背书。图 11.12 呈现了这一点。

第11章 使用区块链的安全在线投票系统

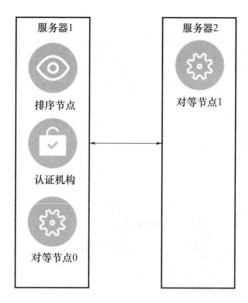

图 11.12 节点服务器的作用[29]

超级账本 Fabric 支持 LevelDB 和 CouchDB 两种类型的对等数据库。LevelDB 是嵌入对等节点的默认状态数据库，它将链码数据存储为简单键值对。CouchDB 是可选的备用状态数据库，支持在链码数据值被建模为 JavaScript 对象标记（JavaScript object Notation, JSON）时进行富查询。CouchDB 是 JSON 文件数据存储库而非纯键值存储库，它允许对数据库中的文件内容进行索引。因此，CouchDB 也是一种维护世界状态数据库的 Docker 容器。网络连接有一项优点，即在接入稳定的网络连接且打开机器之前，对等节点和服务器保持活跃。

11.5.2 区块链

图 11.13 所示的文件定义了投票商用通信网络的结构。文件 Model.cto 包含资产和交易定义两个参与者。选民和候选参与者包含相关信息的参数，这些参数将用于验证选民的身份和提交选票。资产是有价之物，因此这里的"投票"资产是所有选票的注册表，记录了拥有投票 ID（表示为字符串投票 ID 参数）的选民针对不同岗位的候选人投出的选票。最后，"投票日志"是不可篡改的投票交易记录，其中包含作为"投票"资产的参数，以及时间戳和交易 ID。

```
namespace org.example.empty
asset Vote identified by voteID {
    o String voteID
    --> Candidate[] candidate
}
participant Voter identified by voteID {
    o String voteID
    o String password
    o String rollNumber
    o String fullName
}
participant Candidate identified by candidateId {
    o String candidateId
    o String post
    o String firstName
    o String lastName
}
transaction VoteLog {
    o String voteID
    --> Candidate[] candidate
}
```

图 11.13　Model.cto 文件

图 11.14 所示的文件 Logic.js 包含交易逻辑,这些函数即为交易处理器函数。它定义了须在账本中提交投票之前执行的动作。上述代码片段实现了将选票作为交易提交之前,把选票添加为资产的功能。商用通信网络中的选民和参与者可使用"投票"资产的更新内容检查其所投对象,无须在整个交易日志中进行大量搜索。提交交易之前,交易处理器函数使用同步函数来解决承诺。

```
/**
 * @param {org.example.empty.VoteLog} tx
 * @transaction
 */
async function logAdd(tx) {
    let assetRegistry = await getAssetRegistry('org.example.empty.Vote');
    var factory = getFactory();
    var asset = factory.newResource('org.example.empty', 'Vote', tx.voteID);
    asset.candidate = tx.candidate
    await assetRegistry.add(asset);
}
```

图 11.14　Logic.js 文件

图 11.15 中代码片段的第二行所示代码是投票网络的访问控制规则。这些规则定义了网络中不同资源上,每个身份所发挥的作用。根据默认规则,参与者可访问所有资源上的任何操作。此处的资源是指参与者(候选人和选民)、资产(选票)以及交易(投票日志)。在规则 SystemACL 中,超级账本 Composer 系统的命名空间是所有商用通信网络类定义的基础定义。所有资产、参与者和交易定义将扩展此处定义的内容。SystemACL 允许所有访问。

```
/**
 * Access control rules for vote-network
 */
rule Default {
    description: "Allow all participants access to all resources"
    participant: "ANY"
    operation: ALL
    resource: "org.example.empty.*"
    action: ALLOW
}

rule SystemACL {
    description:  "System ACL to permit all access"
    participant: "ANY"
    operation: ALL
    resource: "org.hyperledger.composer.system.**"
    action: ALLOW
}
```

图 11.15　Permissions.acl 文件

设置商用通信网络的基础后,下一个重要任务就是生成卡片。投票网络中有 PeerAdmin@hlfv1 和 admin@vote-network 两种卡片(图 11.16)。PeerAdmin 用于管理本地超级账本 Fabric,是为部署商用通信网络,创建、发布和撤销商用通信网络身份卡片而专门保留的。因此,在 PeerAdmin 卡片的协助下,admin@vote-network 得以生成。使用该卡片,运行的商用通信网络会得到更新,同时也会查询不同注册表(参与者、身份等)[23]。

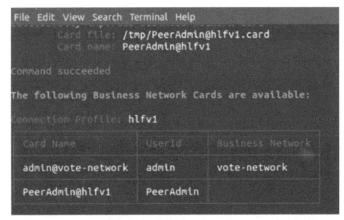

图 11.16　系统中使用的卡片

11.5.3　REST 服务器 API

在本地部署好商用通信网络后,必须立即布置一个接口协助二级用户使用所有与参与者、资产或交易相关的操作。对此,超级账本 Composer REST 服务器 API 通过弥合客户端应用和区块链之间的差距来实现这一目的。超级账本 Composer REST 服务器使用的默认端口编号是 3000,并且在本地主机上运行。对商用通信网络的任何请求均是通过 REST 服务器提出的,方式为在客户端网络应用中调用 jquery 脚本中的 API 和不同函数。一般操作有获取、创建、删除等,如图 11.17 所示,其中 REST 服务器资源管理器中列出了候选参与者操作。

图 11.17　Composer REST 服务器的资源管理器

11.5.4　客户端应用

如拟定流程所示,第一步是选民输入其登记号和电子邮箱 ID,方便向其发送包含一次性密码的邮件。一次性密码一经验证,便会引导学生进入个人详细信息验证页面。此页面需要获取学生母亲姓名、父亲姓名及学生的出生日期。诸如母亲的名字和父亲的名字这样的细节,连最亲近的朋友都不知道。理论上,我们会与实际的机构数据库核对这些详细信息,然而,我们使用了同批同学提供的假数据来协助展示验证流程。

对照机构数据验证选民输入的详细信息无误后,会将学生登记号和另外几个参数添加到"选民"参与者中,此时将通过编译个人详细信息和生成 SHA-256(安全哈希算法)哈希值,生成一个投票 ID,并生成唯一密码,通过邮件发送给学生后。再使学生跳转至投票页面(图 11.18)。在投票页面,所有候选人的姓名将依据其竞争的岗位展示,每位学生也必须为每个岗位投票。只有这样,学生投的票才会被添加到交易中。如果网络连接不畅,学生可能无法投票,此时学生必须使用发送给他们的登录详细信息登录并投票。

图 11.18 客户端应用投票页面

用户使用其投票 ID 为每个岗位投票后,将立即以候选人数组的形式发送候选人登记号。交易示例如图 11.19 所示,数组后有交易 ID 和时间戳。

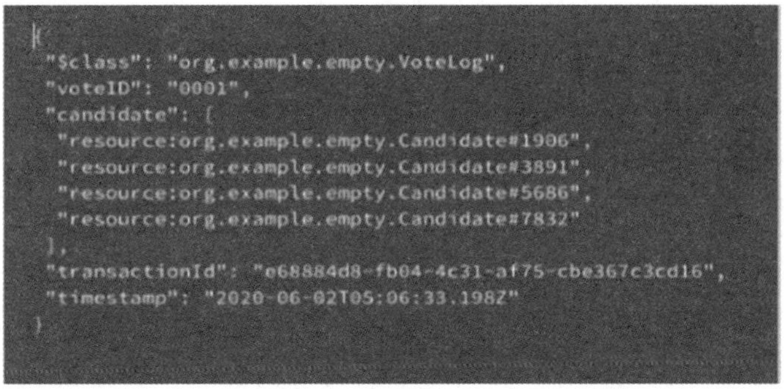

图 11.19 交易数据

投票完成后,所有管理节点和对等节点将必须关闭超级账本 Composer REST 服务器。此过程完成,等待一段预定的时间后,查看结果的按钮会激活,使得管理节点能够查看结果。每个岗位的结果将以图 11.20 所示的图形格式呈现。

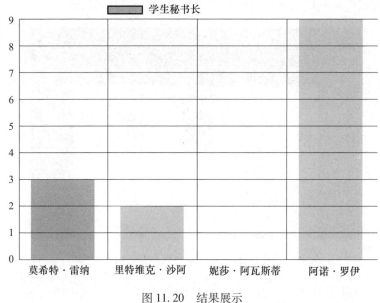

图 11.20　结果展示

11.6　结果与分析

我们侧重的关键方面及结果分析如下：

（1）去中心化。拟定系统提供不受单一机构监督的去中心化在线投票应用。所有选票都将提交至不同的对等节点，而这些对等节点都会连接至 REST 服务器。如果任何居心叵测之人试图篡改选票，则必须对网络中的所有对等节点进行相同的操作，因为每个对等节点都会包含账本的本地副本。因此，接收所有请求的服务器可靠、可信。对等节点越多，去中心化效果就越好。但是，这也要求每台节点服务器有更大的存储空间。

（2）防篡改性。防篡改性是指分布式账本能够保持不变。首先，此投票网络允许每个投票 ID 仅投一次票。如果通过黑客攻击客户端应用程序，提交了使用过先前投票 ID 的交易，系统就会拒绝这笔交易。因此，一经提交，任何人投的票都不能更改。如果外界想精心策划一场假投票，攻击者首先需要有效登录。一旦成为网络的一部分，他们就需要前一个区块的哈希值，只有这样才能尝试提交或更改投票。此外，由于网络分布在多个对等节点上，因此如果在满足上述条件的情况下成功进行了更改,则更改必须传送至所有对等节点和其后的区块。

(3)(投票的)隐私。所投的票通过使用加密哈希算法生成的唯一投票 ID 进行提交。因此,投出的选票被添加到"投票"资产和交易日志中后,即使是对等节点也无从得知哪位学生投了哪张选票。

(4)身份验证。此在线投票应用的主要目标是允许学生投票,无论其身处何处。因此,采用正确的身份验证方案越发重要。在这个两步验证程序中,通过一次性密码验证学生的电子邮箱 ID,然后对比机构数据核对其详细信息。在当前系统中,所有身份验证相关信息均存储在包含管理节点的数据库中。但在这种情况下,只有登录密码存储在区块链中并且经过了加密。因此,除非知晓密码的组成部分,否则没有人能够登录学生账号进行投票。

(5)非法检查选票。管理节点在投票过程中检查选票的能力是当前系统的另一个重大问题。非法检查选票将导致学生被其他同学要求为落后 B 一定票数的 A 投票。为克服此问题,计票按钮仅在超级账本 Composer REST 服务器关闭一定时间后才会激活。这保护了投票过程的根本属性。

除了分析区块链技术在多大程度上克服了教育机构投票系统所面临的一些现有问题,区块链技术的实现也带来了一些新的挑战和弊端,具体包括:

(1)服务器崩溃。如果管理系统崩溃(即关闭),则整个对等网络崩溃且不会运转,原因是管理节点也是排序节点和认证机构服务器。但如果任何对等节点停止工作,则不会影响运行。在任何情况下,世界状态数据库仍将存储最近的交易。

(2)修复故障。如果出现任何故障,除具备区块链知识的人员外,其他人很难修复问题。

11.7 结论和展望

调整和改造教育机构投票系统,使公开选举过程更经济、更容易、更快速的想法引发了大量关注。区块链技术的加入和实现为创建更加直接的民主系统打开了大门。这让所有选民都清楚其选票的重要性,确保他们的声音被听见,他们的投票不会遭到篡改。在线投票系统中,我们运用了一个唯一的超级账本区块链系统。这个系统利用链代码启用高效、安全的机制进行投票。本章概述了上述系统的拟定流程、系统架构、系统设计及工作方式。

与先前的系统相比,这种新的投票方法克服了教育机构学生在选举期间面临的诸多缺点。在试运行选举中,整个系统的结果、工作情况和流动情况良好。我们的应用让系统更加透明,并且提高了选民的参与度[24]。

这将极有利于查看我们的应用在学生投票后的表现,以及应用是否会在大量用户涌入系统投票后出现任何漏洞、缺陷或问题。鉴于有更多的时间和资源,我们想使用身份验证平台而非一次性密码/机构详细信息来验证学生身份。Google OAuth 等平台应能够与我们的系统充分整合。

当前应用不用任何第三方进行授权;相反,它为经过身份认证的选民创建密码。但授予学生权限的流程可以使用 OAuth 框架进行改进[25]。它允许第三方应用(客户端)在获得特定许可、取得资源所有者的同意后,获取访问受保护资源的权限。对资源的访问通过访问代币实现。JSON Web 代币(JSON Web Token,JWT)是一个开放标准,定义了一种压缩格式,从而将要求作为 JSON 对象在各方之间传输。

目前,实现的一种扩展是与参与者绑定的身份。身份以卡片形式提供,由网络管理员在参与者被添加到网络中时生成和发布。这些卡片存储在网络管理员的本地钱包中,由超级账本 Composer 把参与者映射到身份卡片上。因此,只要参与者想要访问资源,就会使用其身份卡片。

通常,当参与者为商用通信网络的经常性用户且想要交换或拥有一定资产时,就会出现已有身份的参与者。也就是说,定义访问权限的许可可以针对各类参与者进行更改,因为他们的确提供了受控程度更高的操作访问权限。在拟定投票应用中,选民参与者仅用于存储学生信息,以在登录活动期间使用和提供投票 ID。但是,身份可用于进行更明确的访问控制。

参考文献

[1] J. Gobel, H. Keeler, A. Krzesinski, and P. Taylor, "Bitcoin Blockchain dynamics: The selfish – mine strategy in the presence of propagation delay," *Performance Evaluation*, vol. 104, pp. 23–41, 2016.

[2] "Electronic voting system using Blockchain," *International Research Journal of Engineering and Technology*, vol. 7, no. 7, p. 332, 2020.

第11章 使用区块链的安全在线投票系统

[3] J. Frankenfield, "Hyperledger Fabric", Investopedia – Blog, 2020.

[4] E. Androulaki, A. Barger, V. Bortnikov, C. Cachin, K. Christidis, A. De Caro, and S. Muralidharan, (2018, April). "Hyperledger fabric: a distributed operating system for permissioned Blockchains". *Proceedings of the Thirteenth EuroSys Conference*, pp. 1 – 15.

[5] "Architecture Origins," *hyperledger*. Available: https://hyperledger – fabric. readthedocs. io/en/release – 1.4/arch – deep – dive. html.

[6] Y. Emre, A. Kaan Koc, U. Can Cabuk, and G. Dalk. "Towards secure e – voting using ethereum Blockchain." *2018 6th International Symposium on Digital Forensic and Security (ISDFS)*, pp. 1 – 7. IEEE, 2018.

[7] H. Rifa, and B. Rahardjo. "Blockchain based e – voting recording system design." *2017 11th International Conference on Telecommunication Systems Services and Applications (TSSA)*, pp. 1 – 6. IEEE, 2017.

[8] Hjalmarsson Fririk, K. Hreiarsson Gunnlaugur, Hamdaqa Mohammad, and Hjalmtysson G Sli. "Blockchain – based e – voting system." *2018 IEEE 11th International Conference on Cloud Computing (CLOUD)*, pp. 983 – 986. IEEE, 2018.

[9] K. Kashif Mehboob, J. Arshad, and M. Mubashir Khan. "Secure digital voting system based on Blockchain technology," *International Journal of Electronic Government Research (IJEGR)*, vol. 14, no. 1, pp. 53 – 62, 2018.

[10] W. Jan Hendrik. "The Blockchain: A gentle four page introduction," *arXiv preprint arXiv*: 1612.06244, 2016.

[11] EkS S. Mukhekar, "Deploy Business Network Archive (.bna) les to your IBM Blockchain," *BlogSaays*, 13 – Sep – 2017. Available: https://www.blogsaays.com/deploy – business – network – archive – to – ibm – blockchain/.

[12] "Deploying business networks | Hyperledger Composer," Hyperledger.github.io, 2017.

[13] K. Fung, "Network Security Technologies", Boca Raton, FL: Auerbach Publications, 2005, p. 14.

[14] H. Freya Sheer, A. Gioulis, R. Naeem Akram, and K. Markantonakis. "E – voting with Blockchain: An e – voting protocol with decentralisation and voter privacy." *2018 IEEE International Conference on Internet of Things (iThings) and IEEE Green Computing and Communications (GreenCom) and IEEE Cyber, Physical and Social Computing (CPSCom) and IEEE Smart Data (SmartData)*, pp. 1561 – 1567. IEEE, 2018.

[15] A. Ahmed Ben. "A conceptual secure Blockchain – based electronic voting system," *International Journal of Network Security Its Applications*, vol. 9, no. 3, p. 5, 2017.

[16] A. Jadhav, "What is Ethereum Blockchain and How it Works and What it can be Used for?", Linkedin, 2018.

[17] Barnes Andrew, Christopher Brake, and Thomas Perry. "Digital Voting with the Use of Blockchain Technology", Team Plymouth Pioneers – Plymouth University, pp. 3 – 10, 2016.

[18] S. Karim, U. Ruhi, and R. Lakhani. "Conceptualizing Blockchains: Characteristics applications," *arXiv preprint arXiv*, 1806, 03693, 2018.

[19] R. Zhang, R. Xue, and L. Liu, "Security and privacy on Blockchain," *ACM Computing Surveys*, vol. 52, no. 3, pp. 1 – 34, 2019.

[20] S. B. Mills, "Blockchain design principles," *Medium*, 22 – Mar – 2017. Available: https://medium.com/design – ibm/blockchain – design – principles – 599c5c067b6e.

[21] S. Kumar, "The Ultimate Guide to Consensus in Hyperledger Fabric | Skcript", Skcript – Blog, 2018.

[22] "Fabric CA user's guide," *hyperledger*, 2017. Available: https://hyperledger – fabric – ca.readthedocs.io/en/release – 1.4/users – guide.html.

[23] B. Ekici, "Blockchain – based vote application on hyperledger composer," *Medium*, Available: https://medium.com/coinmonks/blockchain – based – vote – application – on – hyperledger – composer – e08b1527031e.

[24] F. Francesco, M. Ilaria Lunesu, F. Eros Pani, and A. Pinna. "Crypto – voting, a Blockchain based e – Voting System." In *KMIS*, pp. 221 – 225. 2018.

[25] V. Siris, D. Dimopoulos, N. Fotiou, S. Voulgaris, and G. Polyzos, "OAuth 2.0 meets Blockchain for authorization in constrained IoT environments," *IEEE 5th World Forum on Internet of Things (WF – IoT)*, vol. 152, pp. 364 – 367, 2019.

[26] S. Panja, and B. Kumar Roy, "A secure end – to – end verifiable e – voting system using zero knowledge based Blockchain," *IACR Cryptol. ePrintArch.*, pp. 466 – 473, 2018.

[27] J. Lopes, J. Pereira, and J. Varajao, "Blockchain Based E – voting System: A Proposal", *Twenty – fifth Americas Conference on Information Systems, Cancun*, 2019, 2019.

[28] V. Raj, "Setting up a Blockchain Business Network With Hyperledger Fabric & Composer Running in Multiple Physical Machine," *Skcript*, 2 – Jan – 2018. Available: https://www.skcript.com/svr/setting – up – a – blockchain – business – network – with – hyperledger – fabric – and – composer – running – in – multiple – physical – machine/.

[29] D. Bascans, "Setup Hyperledger Fabric in multiple physical machines," *Medium*, 18 – Sep – 2018. Available: https://medium.com/1950labs/setup – hyperledger – fabric – in – multiple – physical – machines – d8f3710ed9b4.

/第 12 章/

使用区块链确保电子健康记录的安全

阿达瓦·卡尔塞卡

阿维纳什·贾斯瓦尔

罗金·科希

萨米尔·曼德洛伊

巴韦什·N. 戈希尔

区块链在信息安全保护中的应用

12.1 本章目标

本章的主要目标是开发一个区块链系统,在参与的各个医疗机构与患者之间运用和维护电子健康记录(Electronic Health Record,EHR)。若患者欲将其正进行的咨询活动从一位执业医师转到另一位执业医师,该系统将实现顺畅的互操作并在同等医疗机构之间转移患者健康记录。本章的次要目标是介绍开发此系统所需的实施细节和详细说明。该系统将通过网络应用与网络参与者进行交互。

12.2 简介

发展中国家目前正承受着最致命的慢性疾病的负担,包括癌症、糖尿病等。由于缺乏合格的医疗健康专业人员,这些国家无法提供更优质的医疗健康服务。作为医疗信息学的关键组成部分,电子健康记录可作为提高医疗保健水平的潜在解决方案。电子健康记录是患者纸质记录的数字版本。电子健康记录包含有关医疗诊断和治疗的私人详细信息,这些信息重要且极其私密,通常在医疗健康专业人员、保险机构、医院、学术界、患者家属等同行之间传播和交换。

在医疗健康领域,电子健康记录系统需要进行组织内合作和跨组织边界合作,从而为个人和社会提供有效的医疗健康服务,同时需要节约成本、提高效率。但是,由于电子健康系统未得到充分整合,患者保密信息的隐私性和安全性难以维护。电子健康记录的安全性同样引人关注,尤其是在网络上传输患者信息的情况。近年来,区块链技术在解决发展中国家电子健康记录互操作性和安全性问题上,被认为是一个极有前途的方案。

区块链是去中心化[1]、去信任的协议,结合了透明、防篡改和共识属性,能以安全[2]、伪匿名的形式将交易存储在数字账本中。系统基于区块链技术,实现了实体在不可信节点之间的安全分配。在医疗健康行业,区块链技术能够应对电子健康记录系统当前存在的互操作性和安全性挑战[3]。区块链技术能够提供技术架构,允许个人、医疗健康提供者、不同实体和研究者安全地在多个平台上共享患者电子资料。

本章提出了实现和维护电子健康记录的区块链系统。

12.2.1 应用

该系统着重有以下几点应用：

(1)该系统使患者与医生之间相互透明,并且让患者管理自己的资料。此系统解决了患者只能看一位医生这个由来已久的问题,使患者可以自由更换医生而不用烦恼怎么保存先前的所有就诊记录。

(2)医生可了解患者总体情况,不必手动浏览整个病例。

(3)由于整个记录保存在区块链中,可防篡改,也值得信任。

12.2.2 动机

众所周知,在新兴数字技术的使用和部署方面,医疗健康行业已落后于金融行业等其他行业。其中,手动过程在整个过程中占据很大比例。由于这些系统目前正在经历缺乏数据所有权、数据质量差、数据安全性和备份程序不良问题,很少用于决策。这也为记录医疗健康行业目前发生的情况,以改善疫情监测、准备、临床和战略决策带来的困难。且由于缺乏数据整合,导致难以提供全面的患者健康记录,以及在不同实体之间共享信息[4-6]。截至目前,健康数据的互操作性问题仍未得到解决。主要问题是如何开放获取敏感数据(健康数据),如何保护隐私,保持匿名性,避免滥用数据。

这些现有的场景促使我们设计一个系统,使得这些健康数据交易顺利、安全、不易篡改,并且在相互信任度最低的组织之间进行互操作,不过,他们有一些共同的资产,如患者(健康数据)。

12.2.3 内容概述

本章旨在为医患生态系统开发一个区块链系统,以维护和管理电子健康记录的更新和检索。整个系统由区块链共识协议的可靠性保证。电子健康记录将易于患者和医生访问,使他们能够根据需要查阅这些记录。我们的项目为进一步研究如何让此系统发挥更大作用奠定了基础。此系统已在 IBM 公司的超级账本 Fabric 中实现,且已顺利完成多笔交易。

12.2.4 本章组织结构

12.2 节简要介绍了本章内容、其在现实世界中的应用、选择此主题背后的动机、本章的目标和我们对此主题的贡献。

12.3 节介绍了背景研究,其中概述了我们目前所用的技术,即区块链和电子健康记录,还概述了与本章相关的部分概念。

12.4 节介绍了实施细节和目前用于实现项目的技术栈。

12.5 节和 12.6 节介绍了我们对未来可能建立在所提出的系统之上的工作得出的结论。

12.3 背景研究

本节概述了所涉及的技术,以及对充分了解这些技术在本章中的使用至关重要的部分概念。本节细分为多个小节。其中,12.3.1 节介绍了电子健康记录及其基本要求。12.3.2 节站在更高的角度阐述了区块链及其重要组成部分,这对于理解区块链在本项目中的作用是必要的。

12.3.1 电子健康记录

电子健康记录是患者病历的电子版本。此记录由医疗健康提供者长期维护,可能包括与特定医疗健康提供者所提供的个人护理相关的全部关键管理性临床资料,包括人口统计、病程记录、问题、药物治疗、生命体征、既往病史、疫苗接种情况、实验室数据和放射报告。电子健康记录使患者医疗资料自动显现,可为临床医生简化工作流程。此外,电子健康记录可通过不同界面直接或间接支持其他与护理相关的活动,包括支持循证决策、质量管理和结果报告。电子健康记录是持续医疗健康进展中的附加部分,可加强患者与临床医生之间的联系[7]。电子健康记录及其及时性和可用性将允许医疗健康提供者做出更好的选择,并提供更好的护理。例如,电子健康记录可以通过下述方式升级患者护理:

(1)降低医疗差错的出现次数,使患者报告更精准更透明。

(2)使健康信息易于获取,减少重复测试和治疗延迟,并向患者告知情况,以做出更好的决策。

(3)使医疗记录更准确、简明,以此减少医疗疏失。

12.3.2 区块链

区块链系统是防篡改的,以分布式部署的加密账本(即没有中心数据库),通常没有中央机构(即银行、公司或政府)。区块链系统允许一组用户将交易直观地记录在该组的共享账本中。这样在区块链网络正常运行时,一旦交易发布到系统上,便不可变换或变更。典型的区块链如图 12.1 所示。

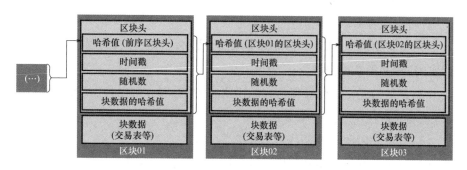

图 12.1　典型区块链[8]

区块链技术为现代世界的加密货币奠定了基础,之所以采用这个术语是区块链技术大量使用了加密函数。对于使用挖矿过程、基于加密货币的区块链网络,用户可以使用加密哈希函数解决其难题,以获取固定数量的加密货币奖励。但是,区块链技术的应用更广泛,不局限于加密货币。本项目侧重于医疗健康用例,原因是该领域如今已受到全球诸多研究者的关注。

12.3.2.1　区块链分类

区块链网络系统通常基于许可模型进行分类,许可模型决定了谁可以监督、管理、变换系统(如发布区块)。如果谁都能够发布新区块,则区块链就是非许可链。而在许可链中,仅特定获授权用户可以发布区块。简言之,许可链网络如同以一定方式受控的企业内网,而非许可链网络就如同向所有人开放的公共网络,人人都可参与。

12.3.2.2　非许可链

非许可链内容有以下几点:

(1)非许可链网络向所有人开放,允许任何用户在网络上发布区块,无须授权。

（2）这些网络通常是开源软件，只需下载即可获得。

（3）人人都可在此类网络上发布区块，因此它也允许人们读取分布式账本并在其上发布交易。

（4）由于这些非许可链网络向所有人开放，恶意活动可能对此类系统构成威胁。

12.3.2.3 许可链

许可链内容有以下几点：

（1）许可链网络不同于非许可链网络。顾名思义，在许可链网络中发布区块的用户必须获得授权。

（2）区块链是由一组获得授权的用户维护的，因此可以控制读取权限，也可以控制允许在网络上发布交易的人。

（3）开源和闭源软件都可用于维护许可链。

（4）许可链网络使用共识模型进行维护。维护区块链的用户组对彼此有一定程度的信任，这种信任源于作为网络成员参与区块链需要确认用户的身份。如果用户出现任何不良行为或恶意活动，其权限可能被撤销。

由于前述特征，我们决定在本项目中使用对等许可网络。

12.3.3 心脏病学

心脏病学研究和治疗各种心血管疾病。心脏病或心血管疾病患者可能会被转至心脏病专家处。在本项目中，我们将重点特别放在了心脏病专家上，也研究了医生提供基本诊断所需的各种因素。由于我们仅关注一个领域，且所有医生均来自该领域，因此所有医生都可以查看其他医生添加的记录。但本项目未来计划纳入不同领域的医生，一个领域的医生只能访问同一专业领域内的专家记录。我们在本项目中涉及了不同的领域，特别是心脏病学。这可能会根据医生所从事的领域而变化。医生根据红细胞计数（Red Blood Count，RBC）、白细胞计数（White Blood Count，WBC）、心跳计数等信息进行诊断。相关详细说明见下文（表12.1）。

12.3.4 印度医学委员会

在2019年10月14日成立印度国家医疗委员会之前，印度医学委员会是确立印度医学教育统一标准和高标准的法定机构。在这里,我们可将印度医学委员会用作可用于验证医生的认证机构。每位医生都有可识别其身份的医生注册号。医生的真实性可通过此编号识别,识别后可上传医生(信息)。这可在未来工作中得到改进。此外,医生 ID 可与医生注册号对应,从而对医生进行验证。

12.4 使用区块链确保电子健康记录的安全

我们的目标是构建一个系统,使彼此之间信任度不高的各个组织参与对等区块链网络,从而维护患者数据、共享报告[7]。区块链网络将包含作为对等节点的医生或卫生组织。此系统将作为网络应用供他们使用。该网络应用会有适用于医生和患者的不同版本。医生可以更新、读取数据,而患者只能读取数据。其与相关系统的交互是:执业医生的录入流程;医生上传患者的新交易;检索患者记录中的医疗报告。下文将按顺序介绍这些内容。

12.4.1 实体

本节包括需要在讨论具体实现细节之前介绍的特定术语。具体如下:

(1)认证机构。认证机构负责处理所有访问控制逻辑,在超级账本的区块链网络中发布用户的身份和许可。

(2)排序节点。排序节点用于使整个网络保持在同步状态。任何时候,只要进行新交易,排序节点就会通知交易的所有对等节点。一个网络可以有多个排序节点;为减少故障,也建议使用排序节点。

(3)对等节点。仅商用通信网络中的对等节点可以确认交易。此外,每个对等节点都有自己的完整世界状态副本。它可以链接到作为数据库的 CouchDB 实例。

区块内容包括:

(1)@ 患者 ID——所查询患者的 ID。

(2)@ 电子健康记录 ID——为患者的诊断电子健康记录生成的唯一 ID。

(3)@ 医生 ID——当前访问电子健康记录的医生 ID。

(4)@ 上次变换时间——当前交易的时间。

(5)@ 医生姓名——当前访问电子健康记录的医生姓名。

12.4.1.1 电子健康记录的结构

电子健康记录的结构如表 12.1 所列。

表 12.1 电子健康记录的结构

电子健康记录	子字段:数据类型
症状	昏厥:布尔型,是/否 心跳:整型 胸闷:布尔型,是/否 胸痛:布尔型,是/否 肿胀:复选框 ■腿 ■脚 ■脚踝 ■腹部 体重:浮点型
任何其他问题	文本区域
患者反馈	文本区域
血液化验	白细胞计数(WBC):整型 红细胞计数(RBC):整型 总胆固醇:浮点型 低密度脂蛋白(Low Density Lipoprotein,LDL):浮点型 高密度脂蛋白(High Density Lipoprotein,HDL):浮点型 甘油三酯:整型
util	下次预约日期:日期型 费用:整型 付款:字符串
指定药物	List[obj] => obj:{medicine:string,dosage:string}

12.4.2 架构

图 12.2 描绘了系统的架构设置。其内容说明了它们之间的相互作用:

(1)患者或医生设备与前端服务器交互,以进行身份验证和登录系统。

(2)前端服务器与后端交互,以检索或更新患者的详细信息,并向用户发送交易提醒。

(3)后端服务器负责管理电子健康记录,验证更新内容,获取请求并生成验证码。

(4)区块链服务器托管着区块链和对等网络。

第12章 使用区块链确保电子健康记录的安全

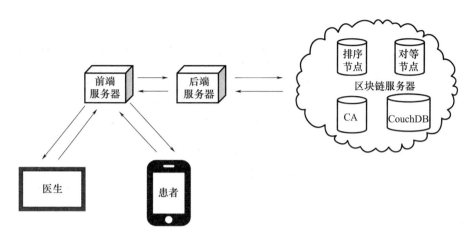

图12.2 架构

12.4.3 系统的工作方法

系统包含作为对等节点的医生和患者。与患者相比,医生享有更多特权。这两类对等节点通过交互式网络应用与分布式账本进行交互。该网络应用适用于医生和患者的不同界面。以下小节逐步说明了与分布式账本的所有可能交互。

12.4.3.1 录入

这两类参与者的录入流程将截然不同。医生录入流程可由医生本人发起、完成,而对于患者录入流程,患者必须至少在开始时去看一次医生。

医生录入流程如下:

(1)医生打开应用,填写个人详细信息,如姓名、联系方式和医学证书,即印度医学委员会(Medical Council of India,MCI)提供的注册号——这样做是为了验证医生身份。同时,医生也要提供一个唯一用户名。然后,录入请求将发送至认证机构。

(2)收到录入请求后,中央机构验证医生的证书,并根据登录请求的状态向医生发送相应的消息。

(3)医生记下此消息,便完成了图12.3所示的录入流程。

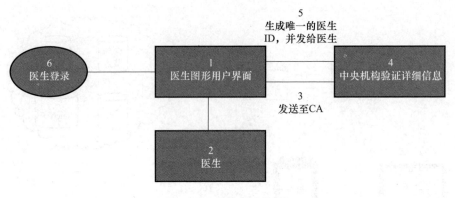

图 12.3 医生录入流程

患者录入流程如下：

(1)患者去看已在系统中注册的医生。

(2)医生输入患者的电子邮箱 ID 和用户名。此后，它们将作为患者 ID，其唯一性可由医生使用用户界面(User Interface,UI)的提示符来保证。

(3)完成患者信息录入。

12.4.3.2 上传数据

从图 12.4 可以看出，更新和创建新记录只能由医生进行。

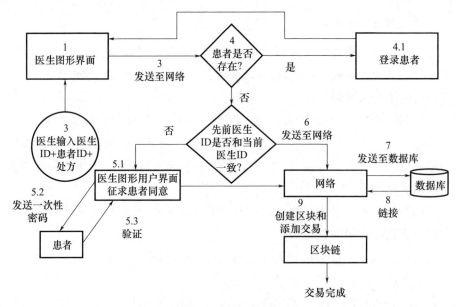

图 12.4 数据更新流程

（1）医生登录自己的主页。

（2）医生必须在新患者和旧患者之间做出选择，才能进行诊断。

（3）根据所选患者类型，向已经录入过的患者发送一次性密码或验证码，发送地址为登记的电子邮箱地址。如果患者未录入，则会向医生显示相应的消息。

（4）患者将收到的一次性密码告诉医生。这个身份验证过程表示，患者和相关医生取得联系，确保医生现已获得授权，可更新患者资料。

（5）医生会看到诊断表。正确填写该表后，即可提交记录。

（6）如果记录提交成功，就会向医生提示相应的消息。

这里涉及各种案例，如：

案例1：患者去看医生。

案例1.1：患者第一次去看医生。

如果患者是第一次去看医生，必须先录入。在患者录入过程中，需要添加患者的详细信息，如患者唯一用户名、姓名和电子邮箱ID。为了进一步访问患者资料，患者需要输入发送到其电子邮箱ID的一次性密码，之后才可设置密码，便于将来登录。此过程如图12.5所示。

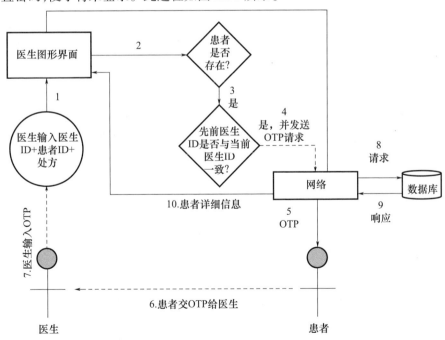

图12.5　患者与医生交互

案例1.2：患者已看过该医生。

在这种情况下，存在两种可能性：①患者已被安排到当前医生；②患者之前看过任何其他医生。无论是这两种情况中的哪种，患者必须同意（采用一次性密码的形式）医生添加诊断，甚至查看患者病历。

案例2：录入过的患者去看其从未看过的新医生，但患者之前在另一个医生处接受治疗。

在此情况下：

（1）医生征求患者的同意，然后网络应用要求医生输入发送至相关患者的验证码。

（2）患者向医生告知验证码。

（3）进行第（4）~（7）步。

（4）医生将医生ID、患者ID和处方上传到网络应用，然后验证特定规则并发送至对等网络。

（5）系统将处方数据存储到安全数据库，数据库生成映射到数据位置的链接，并将链接发回系统。

（6）系统生成区块，并为该区块生成区块ID。

（7）该区块作为交易被添加到现有分布式账本。如此便完成了数据更新流程。

12.4.3.3 数据检索

患者可以在任何时候通过单击患者图形用户界面（Graphical User Interface，GUI）的按钮来读取数据，但如果医生想读取患者的数据，同样须遵循前述验证码流程。

12.4.4 配置

用户界面是应用的一部分，任何用户都会直接与其交互。它处理部分重要的应用功能，如密码的哈希计算和授权，同时与后端共享部分身份验证机制。后端是用户永远不会真正看到的区域，其根据请求处理数据并适当返回响应，包含一组托管的应用程序编程接口。此应用的后端包含一个节点服务器，其中托管着与数据预处理相关的逻辑，而且该服务器也是向区块链服务器发出请求的起点。

区块链服务器是一个虚构的实体，实际上包含托管在 4 个不同端口的 4 个不同 Docker 容器。这些 Docker 容器负责保持超级账本 Fabric 的状态。向实体出具证书、维护交易执行顺序和通过分布式账本进行操作等活动均在这些 Docker 容器中进行。

下文将更加详细地介绍这两种服务器，并了解如何设置开发环境和必要的系统配置。

12.4.4.1 主 NodeJs 服务器

节点服务器是为我们的应用托管 API 的站点。除了处理路由和处理超文本传输协议（Hypertext Transfer Protocol,HTTP）服务器操作的 Express 框架，我们还使用了其他 npm 包来处理会话管理或邮件服务等繁重活动。此应用中使用的包列表如下：

（1）Fabric – contract – API——由超级账本节点软件开发工具包（Software Development Kit,SDK）提供的包，用于与区块链服务器通信。

（2）Fabric – shim——将 Javascript 相关功能添加到 Fabric – contract – API 所提供方法中的一种抽象概念。它是与 SDK 一起提供的库，非常有用，有助于使用 NodeJs 轻松连接代码。

（3）Express———种 NodeJs 框架，用于处理路由和服务器管理事宜。它抽象出了许多与 NodeJs 服务器相关的方法，可以帮助用户仅用 10 行代码来启动服务器。将 Express 用作现成端点，也会使路由更为简单，它们的处理程序可封装在单个代码块中，否则可能在重型项目中造成严重破坏。

（4）Body – Parser——用于处理到达服务器的 POST 请求。Body – Parser 可协助创建 API 请求中接收到的请求体的 JSON 对象。在利用多级键控深入定位字段时，其对于处理数据非常有用。

（5）跨域资源共享（Cors）——将必要跨域资源共享标识添加到输出的所有响应中，以使它们不被浏览器根据跨域资源共享政策阻断。其在涉及提供良好应用程序编程接口时非常有用。

（6）Morgan——用于将所有 HTTP 请求记录到终端中。日志包括请求类型、请求来源、请求的路由及其他请求相关字段。API 请求数量超出正常阈值时，其将协助进行后端排错。

（7）Fs——一个 NodeJs 模块，用于所有的文件系统相关操作。其有助于同步、异步读写文件,具体视用例而定。

(8)通用唯一标识符(Uuid)——目前,用于在系统中生成随机电子健康记录 ID。我们目前在使用此包第 4 版提供的随机数生成技术。

(9)Nodemailer——顾名思义,Nodemailer 目前用于从节点服务器发送邮件,以发送患者一次性密码。

(10)Mongoose——流行 NoSQL 数据库 MongoDB 上的对象关系映射。其返回通过 Promise 函数传入的响应,用于有效构建可扩展的 NodeJs 应用程序。

(11)JsonWebToken——目前,用于生成随机 JWT 代币,代币将用于 Angular 前端的会话管理。

主后端服务器包括 App.js 和 Network.js 两个非常重要的文件。App.js 是所有路由器端点所在之处。我们主要在 App.js 中监听所有请求。Network.js 用于与区块链服务器通信。它包含从 Fabric-Contract-API 中提取出的方法,而这些方法又用于根据用例操作或查询区块链。

12.4.4.2　App.js 文件

App.js 包含近 1000 行代码,产生总计 19 个不同的 API 端点,用于处理来自前端服务器的请求。App.js 也是数据库通信和 JSON(JavaScript 对象标记)Web 代币创建之处。我们已根据用例托管了可用于操作区块链中的数据或查询数据的 API 端点。对前端请求的处理遵循了包含以下各项的常见范式:

(1)将请求体转化为 JSON,以便轻松深入键中,同时轻松获取需要的值。

(2)使用钱包中正确实体的身份连接区块链。由此,所有区块链相关请求均以正确用户的名义获得授权且有效。

(3)检查连接请求的响应。如果连接成功,则为用户打开了操作或查询区块链的通道。如果连接失败,则返回相应错误。

(4)我们采用适当的方法来与区块链交互,这具体取决于是提交交易还是评估交易。提交交易变换了区块链中的分布式账本。评估交易仅与查询链相关。

(5)根据从区块链收到的回复,我们分离了服务器的响应,遵循了适用于服务器所有响应的共同准则,即根据响应类型发送一个 JSON 对象作为响应,其中包含两个键。这两个键如下:

①动作——布尔型,具体取决于响应是否成功。失败涵盖通过区块链进行交易时的错误情况或服务器相关问题。所执行动作未获得服务器的授权时,还会得到误动作。只有成功才会返回真动作。

②消息——包含相应的消息,具体取决于动作类型。如果失败,则服务器返回相应的错误消息。如果成功,则返回消息和被查询的相应值,或返回操作结果。

App.js 还包含连接到 MongoDB 数据库的代码,用于存储当前患者会话的一次性密码。最后,其可通过使用 Express 收听方法,在指定端口启动服务器,默认指定端口号为 8000。

12.4.4.3 Network.js 文件

在导入必要的方法(如 FileSystemWallet、Gateway 和 X509WalletMixin,其可用于为实体创建钱包,然后分别连接到区块链)之后,将继续访问配置文件中所述的配置设置。配置文件包含多个键,如 app admin、appAdminSecret、认证机构(Certificate Authority,CA)名称和以及我们将用来连接到区块链的网关方法。认证机构名称实际为统一资源定位器(Uniform Resource Locator,URL),其上将托管认证机构 Docker 容器。

如果在超级账本区块链中创建 Fabric 运行时,连接配置文件将从运行时开始导出,在 Network.js 文件中用于连接目的。local_fabric_connection.json 文件包含所有重要字段,如认证机构的统一资源定位器、客户端连接的超时时间、组织名称、对等节点数量以及托管对等容器的统一资源定位器。此外,可以获取排序节点信息以及与之相关的超时时间,以便对交易进行排序。

浏览 Network.js 文件时,会碰到名为 connectToNet-work 的函数,这个函数的用途是在钱包系统中为用户创建钱包。钱包创建授权由区块链管理员进行。一旦在钱包中创建了用户身份,便会与区块链建立连接,同时会返回对该网络对象的引用。

此外,还发现了一些效用函数,这些函数将用于检查钱包中是否存在特定用户。如果某一用户存在于钱包中,则只有该用户可以连接到区块链网络。

之后,发现了为创建用户钱包(无论是医生还是患者)而实现的函数。在钱包中创建身份应遵循以下准则:

(1)检查为用户提供的值,确保不是空值或无效值。

（2）检查用户是否已存在于钱包系统中。如果已存在，则返回错误。

（3）检查管理员是否存在于系统中。如果不存在，则使用 enrollAdmin.js 创建管理员。

（4）通过网关连接到认证机构。认证机构拥有特权，可向用户分配将用于签署交易的相应公钥和私钥。

（5）在认证机构中注册用户，并为他们在文件系统中创建钱包。

（6）如果因前述任何步骤出现错误，则返回该错误及相应的错误消息。

12.4.4.4　区块链服务器

我们的应用核心在于区块链服务器。前一节已澄清了将超级账本用作区块链的原因。本节将讨论其实现部分。首先，务必要查看在本地建立此链所必须满足的系统要求。当前系统配置是：

（1）VSCode(1.39.0)——一种文本编辑器，具有有用的 IBM 区块链扩展程序。它是一种受扩展驱动的轻量级文本编辑器，可用于最大限度地提高开发速度。

（2）IBM 区块链平台 VSCode 扩展程序(1.0.31)——由超级账本提供，单击即可设置并运行 Docker 容器。

（3）Docker(19.3.8)——一个容器管理和创建软件，目前用于设置区块链网络参与者的各种身份。

（4）Docker-compose(1.24.1)——一种 Docker 框架，用于定义和运行多容器的 Docker 应用。通过使用简单的配置文件，可以配置系统所用的所有容器。

（5）NodeJs(10.x)——我们将来会用于设置应用服务器的框架。

（6）Npm(6.x)——节点包管理器。它是一个注册表，托管着 100 万个以上由开源社区为 NodeJs 用户构建的包。

（7）Ubuntu(18.04)——全球广泛用于高效开发的开源操作系统。

12.4.4.5　EHR-contract.ts 文件

合约又称链码，包含与变换或查询区块链相关的逻辑。它是从主后端服务器和 Network.js 文件进行通信的文件。由于用户可能有 Observer，因此用于写合约的语言不是 Javascript 而是 Typescript。Typescript 实际上是一种可编译为 JS 的语言，可协助进行出色的类型检查，同时也是对常见 Javascript 的重要升级。

如果查看源代码,就会发现专用于链码相关文件的整个文件夹。必须对此类文件创建不同的上下文,因为其函数和调用方法完全不同于代码其余部分。该文件夹还包含保存所有 ts 文件的 dist/目录,且这些文件都应编译为 JS。区块链扩展从此目录创建.cds 包,之后用于创建区块链。

EHR – contract.ts 文件包含共计 26 个函数,用于操作或查询区块链分布式账本。这些函数由在分布式账本中创建不同用户身份的函数组成,用于控制电子健康记录的存在,管理电子健康记录和患者的对应关系,以及患者与医生之间的关系。该文件中须知晓的重要函数有:

(1)getState——将键作为参数传递时,此函数查询链并返回与该键相关的值。

(2)putState——将键和值作为参数传递时,这些函数用新值更新分布式账本。

(3)getHistoryByKey——将键传递到此函数时,此函数查询链并返回相关值的完整变换记录。

(4)getQueryResult——将选择器传递到此函数时,此函数在整个分布式账本上执行富文本查询,并返回与该选择器字符串相关的键值对象。此函数以迭代器的形式返回所有存在选择器字符串的键和值。

此外,本章也使用了一些其他 helper ts(Type – Script)文件,如 ehr.ts、doctor.ts 和 patient.ts,这些文件用于在传递所需值并返回一个格式良好的对象时轻松创建实体,并准备放入分布式账本。

需要注意的是,放入区块链的所有内容均采用字符串形式。所有数组和所有对象在存储到分布式账本之前需要经过字符串化。

12.4.5 实现

目前,我们正在使用超级账本 Fabric 创建许可链。电子健康记录的当前状态并不能确保数据不会随着时间的推移并因用户的疏忽而损坏,也不能跟踪电子健康记录随着时间的推移所做的更改。为解决这些问题,本章提出了引进许可链系统。在许可链系统中,分布式账本中的所有交易只会添加,而且患者的完整病历一旦写好,便保存在世界状态中。

我们这个区块链模型的基本目标是追踪所查询患者的完整病历。我们

计划通过下述两种方法实现此目标:

(1)遍历整个区块链,并提取与所查询患者 ID 对应的区块。

(2)使用包含对前一个区块链引用的字段。通过这种方法,可以向后遍历整条链,并且能访问所有相关区块及其数据。但此方法的使用具有时效性。

当前链码被写入 Composer Playground。文件夹中的主要文件类型有:

(1)Model 文件——扩展名为.cto。此类文件由超级账本用于生成链中所有实体的描述。

(2)链码——用 Javascript 编写的脚本文件。此类文件用于管理交易逻辑,同时包含链的智能合约。

(3)访问控制文件——此类文件确定给予网络中所有对等节点的访问权限。其扩展名为.acl。

12.4.5.1 用户界面

本节介绍医生和患者两类用户界面。

1. 医生用户界面

1)诊断工作流程

按钮周围的红色标记表示该按钮已被单击。

(1)医生主页。此页面是每位医生登录后的默认页面,包含医生的个人照片、"医生 ID"和姓名。要对当前患者进行诊断,医生须单击显示的用户名/患者 ID,这些信息与指定给当前医生的患者相对应。要对新患者进行诊断,医生须单击"新患者"按钮,然后输入所需患者的"患者 ID"。在输入患者提供的一次性密码后,医生即可进行后续步骤(图 12.6)。

(2)患者同意。如果患者不是该医生的患者,此页面会提示该医生输入该患者的"患者 ID"。医生输入"患者 ID"并单击"发送代码"按钮后,会通过提供的电子邮箱将"一次性密码"发送至患者。之后,患者向医生告知该密码,医生单击"验证"后继续(图 12.7)。

(3)诊断。这是心脏病专家的通用诊断表。医生在该表格中输入诊断数据,单击"提交"按钮后,这些数据将被存储到电子健康记录区块链中(图 12.8)。

图 12.6 医生主页:同一患者

图 12.7 患者同意页面

| 诊断 | 病历 |

患者诊断

昏厥
- 是
- 否

心率

65

胸闷
- 是
- 否

体重

80

图 12.8　诊断表

2）患者录入工作流程

按钮周围的红色标记表示该按钮已被单击。

（1）医生主页。此页面是每位医生登录后的默认页面。此页面包含医生的个人照片、"医生 ID"和姓名。要录入新患者，医生须单击"录入患者"按钮（图 12.9）。

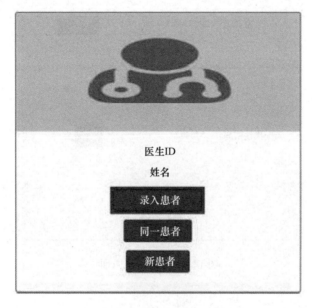

图 12.9　医生主页：录入

（2）录入患者。此页面要求医生输入患者的基本信息，才能录入患者（图12.10）。

图12.10　患者录入界面

3）病历检索工作流程

要检索患者的病历详情，医生须首先通过一次性密码获得患者的同意。下文将以检索跟随医生的一名老患者的病历详情为例进行说明。

（1）医生主页。此页面是每位医生登录后的默认页面。此页面包含医生的个人照片、"医生ID"和姓名。还会显示医生现有患者的"患者ID"。要获取现有患者的病历详情，医生必须单击所需患者的"患者ID"（图12.11）。

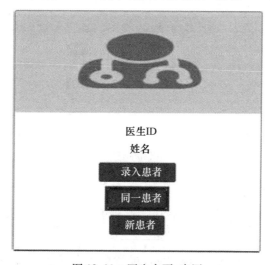

图12.11　医生主页:病历

(2)患者同意。此页面寻求患者的同意,即一次性密码。该密码由患者提供;验证密码后,医生会被引导至可添加诊断或查看患者病历的页面(图12.12)。

图 12.12　患者同意界面

(3)病历检索。医生可在此单击"病历",之后会返回结构化结果。结果将以不同医生输入的记录形式出现。单击记录,即可查看记录详情,医生也可以分析患者的病历。此过程如图12.13所示。

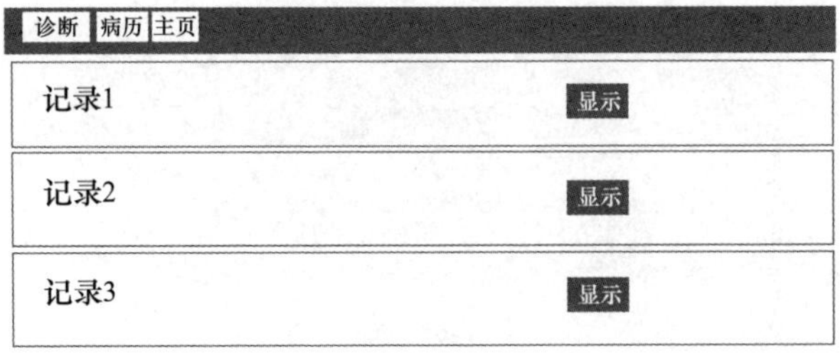

图 12.13　医生查看患者病历

2. 患者用户界面

患者用户界面可读取患者病历。此处提到与患者有关的不同流程和功能。

(1)患者登录。如图12.14所示,患者登录有输入一次性密码和密码两种方式。

由于未设置密码，患者可单击"生成一次性密码"输入框，输入收到的一次性密码后，患者会收到设置新密码的提示，如图 12.14 所示。

图 12.14　患者登录

（2）病历检索。患者单击"病历"，便可查看病历，如图 12.15 所示。

图 12.15　患者病历

（3）医生列表：患者单击此处可以查看其曾看过的医生列表，如图 12.16 所示。

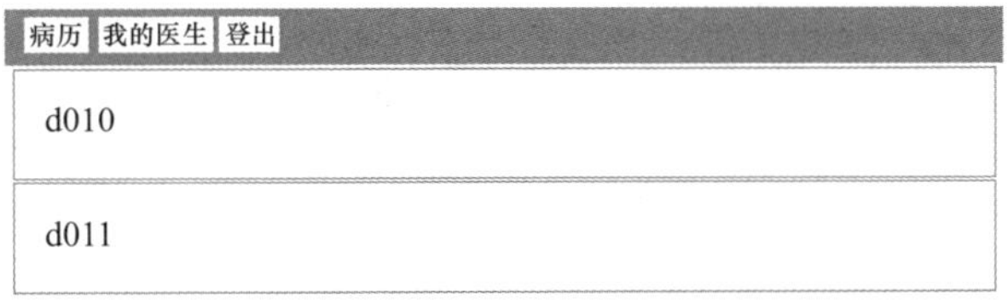

病历	我的医生	登出
d010		
d011		

图 12.16　患者当前的医生

12.5 结论

利用本章所述实现来达到最高效率,所提出的系统可减少卫生部门的不足之处。此系统有可能使医疗记录的存储去中心化,从而最大限度地减少医疗机构的垄断,进而能够在需要时无缝访问用户数据。此外,它还实现了让用户控制自己的数据这一目标。虽然计算需求巨大且结构复杂,但此系统依然足够实用,因为它通过利用目前可用的最佳技术框架满足了需要的隐私、互操作性和匿名要求。

12.6 未来工作

未来工作可以利用此系统预测患者患慢性疾病[9]的可能性,或透过数据进行卒中[10]或阿尔茨海默病[11]早期预测。这可为患者的个性化医疗健康做出重大贡献[12]。各种学术机构或医疗机构可出于研究目的访问电子健康记录的数据。

参考文献

[1] R. Zhang, R. Xue, and L. Liu, "Security and privacy on blockchain", *ACM Computing Surveys*(*CSUR*) 2019; 52:1-34.

[2] J. Zarrin, P. Wen, L. B. Saheer, and B. Zarrin, "Blockchain for decentralization of internet: Prospects, trends, and challenges", *Cluster Computing* 2020; abs/2011.01096:1-26.

[3] H. Ullah, S. Aslam, and N. Arjomand, "Blockchain in healthcare and medicine: A contemporary research of applications, challenges, and future perspectives", *arXiv preprint arXiv*: 2004.06795 2020; abs/2004.06795:1-12.

[4] R. Epstein, and R. Street Jr. The values and value of patient-centered care. *Ann Fam Med.* 2011;9(2):100-103. doi: 10.1370/afm.1239.

[5] M Gerteis, S Edgeman-Levitan, J Daley, and T Delbanco. *Through the Patient's Eyes: Understanding and Promoting Patient-Centered Care.* 1st ed. San Francisco, CA: Jossey-Bass, 1993.

[6] R Epstein, K Fiscella, C Lesser, and K Stange. Why the nation needs a policy push on patient

—centered health care. *Health Aff* (*Millwood*). 2010;29(8):1489-1495.

[7] A. Donawa, I. Orukari, and C. E. Baker, "Scaling blockchains to support electronic health records for hospital systems," In 2019 *IEEE 10th Annual Ubiquitous Computing, Electronics & Mobile Communication Conference* (*UEMCON*), pp. 0550-0556. IEEE, 2020.

[8] D. Yaga, P. Mell, N. Roby, and K. Scarfone, "Blockchain technology overview, *arXiv preprint-arXiv*:1906. 11078 Oct 2018. [Online]. doi:10. 6028/NIST. IR. 8202.

[9] J. Liu, Z. Zhang, and N. Razavian, "Deep EHR: Chronic disease prediction using medical notes," In *Machine Learning for Healthcare Conference*, pp. 440-464. PMLR, 2018.

[10] C. S. Nwosu, S. Dev, P. Bhardwaj, B. Veeravalli, and D. John, "Predicting stroke from electronic health records", In 2019 *41st Annual International Conference of the IEEE Engineering in Medicine and Biology Society* (*EMBC*), pp. 5704-5707. IEEE, 2019.

[11] H. Li, M. Habes, D. A. Wolk, and Y. Fan, A deep learning model for early prediction of Alzheimer's disease dementia based on hippocampal MRI, *Alzheimer's & Dementia* 2019; 15:1059-1070.

[12] J. Zhang, K. Kowsari, J. Harrison, J. Lobo, and L. Barnes, "Patient2vec: A personalized interpretable deep representation of the longitudinal electronic health record," *IEEE Access* 2018; vol. 6:65333-65346. [Online]. doi:10. 1109/ACCESS. 2018. 2875677.

第 13 章

区块链对数字身份管理中安全性和隐私性的影响

斯米塔·班颂德
拉塔·L. 拉哈

13.1 数字身份管理简介

身份管理(Identity Management,IDM)是使用各种技术将用户的权利和限制与既定身份关联到一起,对个人或群组进行识别、身份验证和授权,从而提供应用、服务或网络访问许可的过程[1]。例如,企业员工以员工编号作为身份来访问组织文件,员工编号还将决定读写或更新文件的特权和限制。

在政府服务和其他组织服务中,访问权受个人身份限制,如出生证明、身份证或驾驶证。随着互联网在线服务的出现,数字身份管理(Digital Identity Management,DIDM)成为一项关键需求。

13.1.1 数字身份管理模式

过去10年,数字交易数量出现现象级增长,并且起初采用独立模式的数字身份管理方法[2]也已逐步改进。在独立模式中,每个用户针对不同的服务提供者的特定服务属性管理身份。此后发展出集中模式,此模式针对多个服务提供者集中管理身份,使得身份管理过程容易许多。随着分布式服务和多个服务提供者的出现,需要采用新方法来管理身份,联合模式和用户中心模式应运而生。用户中心模式又进一步发展为自主权模式,使得用户能跨多个权限实现单独控制。此模式正在不断升级[2]。图13.1展示了不同的数字身份管理模式。图13.2展示了所有讨论的身份管理模式的详细结构。

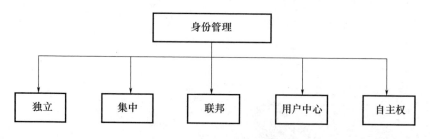

图13.1 数字身份管理模式

(1)独立身份管理模式。这是最老的模式,在此模式中,用户处理不同服务提供者相关的各类身份及凭证。此方法对服务提供者而言简单容易,但由于要管理大量ID,对用户而言并不方便。此外,管理这些超负荷的服务提供者的身份和凭证,对用户而言也很麻烦。

(2)集中身份管理模式。这是一种由单一权限或层次结构处理身份管理系统的所有管理和行政活动。在此模式中,每个服务提供者使用唯一的身份和凭证。身份提供者为服务提供者控制所有身份相关流程,包括凭证分发、识别和身份验证,以及身份生命周期管理[3]。所有用户身份数据均存储在服务提供者和身份提供者所属的中央数据库中。因此,拒绝服务(DoS)攻击完全可以实现,而且这种集中式系统也会出现信任源单一的问题。

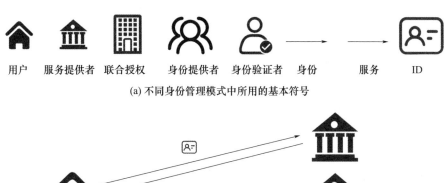

(a) 不同身份管理模式中所用的基本符号

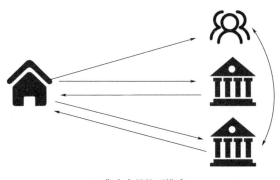

(b) 独立身份管理模式

(c) 集中身份管理模式

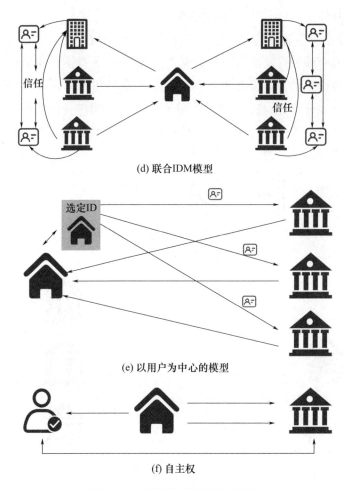

图 13.2 身份管理模式详细结构

（3）联合身份管理模式。在此模式中，身份管理由多个联合权限管控。用户的身份数据存储在多个服务提供者处。常用标识符有助于将分布式身份数据与用户关联起来。身份管理联盟需要定义一群服务提供者批准用户身份和特权所需的一套合约、理念和技术，其他服务提供者必须在域内达成一致。第一个采用此模式的产品是 1999 年推出的微软护照（Microsoft Passport）。此模式比集中模式更强大。尽管联合模式解决了服务提供者多元的问题，但此模式也因为数量众多的站点而给用户造成了困惑。然而，每个单独的站点都保留了需要由一组服务提供者授权的需求。

(4)用户中心身份管理模式。前述模式主要是方便服务提供者。顾名思义,这种模式以用户为中心,从用户的角度出发进行设计。用户能横跨不同服务提供者,对身份管理进行全面控制。第一个采用此模式的发明[4]是2000年推出的增强社交网络(Augmented Social Network,ASN)。开放ID(Open ID)和脸书连接(Facebook Connect)强调用户对ID信息的管理,因此被视为对用户有利,但它们容易受到多点攻击和通过破坏单个站点而丢失身份。用户中心身份系统有许多缺点,如凭证极少曝光以及中央权限消失。在系统被视为真正安全、符合隐私规定且对用户友好之前,需解决中央权限消失的问题。

(5)自主权身份管理模式。在此模式中,单个用户控制 N 个分布式权限,而不受外部权限的干扰。简单的用户中心模式转换为联合集中身份控制模式。只有在获得用户某种程度的同意后,用户的身份才会分享给他人。这是实现真正由用户控制身份的重要一步,但也只是提供用户自主权的一个阶段。即使是在集中第三方存在的情况下,它从根本上提高了信任度和安全度,同时又保护了用户隐私。自2012年有人首次提到此概念,自主权身份管理模式就变得非常流行[5-6]。业界正在不断努力改进这种数字身份管理模式[7]。

13.1.2 现实世界中的身份问题

由于现有纸质文件处理系统面临着严峻问题,因此诞生了数字身份管理需求。除了耗费时间和空间,纸质管理系统还容易因火灾、洪水或损坏而遭受欺诈、盗窃和文件丢失。为解决这些问题,作为商业活动计算机化和计算机联网的一部分,引入了数字身份管理系统。数字身份在群体和不同组织中的互操作性更加突出,因此,数字身份会降低组织中的管理程度并使商业活动加速。多年来,为进一步改进用户和服务提供者的身份管理,不同身份管理模式得到了发展。

但数字身份管理系统带来了新问题,如集中式系统采用单个服务器存储许多用户和服务提供者的身份,这个服务器一旦遭到黑客攻击,就会出现拒绝服务(DoS)的情况。2017年,大量这样的服务器遭到了黑客攻击或渗透,并导致了数据泄露。身份盗窃资源中心(Identity Theft Resource Centre,ITRC)在2020年的报告中指出,2019年出现了1472次信息泄露,2018年发生了1257起信息泄露事件。身份盗窃资源中心的报告表明,黑客攻击在数据泄露原因中占的比例最高,39%的泄露事件都是黑客攻击所致。黑客攻击还导致81%的非敏感数据暴露。越权存取是第二常见的数据泄露原因,36.5%的数据泄露事件都是因此而起的。

现有身份管理系统存在以下问题,导致不同部门都面临难题:

(1)个人。用户身份是个人应用中的关键因素。身份受损或被盗可能影响用户的生活。因此,不同政府也制定了个人数据保护法律。身份管理系统的设计能用来保护用户身份。

(2)医疗健康。身份盗用是医疗健康行业的一个重大问题。个人健康数据泄露导致关系链中所有利益相关者(包括患者、医生、药店和保险公司)的相关数据暴露,进而导致医疗健康服务变得更加复杂。

(3)教育。近期一项调查表明,在美国,有人使用盗取的身份出售大量假学历证书。这给大学的声誉以及招聘这些申请者的公司造成了严重影响。

(4)财务。因用户身份泄露而损失金钱是非常常见的。为了尽量减少这种欺诈事件,多种身份如密码、个人识别号码和移动电话被用来进行身份管理。

(5)政府。政府各部门之间协作存在几个相关问题,身份泄露对政府运行的时间和成本均有影响,尤其是在向普通市民提供服务时。身份管理是对政府级应用提出的一项基本要求,隐私和安全成为关键问题。此外,政府需要落实身份保护标准和违规惩罚措施。

(6)商业。企业在保护用户个人数据时,必须严格遵守身份标准。违反标准将导致企业品牌价值受损。

13.1.3　区块链技术身份管理

为解决上述身份管理中遇到的问题,在身份管理中引入了区块链3.0(第3阶段)[8]。身份管理的设计方式应确保身份分享和验证更有效、安全和私密。这样的系统可以与世界范围内其他身份服务广泛结合。此解决方案无须维护与不同服务提供者相关的分布式身份即可进行确认、验证和批准,且不受第三方批准的干扰。身份管理必须建立在用户隐私的基础上。每个身份只能由一人拥有,不能由其他人拥有。数字身份管理不同于人工身份管理。选择和分享各种身份中的一部分,是一项具有挑战性的任务。必须有选择性地与服务提供者分享身份,但基于现有技术的身份管理模式无法在集中存储的情况下提供全面的隐私保护,这种身份管理模式可能会受到黑客攻击或用来对付用户。新兴的区块链技术似乎是解决这些问题的一种方案。比特币应用已证明,区块链技术在10多年来运行中未遭到任何破坏。基于万维网基础设施的区块链网络有不可变的分布式公共特点,并具有匿名性和持久性,可以借助密码加密、哈希计算和数字签名功能的加持确保安全和隐私。尽管区块链技术以及相关用户工具仍未成熟,但这种新兴技术具有很强的吸引力,因此,大部分行业和研究人员均对使用这种新身份管理模式表现出了浓厚的兴趣。此模式确保了用户的信任和安全。

身份管理架构

本节讨论使用区块链系统的通用身份管理架构,其中涉及三个主要参与者。第一个也是最重要的参与者是用户,用户获取身份并使用身份访问所需的网络服务和应用服务。第二个参与者是颁发者,颁发者根据用户提交的特定身份证明颁发证书或凭证。此外,颁发者将证据和证书直接存储在区块链网络上,或者通过哈希值存储。第三个参与者是服务提供者/验证者,服务提供者/验证者响应客户请求,并用颁发者提交的可在区块链网络区块中使用的数据来验证客户端证书。如果验证者对数据进行验证、确认和身份验证,则服务提供者允许用户访问特定网站或服务器。在提高身份管理系统安全性和保护用户隐私方面,区块链发挥着重要作用。区块链技术身份管理架构如图13.3所示。

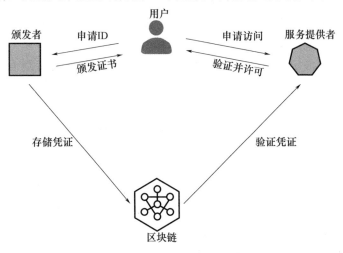

图 13.3 区块链技术身份管理架构

区块链技术身份管理中使用智能合约代码,因此,系统可以变得非常强大。可借助智能合约顺利执行政府法律/标准,以向服务提供者提供凭证。

由于区块链技术本身具有防篡改、可审计和持久的特点,使用区块链进行身份管理变得高度安全。获得授权的颁发者检查身份证明,并向用户提供身份证书。是否授权由密钥管理程序根据颁发者的有效性及颁发者提供证书的能力来决定。证书颁发给用户,并以哈希格式存储在区块链网络上。区块由颁发者生成,其中包含与用户有关的所有有效信息生成。为使用服务,用户需要向服务提供者提供凭证信息。因此,用户向服务提供者获取服务访问许可,服务提供者检查特定区块链上的证书。如果与用户证书匹配,则确认用户有效,用户便能访问服务。

13.1.4 不同身份管理系统

1993年7月5日,彼得·施泰纳(Peter Steiner)在《纽约客》上发表了一幅漫画,题为《在互联网上,没人知道你是一条狗》,这幅著名漫画揭示了现实世界中的数字身份情况。数字身份是互联网时代问世以来最古老最棘手的问题之一。数字身份管理是一个非常古老的概念,但人们尚未设计出完美的解决方案。有许多组织致力于这方面的工作,试图找到完美的身份管理解决方案。研究人员正不断努力克服现有系统的问题。DNS-IDM[9]是一种基于区块链的解决方案,该方案声称利用域名服务器(Domain Name Server,DNS)概念来提供最佳隐私和安全功能。本节将讨论各种身份管理系统。前两个身份管理系统使用加密技术,但不涉及区块链技术,其他系统则使用区块链技术[5,10-12]。特定隐私保护措施和缺点如表13.1所列。下面简单介绍这些身份管理系统:

(1) BlockAuth。BlockAuth允许用户拥有和激活自己的身份寄存器,凭借此工具,用户可将自己的信息提交验证。BlockAuth采用开放ID,开放ID使用JSON连接到OAuth系列。BlockAuth的设计方式可以确保隐私和安全,而隐私和安全又完全由用户掌控。BlockAuth在信息中心网络(Information Centric Networking,ICN)中实现分布式生成者身份验证[13],并抵御了各种攻击,如前缀劫持、拒绝服务、重放攻击等。

(2) HYPR。首席执行官乔治(George)和首席技术官博扬(Bojan)于2014

年推出了 HYPR。HYPR 通过生物特征技术,使用手机、物联网和桌面系统来保证安全。使用 HYPR 可在实现身份验证和安全保障的同时防止各种网络攻击。为便于进行身份验证,建立了在线快速身份验证(Fast Identity Online,FIDO)联盟,该联盟支持不同的生物特征身份验证机制。

(3) ShoCard。艾明·伊布拉黑米(Armin Ebrahimi)于 2015 年 2 月创立了 ShoCard。ShoCard 是向用户提供数字身份并保护用户隐私的最简单工具,用户只需出示驾驶证作为身份证明即可。对于大部分关键安全交易(如银行业务),可通过手机访问此安全应用。ShoCard 基本上就是一个只具有该身份的用户才能操作的小文件。因此,ShoCard 采用的是自主权身份管理模式。对所有采用双重身份验证的应用,ShoCard 利用二维码作为扫描范式。与其他组织(如银行)合作后,ShoCard 处于双赢局面。它通过手机获取识别详情和批准,因此用户无法通过手机拒绝购买身份。ShoCard 唯一的问题就是可扩展性问题[14]。可扩展性增强时,隐私性就会减弱。身份管理类似于"先有鸡还是先有蛋的问题",应确定隐私和可扩展性哪个才是主要需求。

(4) Sovrin。Sovrin 基金会[15]是一个国际非营利组织,由蒂莫西·鲁夫(Timothy Ruff)于 2013 年成立。成立此基金会是为了管理世界第一个自主权身份(Self-Sovereign Identity,SSI)网络。Sovrin 在 Hyperledger Indy 上开发,Hyperledger Indy 是一个开源区块链框架,也是 Linux 基金会主办的超级账本项目之一。Hyperledger Indy 的源代码最初由 Evernym 公司开发和贡献。通过使用零知识证明(用于选择性披露)和匿名撤销等高度先进的隐私增强技术,强化了自主权身份。将自主权身份用于验证,使世界各地都能访问该身份。Sovrin 采用去中心化的方式工作,使用代币作为区块链的内在组件来验证用户身份。

(5) UPort。ConsenSys 公司于 2016 年开发了 UPort。UPort 用于开发安全、可用的系统,以自主权身份来持有和控制用户身份,并收集验证数据,用户无须输入密码即可登录。UPort 适用于以太坊应用,并使用第三方概念,但第三方由用户选择。UPort 使用密钥恢复协议。即使密钥丢失,UPort ID 依旧存在。因此,UPort 将提供可恢复的身份。UPort 不完成任何身份证明,但它提供了一个框架来收集用户的身份属性。

(6) Civic。Civic 是一个用身份验证技术保护个人信息传输的安全系统。首张代币于 2017 年 6 月售出。Civic 是一个史无前例的建立在区块链之上的身份验证服务开源市场[16]。密钥由第三方钱包生成，而且使用加密技术作为用户密钥与 Civic 之间的防火墙。

(7) Cryptid。Cryptid 由马斯里 (Masley) 和合伙人达科塔·巴伯 (Dakota Baber) 发明，是一个开源身份系统。Cryptid 使用三重身份验证来确保用户身份。当前版本的 Cryptid 用作公证通，作为其区块链后端。Cryptid 将 AES-512-CBC 用于数据加密，将 RSA-4096 用于数字签名和验证。Cryptid 在身份存储中运用了区块链的特点，如防篡改性和无法入侵的安全性，因此非常新颖。

(8) Aten 币。Aten 币是美国的反恐数字货币，由美国 Aten 币 (National Aten Coin, NAC) 基金会推出。该基金会希望通过身份管理和验证，实现基于区块链的发展，并提供数字货币。为避免洗钱，不保留身份隐私。Aten 币是一种快速安全的数字货币。

(9) KYC 链。了解您的客户 (Know Your Customer, KYC) 链是一家总部位于中国香港的公司，埃德蒙·洛维 (Edmund Lowell) 是该公司的创始人兼首席执行官。KYC 链就像一个自主系统，商业机构可使用分布式账本技术 (即区块链) 以可靠简单的方式管理客户信息[17]。KYC 链使用三种元素进行身份证明：①身份，如护照/政府所发证件；②住处，即地址证明/IP 地址或协议；③银行/律师推荐的收入/合法财富。

(10) Netki。Netki 由贾斯丁·牛顿 (Justin Newton) 和道恩·牛顿 (Dawn Newton) 创立。Netki 是一种适用于数字经济的全球身份验证解决方案，它使用区块链技术来保证安全性和可扩展性。Netki 的钱包网络地址 (Wallet Network Address, WNA) 旨在使服务提供者代表客户轻松注册钱包名称，或帮助最终用户注册虚名 (如 "personalname.me")，直接链接到钱包地址。Netki 结合了域名币区块链和安全 DNS (DNSSEC)，用于存储名称并将名称与地址关联起来。

比较

表 13.1 总结了上述各种身份管理系统。

表 13.1　不同身份管理系统的比较

身份管理系统	隐私保护机制	特点	缺点
BlockAuth	对往来多方的消息进行多级加密和解密	用户可用任何站点的所有权验证	正在努力取代 MangoDB,以解决可扩展性问题,并在竞争激烈的市场中占据一席之地
HYPR	根据生物特征生成数字密钥	使用在线快速身份验证(FIDO)	仍模糊不清且不稳定
ShoCard	双重身份验证和权威证明(年龄/地址)	与其他公司合作提供身份	可扩展性
Sovrin	零知识证明	自主的全球开放实用程序	所有关于遵守《通用数据保护条例》的问题均未得到解决
UPort	二维码扫码	易于使用的安全自主系统	无法控制公共配置文件、使用以太坊、没有身份证明、泄露属性数据
Civic	防火墙	简单、具有成本效益、基于代币且适用智能合约	匿名解决方案和 ID 密钥恢复不清楚
Cryptid	三重身份验证	开源、灵活、有效防止黑客攻击、在区块链上存储的内容不可变	—
Aten 币	为避免洗钱,隐私不受保护	更快、安全且知道身份	尚无源代码
KYC 链	采用密钥概念的区块链	身份管理的可靠来源和法律框架,是一种开源解决方案	受制于许可区块链技术的缺点
Netki	未提及,遵循个人和数据隐私法律的规定	人类可读的钱包地址	ID 验证的开源 API

13.1.5　区块链对身份管理安全及隐私的影响

从上文对各种身份管理系统的讨论中可以明显看出,每个系统都有一些优点和缺点,"每枚硬币都有两面"。为确保身份管理系统可靠、简单、性能好并真正保护隐私,正在持续改进各种身份管理系统的隐私保护机制。

尽管基于区块链的身份管理解决方案在几个方面表现良好,但由于易受到劫持、双花、拒绝服务等攻击,因此确实存在局限性[17]。一些区块链相关安全隐私问题[13,18]如下:

(1)数据泄露。区块链的特点是透明,因此,数据可能会被泄露。数据加密算法的使用将在一定程度上帮助克服此问题,但可能会导致验证困难。如果将零知识证明算法用于验证,那么隐私可得到保护,但私有数据也可能会泄露,以及元数据可能会受到模式攻击。

(2)重放。未经身份验证的用户可能会发起重放攻击,在攻击中替换、重复或延长有效的交易数据块或包,导致数据丢失。

(3)冒充/虚假声誉。恶意用户试图通过提高声誉来冒充特定授权用户并假装成特定用户,这是一种严重威胁。通过采取适当的挑战响应或私钥管理措施,可缓解此风险。

(4)私钥或钱包地址泄露。私钥是区块链概念中不可分割的一个组成部分,其安全组件有助于保护用户,避免出现盗窃和越权存取的问题。密钥盗窃问题、密钥生成错误、存储数据泄露或密钥/钱包地址泄露可能会导致隐私泄露,从而导致安全性降低。使用工具或秘密共享或密钥恢复机制[19]处理密钥时发生的人为错误也会导致密钥丢失。

(5)数据可用性问题。数据应全天候可用。区块链采用分布式架构,网络上有可用的副本,因此能防止数据丢失。但据报道,由于拒绝服务、分布式拒绝服务和女巫攻击导致的数据不可用或数据扣留,造成了数百万美元的比特币损失。

(6)量子计算。量子计算可以改变世界。除了破解加密技术,量子计算还可能彻底改变通信和人工智能。这影响了信息和计算科学的许多领域,在这些领域中,系统功能建立在特定计算的难度之上。量子计算提供加密算法,这种加密算法可能会给密钥管理和哈希计算带来加密挑战,导致区块链系统不安全。量子密码学的最主要和成熟的技术是量子密钥分发和类似的量子算法。

(7)攻击智能合约。在针对身份管理编写智能合约时,隐私要求模糊不清[20]。由于存在智能合约的字节代码分析工具,对安全和隐私产生威胁。

(8)数据保护条例。许多国家均制定有数据保护条例,如欧盟的《通用数据保护条例》(GDPR)和美国 2000 年的《信息自由法》(Freedom of Information

Act,FIA)等。除了存在差距、矛盾和不一致之处,这些条例还对区块链技术的应用有一定的影响[3]。这些条例中的一些条款,如"删除权"和"更正权",并未对区块链技术用户数据的相关隐私和安全特点形成补充。目前,基于区块链的解决方案[21]已经存在,人们正努力克服数据保护条例矛盾带来的不利影响。

(9)同行评审研究和漏洞奖励计划。验证身份管理系统时,可能会出现相关代码泄密问题。

(10)社会规范。在开发身份管理系统时,社会规范和用户期许与许多因素(包括安全和隐私)相互冲突。

13.1.6 益处与挑战

采用区块链技术的身份管理系统已经克服了其他技术或算法的许多缺点。但区块链技术的固有局限性对身份管理系统产生了严重的影响。区块链技术身份管理系统具有如下优势:

(1)非集中控制的分布式系统。

(2)自主权身份(SSI)。

(3)在很大程度上解决了身份盗窃问题。

(4)身份验证方式简单。

(5)非托管登录解决方案。

(6)易于管理"物联网(IoT)"系统用户身份。

如13.1.4节所述,采用区块链技术的身份管理系统需要解决的挑战是身份的可扩展性、安全和隐私问题。采用个人可识别信息方法,可提高用户的真实性并降低风险[22]。采用不同类型的算法(如零知识证明)可提高用户的隐私性和匿名性[23]。

13.2 结论

数字身份管理领域的技术已存在多年,有许多模式在用,但开发一个集准确性、安全性和隐私性于一体的万全系统仍是网络空间中的最大挑战。本章重点说明了不同的身份管理模式,以及为使应用免受不同攻击而用于解决身份管理问题的各种方法。采用区块链技术的自主权身份(SSI)系统的所有优点似乎都以最小的局限性满足理想系统的大部分要求。作为一项新兴技术，SSI 应用于身份管理系统前，需要对各个方面进行仔细评估。本章分析了需考虑的各种模式，重点说明了这些模式的优点和局限性。

缩写词

英文缩写	英文全称	中文释义
AES	Advanced Encryption Standard	高级加密标准
API	Application Programming Interface	应用程序编程接口
ASN	Augmented Social Network	增强社交网络
BRER	Bitnation Refugee Emergency Response	比特国难民应急响应
CBC	Cipher Block Chaining	密码块链接
DDOS	Distributed Denial of Service	分布式拒绝服务
DIDM	Digital Identity Management	数字身份管理
DNS	Domain Name Server	域名服务器
DOS	Denial of Service	拒绝服务
FIA	Freedom of Information Act	信息自由法
FIDO	Fast Identity Online	在线快速身份验证联盟
GDPR	General Data Protection Regulation	通用数据保护条例
ICN	Information – Centric Networking	信息中心网络
ID	Identity	身份
IoT	Internet of Things	物联网
ITRC	Identity Theft Resource Centre	身份盗窃资源中心
JSON	JavaScript Object Notation JavaScript	对象符号
KYC	Know Your Customer	了解您的客户
NAC	National Aren Coin	美国 Aten 币基金会
PoA	Proof of Authority	权威证明
QR 码	Quick Response Code	二维码
RSA	Rivest – Shamir – Adleman (asymmetric crypto graphic algorithm)	李维斯特－沙米尔－阿德尔曼（非对称加密算法）
SP	Service Provider	服务提供者
SSI	Self – Sovereign Identity	自主权身份
WNS	Waller Network Address	钱包网络地址

第13章 区块链对数字身份管理中安全性和隐私性的影响

 参考文献

[1] B. V. Tykn,"Identity Management with Blockchain: The Definitive Guide (2020 Update). html.",Mar. 13,2019.

[2] T. E. Maliki, and J. - M. Seigneur,"Chapter 71—Online Identity and User Management Services," in *Computer and Information Security Handbook (Third Edition)*, Third Edition, J. R. Vacca, Ed. Boston: Morgan Kaufmann, 2013, pp. 985 – 1009.

[3] W. L. Sim, H. N. Chua, and M. Tahir,"Blockchain for identity management: The implications to personal data protection," in 2019 *IEEE Conference on Application, Information and Network Security (AINS)*, Pulau Pinang, Malaysia, Nov. 2019, pp. 30 – 35, doi: 10.1109/AINS47559.2019.8968708.

[4] A. Josang, and S. Pope,"User centric identity management," in *AusCERTAsia Pacific information technology security conference*, p. 13.

[5] S. E. Haddouti and M. D. Ech - Cherif El Kettani,"Analysis of identity management systems using blockchain technology," in *2019 International Conference on Advanced Communication Technologies and Networking (CommNet)*, Rabat, Morocco, Apr. 2019, pp. 1 – 7, doi: 10.1109/COMMNET.2019.8742375.

[6] "The Path to Self - Sovereign Identity." http://www.lifewithalacrity.com/2016/04/the - path - to - self - sovereregin - identity. html (accessed Aug. 10,2020).

[7] Q. Stokkink and J. Pouwelse,"Deployment of a blockchain - based self - sovereign identity," in *2018 IEEE International Conference on Internet of Things (iThings) and IEEE Green Computing and Communications (GreenCom) and IEEE Cyber, Physical and Social Computing (CPSCom) and IEEE Smart Data (SmartData)*, Halifax, NS, Canada, Jul. 2018, pp. 1336 – 1342, doi: 10.1109/Cybermatics_2018.2018.00230.

[8] A. K. Manohar and J. Briggs,"Identity Management in the Age of Blockchain 3.0," *CHI Workshop on HCI for Blockchain: Studying, Critiquing, Designing and Envisioning Distributed Ledger Technologies*, p. 8,2018.

[9] J. Alsayed Kassem, S. Sayeed, H. Marco - Gisbert, Z. Pervez, and K. Dahal,"DNS - IdM: A Blockchain Identity Management System to Secure Personal Data Sharing in a Network," *Applied Sciences*, vol. 9, no. 15, p. 2953, Jul. 2019, doi: 10.3390/app9152953.

[10] P. Dunphy and F. A. P. Petitcolas,"A First Look at Identity Management Schemes on the Blockchain," *IEEE Security Privacy*, vol. 16, no. 4, pp. 20 – 29, Jul. 2018, doi: 10.1109/

MSP. 2018. 3111247.

[11] J. Bernal Bernabe, J. L. Canovas, J. L. Hernandez‐Ramos, R. Torres Moreno, and A. Skarmeta,"Privacy‐Preserving Solutions for Blockchain: Review and Challenges," *IEEE Access*, vol. 7, pp. 164908‐164940, 2019, doi: 10.1109/ACCESS. 2019. 2950872.

[12] Atif Ghulam Nabi,"Comparative Study on Identity Management Methods Using Blockchain," *University of Zurich*, Zurich, Switzerland, 2017.[Online]. https://files. ifi. uzh. ch/CSG/staff/Rafati/ID%20Management%20using%20BC‐Atif‐VA. pdf.

[13] M. Conti, M. Hassan, and C. Lal,"BlockAuth: BlockChain based distributed producer authentication in ICN," *Computer Networks*, vol. 164, p. 106888, Dec. 2019, doi: 10.1016/j. comnet. 2019. 106888.

[14] A. Ebrahimi,"Identity management verified using the blockchain," *ShoCard*, Tech. Rep., 2019,(Accessed: mar 4 2019).[Online]. https://shocard.com/wp‐content/uploads/2019/02/ShoCard‐Whitepaper‐2019. pdf.

[15] A White Paper from the Sovrin Foundation,"Sovrin™: A Protocol and Token for Self‐Sovereign Identity and Decentralized Trust," Jan. 01, 2018.[Online]. https://sovrin.org/wp‐content/uploads/Sovrin‐Protocol‐and‐Token‐White‐Paper. pdf.

[16]"White Paper—Civic Token," *Civic Technologies*, 2017.[Online]. https://tokensale.civic.com/CivicTokenSaleWhitePaper. pdf.

[17] Edmund Lowell,"kyc‐chain. com," *kyc‐chain*. https://kyc‐chain. com/.

[18] L. Lesavre,"A Taxonomic Approach to Understanding Emerging Blockchain Identity Management Systems," National Institute of Standards and Technology, Jan. 2020, doi: 10.6028/NIST. CSWP01142020.

[19] R. Soltani, U. T. Nguyen, and A. An,"Practical Key Recovery Model for Self‐Sovereign Identity Based Digital Wallets," in 2019 *IEEE Intl Conf on Dependable, Autonomic and Secure Computing, Intl Conf on Pervasive Intelligence and Computing, Intl Conf on Cloud and Big Data Computing, Intl Conf on Cyber Science and Technology Congress(DASC/PiCom/CBDCom/CyberSciTech)*, Fukuoka, Japan, Aug. 2019, pp. 320‐325, doi: 10.1109/DASC/PiCom/CBDCom/CyberSciTech. 2019. 00066.

[20] S. Bansod, and L. Ragha,"Blockchain Technology: Applications and Research Challenges," in 2020 *International Conference for Emerging Technology(INCET)*, Belgaum, India, Jun. 2020, pp. 1‐6, doi: 10.1109/INCET49848. 2020. 9154065.

[21] N. B. Truong, K. Sun, G. M. Lee, and Y. Guo,"GDPR‐Compliant Personal Data Management: A Blockchain‐Based Solution," *IEEE Trans. Inform. Forensic Secur.*, vol. 15,

pp. 1746-1761,2020,doi: 10. 1109/TIFS. 2019. 2948287.

[22] R. Rana, R. N. Zaeem, and K. S. Barber, "An Assessment of Blockchain Identity Solutions: Minimizing Risk and Liability of Authentication," in *IEEE/WIC/ACM International Conference on Web Intelligence on - WI'19*, Thessaloniki, Greece, 2019, pp. 26-33, doi: 10. 1145/3350546. 3352497.

[23] Y. Borse, A. Chawathe, D. Patole, and P. Ahirao, "Anonymity: A Secure Identity Management Using Smart Contracts," *SSRN Journal*, 2019, doi: 10. 2139/ssrn. 3352370.

第 14 章

一种采用区块链的新型数字身份验证生态系统

舒巴姆·古普塔
凯文·沙阿
阿迪蒂亚·希拉帕拉
迪普·米斯特里
安库尔·邦
乌代·普拉塔普·拉奥

14.1 简介

银行等组织为企业及零售部门提供服务。这些组织不能仅仅基于对客户的信任而不先获取一些必要的、个人的信息。为此,这类组织会通过执行一个验证程序——通常称为"了解您的客户"(KYC)程序,来收集与客户可信度和真实性相关的信息。尽管 KYC 流程是非常有必要的,但对于客户和银行组织来说,这依然是一个可怕而费力的流程[1]。KYC 不仅是一个漫长的流程,还会产生巨额的监管和合规成本。约 10% 的世界顶级组织每年在这个流程上至少花费 1 亿美元[2]。除了费力,KYC 还是一个不断重复的流程,客户每面对一个不同的银行组织,都必须经历相同的 KYC 流程。漫长的验证流程,会导致客户与金融机构之间的业务关系被延迟,从而导致双方产生机会成本。此外,与反洗钱(Anti-Money-Laundering,AML)和 KYC 规则相关的不当行为还使得这种机会成本进一步扩大[3]。

除了上述问题,为客户的敏感数据提供安全性和私密性是一个重要的趋势。因为以去中心化方式存储数据和访问通过这种方式存储的数据时,会引发侵犯客户隐私并借此实施身份盗窃的攻击。许多研究人员都在这方面进行了研究。

为此,本章旨在为传统 KYC 验证流程提出一种新的改进方式。创新点和重点具体如下:

(1)考虑到安全性、私密性以及当前 KYC 流程的漫长和反复问题,本章提出了一种基于区块链的方法。

(2)提出的解决方案计划用基于区块链的系统取代当前的整个 KYC 系统,该系统包括一个基于客户端的移动应用和一个基于银行的网站。

(3)在新的架构中,当任何用户想要向新服务提供者登记时,不必再提供已在先前 KYC 验证过程中验证过的信息。

本章其余部分的架构如下:14.2 节为文献综述,其中简要解释了区块链技术及近期关于对 KYC 使用区块链的研究。14.3 节解释了所提出的算法,并阐述了生态系统的架构。14.4 节描述了为测试生态系统进行的模拟。14.5 节分析了通过模拟获得的结果。14.6 节为本章的结尾部分,对我们的研究进行了归纳与总结。

14.2 背景和相关研究

本节简单解释了区块链是什么、区块链如何工作,讨论了一些著名研究和近期研究,说明了区块链技术应用与 KYC 的情况。

14.2.1 哈希算法

本章将讨论一种用于收集数据证明的哈希算法——MD5 哈希算法。

MD5 将任意长度的消息转换为固定的 128 位消息摘要,被广泛用作哈希函数。MD5 具有的抗预映射性和第二抗预映射性意味着其具有加密安全性。在计算上,既不可能生成具有既定目标消息摘要的消息,也不可能生成两条具有相同消息摘要的消息。MD5 为既定消息生成消息摘要需要 5 个步骤。图 14.1 展示了 MD5 哈希算法的详细步骤。

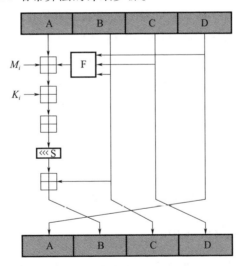

图 14.1　MD5 哈希算法[4]

(1)添加填充位。在这一步中,对消息进行填充,使消息的扩展长度正好比 512 的倍数小 64。第一个置位("1")被添加至消息其余所有清位("0")。填充的长度范围为 1~512。

(2)添加长度。在第(1)步结束后插入 64 位,用来描述添加填充位之前的消息长度。

(3)初始化 MD 缓冲器。在这一步中,使用了 4 个缓冲器,即 A、B、C 和 D;每个缓冲器都是一个 32 位寄存器,并按下列方式初始化。

①A 缓冲器:01 23 45 67。

②B 缓冲器:89 ab cd ef。

③C 缓冲器:fe dc ba 98。

④D 缓冲器:76 54 32 10。

(4)按 16 字块的形式处理消息。MD5 的 4 个辅助函数能够将输入的三个 32 位数生成 32 位数。这些函数使用 OR、XOR、NOT 等逻辑运算符。

①$F(X,Y,Z) = (X \wedge Y)$ v $(NOT(X) \wedge Z)$。

②$G(X,Y,Z) = (X \wedge Z)$ v $(Y \wedge NOT(Z))$。

③$H(X,Y,Z) = X$ XOR Y XOR Z。

④$I(X,Y,Z) = Y$ XOR $(X$ v $NOT(Z))$。

在这一步中,消息分批处理,每批 512 位。新缓冲器用于处理由第一批消息生成的第二批消息。按 512 位为一批,分批处理消息时,共分 4 轮完成。每轮包括基于辅助函数 F、模块相加和左旋的 16 个类似运算。这 16 个运算构成每轮的一个流程。每轮都使用不同的辅助函数。

(5)输出。在处理完所有批后,生成的最终消息摘要是 A、B、C 和 D 缓冲器的内容。

MD5 的优点:

①容易实现。

②能将任意长度转换为消息摘要。

③可以在不提供原始值的情况下验证数据。

14.2.2　区块链及其应用

区块链是由中本聪在 2008 年提出的概念,比特币为区块链的去中心化账本先驱。中本聪的真实身份至今未知。区块链是一系列带有时间戳、不可更改的数据记录,由一组不属于任何实体的计算机管理,从而确保去中心化。网络发展得越大,去中心化程度越高,安全性也越高[5]。因此,区块链技术在加密货币、医疗健康应用、保存财产记录、管理智能合约、供应链管理和电子投票领域高度适用。

区块链最初是指由越来越多的区块连接成的一条链。每个区块都包括一个前序区块哈希值、一个时间戳和交易详情(通常描述为默克尔树)。换言之,区块链存储定期共享和更新的信息。这种联网方法有很多好处:数据不是存储在一个点,而是公开保存的,因此很容易验证。信息不存在于某一点,就大大降低了攻击的可能性。公众可以通过互联网访问这些数据,因为数据由无数台计算机同时存储。若要篡改记录,攻击者需要更改50%以上交易区块的数据,这显然是不可行的[6]。

14.2.3 超级账本Fabric的私有链和公有链

被视为"公有"的区块链本质上是非许可链。任何用户都可以执行读、写或参与区块链等类似操作。公有链是安全链,因此一旦通过验证,就成为永久性的,而且不能更改。公有链是共享的,没有人可以控制网络,这使它成为一个去中心化系统。

相反,私有链是一个许可链。这意味着对参与网络及其基础交易的人员设置了一些条件。然而,要更好地充分理解区块链技术,还有一个更关键的因素必须考虑进去,即开放链与封闭链的概念。

私有链与公有链考虑的是能否向区块链写入数据的许可。开放链与封闭链考虑的是能否同意读取区块链中的数据[5]。

1. 将超级账本Fabric用作私有链

基于许可的区块链需要邀请才能参与区块链。私有链通过网络验证者或通过网络创建者自己创建的一套规则来验证其网络。在私有链中,每个用户参与区块链时并不具有平等的权利。用户被授予特定的许可,并且只允许访问特定类型的数据,不得访问其他内容,或其他内容对该用户不开放。

访问机制完全取决于网络创建者设定的规则。访问方面的差异产生了不同类型的用户,从而产生了不同的角色。身份管理系统的区块链主要用于容纳服务提供者和验证者两种类型的用户:验证者是指在验证完用户详细信息后必须写入区块链的一类用户,服务提供者是指只能从区块链读取数据的一类用户。验证者是指被授予读写权限的一类用户,这也是身份管理系统需要把超级账本Fabric用作私有链的原因[7]。

2. 超级账本Fabric网络的组成

1)分布式账本

分布式账本包括所有已经发生的交易和系统的现状。前者通常称为区块链,后者则称为世界状态。分布式账本存储对象的详细信息,而不是直接存储对象。

2）对等节点

对等节点是托管智能合约和分布式账本的网络中最基础的构建块。分布式账本通过一段简单的代码访问,即链码。这个技术概念,被超级账本 Fabric 用于实现智能合约。

3）成员服务提供者

成员服务提供者是系统的一个要素,它让对等节点参与超级账本 Fabric 网络,并为客户机授予凭证。多个成员服务提供者可授权并控制超级账本 Fabric 网络[8]。

4）智能合约

智能合约是在多个组织之间创建规则的可执行程序。网络的交易逻辑管理世界状态中包含的周期。智能合约也在很多情况下被识别为链码[9]。

5）排序服务

对交易进行排序的节点称为排序节点,而网络中的其他节点则形成所谓的排序服务。排序服务还会保管所有组织的记录,用于创建通道。排序服务在对交易进行排序后,将其放入一个区块中,然后依据先来先服务的原则进行处理,完全独立于对等节点流程。

6）通道

通道是多个网络成员之间的通信路径,它提供数据隔离和机密性。网络中的所有交易都发生在一个通道上,每个网络成员必须经过认证和授权才能在该通道上执行交易。成员服务提供者(Membership Service Provider,MSP)为加入任何通道的每个对等节点提供一个身份。

7）认证机构

这通常称为超级账本 Fabric 认证机构。该组成部分是一个向网络成员和组织颁发公钥基础设施证书的机构[7]。

如图 14.2 所示,区块链网络由对等节点组成,这些节点是网络的构建块,包含链码和分布式账本的副本。对等节点是承载分布式账本和链码实例的网络中的一个组成部分。这种方法在对等节点中存储和承载相同的链码与分布式账本实例,相当精္妙,为系统提供了避免单点失效的完美方式。对等节点并不总是只有一个链码和分布式账本;一个对等节点可能有多个实例。

第14章 一种采用区块链的新型数字身份验证生态系统

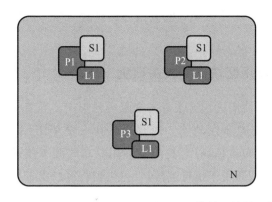

图 14.2 简单区块链网络[7]

3. 应用和对等节点

当系统尝试进行分布式账本查询交互时,在对等节点与应用之间会出现一个简单的三步对话,如图 14.3 所示。在分布式账本更新交互的过程中,还需要两个步骤。应用必须始终与对等节点连接才能访问分布式账本和链码[10]。

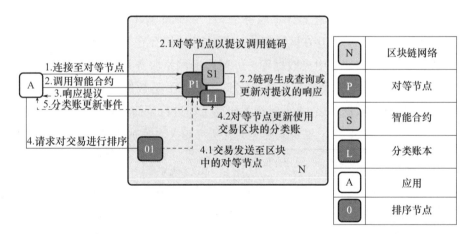

图 14.3 应用和对等节点[11]

4. 对等节点和身份

超级账本 Fabric 认证机构(CA)向使用数字证书的对等节点分配身份。管理组织向网络中的每个对等节点传送数字证书[11]。

通道配置策略决定对等节点身份的权限。每当对等节点使用通道连接到网络时,区块链网络中都会发生这种情况。成员服务提供者向组织提供身份的映射。

14.2.4 关于KYC规则所用区块链的相关研究

文献表明,关于对KYC规则使用区块链技术的文献资料很少。本节将讨论先前完成的研究,并说明它们的潜在缺陷。何塞·帕拉·莫亚诺(Jos'e Parra Moyano)和奥姆里·罗斯(Omri Ross)[6]提出了使用分布式账本技术来进行KYC优化。他们提出了一种适用于银行的接口,可供银行客户携带自身的KYC文件前往银行进行验证。银行验证客户提交的文件。这些经过验证的信息存储在银行的本地数据库和文件哈希值中,以便区块链上的其他银行进一步使用。然而,该架构存在一些问题,如银行的本地数据库存储的是客户数据,并且无法确定这些数据是否安全。不允许客户向其他银行提供访问数据的部分权限。客户若需要重复使用自己经过验证的信息,就需要记住密钥。

皮尤什·亚达夫(Piyush Yadav)和拉吉·钱达克(Raj Chandak)[12]提出了一种架构,作为客户和银行在移动应用中输入自身详细信息的接口。这些详细信息先存储在亚马逊云计算服务公司(Amazon Web Service,AWS)系统中,再在通过验证后,转存在区块链中。但这种架构存在一些问题:详细信息在通过验证之前存储在中央数据库——亚马逊网络服务系统中,而此时它们极有可能受到攻击;区块链存储的是完整数据而不是数据证明,因此其他用户有可能读取该数据。表14.1对相关研究工作进行了简单对比。

表14-1 拟议系统和其他研究论文之间的比较

项目	使用区块链转换KYC流程[12]	使用分布式账本技术进行KYC优化[6]	拟议实现方式	选择理由
数据存储	AWS服务器	银行的本地数据库	用户手机	用户可以控制自己的数据
区块链存储	数据	数据证明(哈希值)	数据证明(哈希值)	未经授权,任何服务提供者应无法获得详细信息
数据字段	可以请求定义的固定字段	银行需要的固定字段	服务提供者想要的任何字段	每个服务提供者需要的信息是不同的,因此固定字段不起作用。例如,付款服务需要永久性账户卡,而旅游服务需要护照信息

续表

项目	使用区块链转换 KYC 流程[12]	使用分布式账本技术进行 KYC 优化[6]	拟议实现方式	选择理由
用户对数据的控制	没有选项	授予访问整个数据的许可(不能授予部分访问的许可)	用户可以选择他想要与服务提供者共享的详细信息	用户应有权控制自己的数据,并被允许只共享自己想要的信息
密码	用户需要输入密码	用户需要提供密钥	一个使用生物识别技术作为双重身份验证的移动客户端	与密码相比,指纹和双重身份验证确保了用户身份的高度确定性
发生变更或到期的详细信息	未提供任何信息	未提供任何信息	可以更新信息并再次验证	护照和驾照到期等详细信息,因此需要构建一个允许更新信息的接口

14.3 提出架构

本节描述了提出的架构、生态系统和算法,还逐步描述了其生态系统的详细工作方式。

大多数集中式数据库都极有可能是黑客的攻击目标[5]。某一身份所有者的数据以加密方式存储在采用了我们所提出的系统的设备上。因此,我们所提出的系统将确保身份所有者数据的私密性,并确保攻击者难以访问这些敏感数据。此外,我们的新型架构还能解决当前工作中的问题。

身份系统建立在一个采用区块链的去中心化模型上。通过在移动手机上应用区块链和生物识别技术,使用户能够与服务提供者共享和管理他们的身份数据。该系统有三个主要组成部分:

(1)一个安装在用户设备上的应用。

(2)用于验证身份的区块链。

(3)规范服务提供者和验证者的 API 服务器。用户的个人身份信息(Personal Identity Information, PII)以加密形式与区块链的交易密钥一起存储在设备上。

服务提供者可以直接使用用户经过验证的个人身份信息。如果需要的个人身份信息尚未经过验证,则用户需要获得身份验证者的一次验证,然后将这些相关详细信息提供给服务提供者。因此,系统向服务提供者提供可用于身份验证的一个协同生态系统。图14.4解释了所有实体之间的系统实现和通信:用户、服务提供者、验证者、API服务器和区块链。

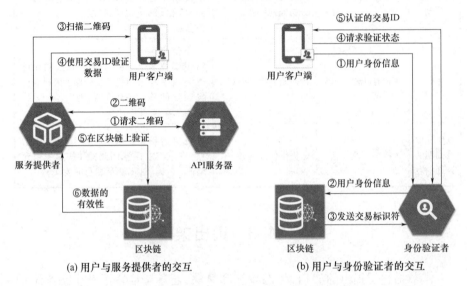

图14.4 用户与服务提供者及身份验证者的交互

图14.4详细说明了个人身份信息的验证步骤。详细的步骤及每个步骤所涉及的活动如下:

第1步:用户向身份验证者发送个人身份信息(PII)。身份验证者通过亲自验证来验证用户的信息。

第2步:验证者向区块链发送需认证的个人身份信息,并存储交易标识符。用户可检查其个人身份信息验证状态,且交易标识符会发送回用户。

经过验证的个人身份信息的使用步骤:更新将终止使用经过验证的个人身份信息所涉及的步骤。每个步骤所涉及的活动如下:

第1步:当用户访问服务提供者网站时,服务提供者会请求API服务器提供二维码,其中包含请求的数据类型。这个二维码显示在用户的屏幕上,需要用户进行扫描。

第2步:当用户扫描服务提供者显示的二维码时,会被要求共享提供的详细信息，他可以选择同意或拒绝。如果用户同意共享所请求的详细信息，用户客户端将通过验证者发送经认证的数据，该数据带有与验证者在区块链上的认证相关的交易标识符。

第 3 步：服务提供者通过计算并比较数据的哈希值，对数据认证（数据的哈希值）和实际数据进行比较。服务提供者接受详细信息后，用户就可以作为经过身份验证的用户访问服务。

在提出的系统中，服务提供者和验证者访问区块链网络的权限需要是私有的。根据实体的角色授予许可；验证者同时拥有在区块链上添加验证证明的读写许可，而服务提供者只拥有能够验证详细信息的读许可。

API 服务器的主要用途是协调服务提供者与验证者在移动客户端的区块链上注册的详细信息。该服务器实现了可从移动客户端获取验证者列表和关于服务提供者详细信息的 API 端点。此外，在二维码认证过程中，该服务器还被用作建立套接字连接的端点。

整个流程取代了传统的注册和登录系统。在传统系统中，用户需要填写详细信息表，并输入每个服务提供者的唯一密码。然而，在新流程中，用户只需扫描服务提供者网页上显示的二维码，所有流程将由移动客户端、API 服务器和服务提供者内部处理。这是一种双重身份验证流程：

（1）移动客户端通过生物指纹扫描来保障安全（"用户的身份"）。

（2）身份数据存储在移动客户端中（"用户处理的内容"）。

14.4 实现

本节讲述了所提架构实现的详细信息。在区块链网络中，已实现了 KYC 所需的以下函数。

（1）addDetail（添加详细信息）：验证者记录验证证明。

（2）queryDetail（查询详细信息）：服务提供者验证用户详细信息证明。

（3）updateProof（更新证明）：在详细信息出现变更时，更新证明。

（4）updateExpired（更新到期详细信息）：更新既定字段到期的详细信息。

我们已经实现了一种安卓应用，作为移动客户端。该应用在进入时使用指纹扫描来确保安全。该应用有两个主要的工作流程：验证详细信息及与其他人共享经 KYC 验证的详细信息。图 14.5 和图 14.6 显示了验证流程的详细工作流程。

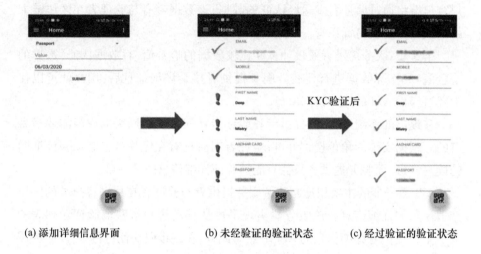

(a) 添加详细信息界面　　(b) 未经验证的验证状态　　(c) 经过验证的验证状态

图 14.5　KYC 详细信息的验证工作流程

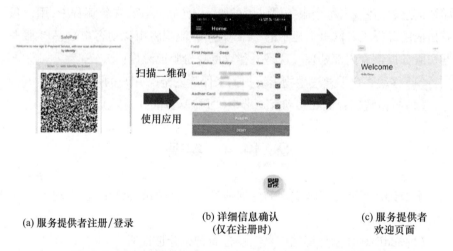

(a) 服务提供者注册/登录　　(b) 详细信息确认　　　(c) 服务提供者
　　　　　　　　　　　　　　　(仅在注册时)　　　　　　欢迎页面

图 14.6　服务提供者使用经过 KYC 验证的详细信息的工作流程

1. 中央 API 服务器

API 服务器的主要用途是协调服务提供者与验证者在移动客户端的区块链上注册的详细信息。该服务器实现了可从移动客户端获取验证者列表和关于服务提供者详细信息的 API 端点。此外,在二维码认证过程中,该服务器还用作建立套接字连接的端口。下节将详细讨论这种方法。

2. 服务提供者的二维码身份验证法

这种方法对使用自己移动客户端的客户进行简单的一步身份验证,其内部流程如图14.7所示。

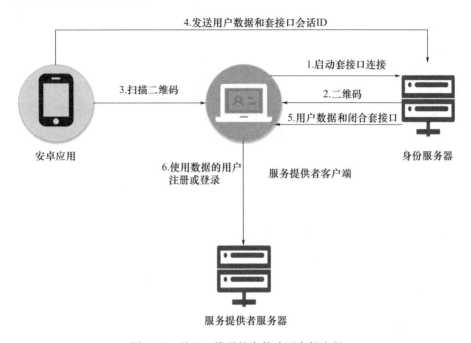

图 14.7　基于二维码的身份验证内部流程

(1)服务提供者的网页客户端(浏览器)将启动与 API 的套接字连接。这里的套接字连接用于建立用户移动客户端与使用套接字对话 ID 的服务提供者客户端之间的虚拟连接。如果没有套接字连接,移动客户端将无法识别哪些浏览器会话应该获取用户的数据。

(2)API 服务器将生成一个二维码,其中包含服务提供者的注册详细信息和启动时的会话 ID。二维码的数据采用 JSON 格式。然后,二维码被发送至网页客户端,并显示给想要进行身份验证的用户。

(3)用户使用移动客户端扫描该二维码。移动客户端将从二维码中提取详细信息。在新服务提供者注册的情况下,移动客户端将提示用户确认共享请求的详细信息。否则,将直接跳转至下一步。

(4)移动客户端将 HTTP 请求发送给 API 服务器,其中包括 API 服务器的用户详细信息和浏览器的会话 ID。

(5)使用套接字会话 ID,API 服务器通过一个套接字连接,将这些详细信息发送给服务提供者的网页客户端,并关闭套接字连接。

(6)服务提供者将在区块链上验证这些详细信息,并认证用户的身份。

整个流程取代了传统的注册和登录系统。在传统系统中,用户需要填写详细信息表,并输入每个服务提供者的唯一密码。然而,在新流程中,用户只需扫描服务提供者网页上显示的二维码,所有流程将由移动客户端、API 服务器和服务提供者内部处理。这是一个双重身份验证流程:①移动客户端通过生物指纹扫描来保障安全("用户的身份");②身份数据存储在移动客户端中("用户处理的内容")。

14.5 结果及讨论

14.5.1 超级账本区块链的区块示例

```
{
"data": {
"data":[
{
"payload": {
"data": {
"actions": [
{
"payload": {
"action": {
" endorsements": <Array of endorsements from endorser peers >[
< Endorser1 signature >,
< Endorser2 signature >
],
"proposal_response_payload": {
"extension": {
"chaincode_id": {
```

```
"name":"identity",
"version":"1.0"
},
"response":{
"message":"",
"status":200
},
"results":{
"data_model":"KV",
"ns_rwset":[{
"namespace":"identity",
"rwset":{
"reads":[{
"key":"E4BTK46-NM04EGV-JFE7MPB-GW9TKWT",
"version":{
"block_num":"13",
"tx_num":"0"
}
}],
"writes":[{
"is_delete":false,
"key":"E4BTK46-NM04EGV-JFE7MPB-GW9TKWT",
"value":"eyJoYXNoIjoiOGU2ZmMwYmU4MjlmY2I4MTA0OWEiLCJleHBpcnkiOiIxMC8wOS8yMDIwIn0-"
}]
}
},
{
"rwset":{
"reads":[{
"key":"identity",
"version":{
"block_num":"3",
```

```
"tx_num":"0"
}
}],
"writes":[]
...
},
"proposal_hash":"l1C4jsIytFzyK1RM2bX2c
ToIV254b0whwisdD8ckKEg="
}
},
"chaincode_proposal_payload":{
"input":{
"chaincode_spec":{
"chaincode_id":{
"name":"identity",
"path":"",
"version":""
},
"input":{
"args":[<Input args for chaincode>],
},
"type":"GOLANG"
....
]
},
"header":{
"channel_header":{
"channel_id":"mychannel",
"timestamp":"2020-06-13T13:21:49.326Z",
"tls_cert_hash":"WseZyR2e95aF+iiJuI
++2e7uhmIhgNOf2yufN9CzL8w=",
"tx_id":"912b77738c2d24bacf4033713f7
0f937bda9aa1a772369cc04beb6e05f8fa421",
```

```
"version": 1
},
"signature_header": {
"creator": {
"id_bytes": < Creator CERT >,
"mspid": "Org1MSP"
},
"nonce": "0NjrocRO26WiWRPxrcdglHwhfD7 + q2r5"
},
}
},
"signature": "MEUCIQDUjdx57xZyklgFYXhenz0bQcC
T1Jp6gtKqLEfDh6q21wIgbtMYbzvpHEW + p3tKkBxa
7Bt2eYo88E1hkDP7zZA = "
}
]
},
"header": {
"data_hash": "bsV + /bgVghQKLUJwYU1fkOixwYAjMBth
r26 + HjX8VBY = ",
"number": "14",
"previous_hash": " + Wv8xGCXhValckZ3bgnaYz3zaf
VH4nvU0EAKNLU8pD8 = "
},
"metadata": < BlockMetadata obj < has
metadataSign,validity values > >
}
```

14.5.2 超级账本区块链的交易区块示例

上文显示了一个插入超级账本区块链中的区块示例。这也是我们在区块链模拟中使用的一个区块。每个区块由区块头、元数据和有效载荷数据三个基本部分组成。

区块头由当前区块数据的哈希值、前序区块的哈希值和区块编号三个值组成。这些值在上述区块中分别表示为数据哈希值、前序哈希值和编号。

元数据由区块相关信息和区块内包含的交易组成。元数据为每个交易创建了时间戳、密钥和区块写入器证书、签名和验证标志。

数据字段由排序的交易列表组成,既定的区块有一个交易。每个交易有头部值、签名值、提案值、响应值和背书值5个值。

交易头部值包含关于交易的信息,如上述区块链网络的区块通道ID、时间戳、交易ID、链码版本等。签名值是指对提出交易的应用所创建的交易进行的加密签名。这是为了确保交易未经篡改,并非来自未经身份验证的来源。

提案值包含执行任何既定链码函数所需的值。它包括关于使用哪个链码的信息,为执行任何操作而向链码发送的输入参数。因此,我们的区块交易请求使用"身份"链码执行一个操作,而且输入字段包含所有需要的参数。附加字段类型表示编写链码使用的语言。这是一个超级账本专用字段,因为它具有使用多种语言的灵活性。在本节例子中,它是指Go语言。

响应值包含执行交易后有关交易结果的信息。它包括交易作为读/写(Reading/Write,RW)集执行的所有操作。在给定区块中,交易提出了密钥更新请求"E4BTK46 – NM04EGV – JFE7MPB – GW9TKWT"。因此,为了执行该交易,读写集中需要三个实体。

对每个交易执行一次强制读取。在这种情况下,读取给出的链码。当链码安装在区块链网络上时,它也会创建一个交易区块。每次发出链码请求时,都会从区块链的记录读取链码,以确保真实性且使用最新版本。在本节例子中,"身份"写为区块3。

现在执行更新操作,需要执行"E4BTK46 – NM04EGV – JFE7MPB – GW9TKWT"的读取操作。如上述区块示例所示,在区块13中找到密钥并最终更新。最后,执行写入操作,写入新值"eyJoYX...C8wOS8yMDIwIn0 ="。

背书值是指每个需要的组织用于满足背书策略的已签字交易响应列表。因此,我们有来自两个组织对等节点的两个背书值,因为我们的方法需要两个不同组织的签名值。

本节讨论了部署所提架构后得到的结果,并对所提架构的适用性和运用进行了讨论。

我们针对KYC流程提出了一种去中心化生态系统。该系统解决了每个不同服务提供者重复且昂贵的独立 KYC 流程问题。用户只需完成一次验证流程，其他服务提供者就可直接使用这些经过验证的详细信息，无须重复完成相同的流程。区块链在验证者与服务提供者之间提供了一种透明的协同系统。

出于灵活性考虑，我们让用户决定每次想要向任何服务提供者验证哪些详细信息，而不是强迫用户一次性添加所有详细信息，即使对于特定服务提供者来说不是必要的。此外，用户可以根据自己所在地理位置的便利和信任程度，选择进行验证的验证者。

系统提出将数据的控制权交给用户，而仅将原始身份详细信息存储在用户设备上。区块链仅记录经过验证的详细信息证明，以供服务提供者未来验证。因此，除了移动客户端，系统没有关于用户的任何原始信息。在注册期间，用户收到关于确认与服务提供者共享详细信息的提示。用户可以根据信任度决定是否共享详细信息。由于信息存储在客户端上，人们可能会担心用户在验证通过后伪造虚假信息。然而，用户还需要变换区块链上的证明，故不会引起单点失效。因此，用户需要对区块链具有验证者级别的授权。

我们还提议对系统采用无密码身份验证方法。这种方法提供了一种无须用户参与的双重身份验证新方式。该系统将二维码扫描用作共享详细信息的媒介。使用移动客户端扫描二维码时，无须任何密码就能与服务提供者共享这些详细信息。移动客户端将采用生物指纹扫描进行保护。此系统解决了通过窃取密码或猜测密码的方式劫持账户的威胁。此外，系统还省去了用户记住唯一密码并在每次登录时输入详细信息的麻烦。

14.6 结论和展望

本章所提身份认证系统将数据以加密形式存储在用户的设备中，而不是存储在集中式数据库中，这为用户赋予了携带自身电子身份的机动性。用户将负责管理自身的数据，自行决定与他人共享的数据及共享对象。为替代传统身份验证流程，提出了一种基于二维码的身份验证流程。所有服务提供者和验证者都将通过区块链分布式账本共享他们的验证认证。为维护对区块链中的认证记录进行安全访问的特权，向服务提供者和验证者分配了访问角色。该系统省去了冗余且成本高昂的 KYC 流程，对基于密码的身份验证流程提供了一种安全替代方案,并且通过简单的登录和 KYC 流程,提供了更好的用户体验。

为了在服务提供者与验证者之间创建一个平衡的生态系统,我们可以引入一种支付系统,每当服务提供者使用验证者验证的详细信息时,验证者可获得固定的金额,这样就能确保验证者劳有所得。此外,多个服务提供者使用相同的信息,因此这一成本仅是服务提供者使用自己的验证者时所产生成本的一小部分,从而为验证者和服务提供者创建了一个生态系统。

参考文献

[1] D. Martens, A. V Tuyll van Serooskerken, and M. Steenhagen,"Exploring the potential of blockchain for KYC," *Journal of Digital Banking*, vol. 2,no. 2,pp. 123 – 131,2017.

[2](2018,July) Know your customer (KYC) will be a great thing when it works. [Online]. Available:https://www. forbes. com/sites/forbestechcouncil/2018/07/10/ know – your – customer – KYC – will – be – a – great – thing – when – it – works/#2e8c5d298dbb.

[3](2012,07) Kyc regulations. [Online]. Available:https://www. rbi. org. in/Scripts/BSViewMasCirculardetails. aspx? id = 8179.

[4](2007,01,January) MD5 message – digest algorithm [Online]. Available:https://en. wikipedia. org/wiki/MD5#/media/File:MD5_algorithm. svg.

[5] M. Di Pierro,"What is the blockchain?" *Computing in Science & Engineering*, vol. 19,no. 5, pp. 92 – 95,2017.

[6] R. Turn, N. Z. Shapiro, and M. L. Juncosa,"Privacy and security in centralised vs decentralised databank systems," *Policy Sciences*, vol. 7,no. 1,pp. 17 – 29,1976.

[7] J. P. Moyano and O. Ross,"Kyc optimisation using distributed ledger technology," *Business & Information Systems Engineering*, vol. 59,no. 6,pp. 411 – 423,2017.

[8](2020,01) Hyperledger fabric documentation. [Online]. Available:https://hyperledger – fabric. readthedocs. io/en/release – 1. 4.

[9] M. Alharby and A. Van Moorsel,"Blockchain – based smart contracts:A systematic mapping study," *arXiv preprint arXiv*:1710. 06372, 2017.

[10] C. Ma, X. Kong, Q. Lan, and Z. Zhou,"The privacy protection mechanism of hyperledger fabric and its application in supply chain finance," *Cybersecurity*, vol. 2, no. 1, pp. 1 – 9,2019.

[11] C. Cachin et al. , "Architecture of the hyperledger blockchain fabric," in *Workshop on distributed cryptocurrencies and consensus ledgers*, vol. 310, 2016, p. 4.

[12] P. Yadav and R. Chandak, "Transforming the know your customer (KYC) process using blockchain," in 2019 *International Conference on Advances in Computing, Communication and Control* (*ICAC*3). IEEE, 2019, pp. 1-5.

/第 15 章/

区块链智能合约的安全与隐私

维维克·库马尔·普拉萨德
香登·特里维迪
达瓦尔·贾
马杜里·巴夫萨尔

区块链在信息安全保护中的应用

15.1 区块链与智能合约简介

你买过车子或房子吗？如果买过，那就肯定遇到过这些复杂交易特有的令人厌烦的情况。很多企业领导者都感受过类似的痛苦，也曾经研究过如何用区块链和智能合约来缓解这种痛苦[1]。无论是刚刚听说区块链和智能合约，还是正在搜索深入的介绍，本章都是一个好的开始。智能合约是放在区块链上的代码，会在达到默认的合约条款（条件）时自动执行[2]。从根本上讲，智能合约是按照开发者所设置运行的系统。智能合约的优点在商务合作关系中最为明显。智能合约通常用于执行某种协议，使双方在没有谈判者干预的情况下就能对结果产生信任。区块链是一种去中心化的分布式账本。区块链将以数字形式登记和连接交易，从而使资产完整存在于区块链上或提供资产的起源[3]。交易仅在用共识协议检查后才能添加到区块链中。这意味着，添加到区块链中的交易是现实的唯一版本。为提供额外的保护层，每条记录也会受到保护[4]。区块链是"不可更改的"，因为其记录无法变换。而且，区块链上的交易是直接的（或透明的），因为交易的所有参与者都会获得相同的结果[5]。

上一段简要介绍了智能合约和区块链。接下来，本章将对其进行深入探讨和理解。比特币是中本聪于 2008 年开创的一种加密货币[6]，并由此诞生了区块链的概念。区块链是一个不断增长的记录集合，其中记录称为区块，而这些区块通过加密技术串联并保证内容安全。区块链采用可以容纳一个端点的对等（P2P）协议[7]。共识机制建立了一种标准策略来对交易和区块进行精确排序，并在地理上分散的节点中维持区块链的公正性和持久性。区块链本身具有去中心化、可审计和完整性等特征。它将充当一种新的应用桥梁，并视作集中存储共享信息的一种潜在去中心化替代方案。区块链可以根据不同的访问授权层分为三类：第一类是公有链（如以太坊和比特币），第二类是联盟链，第三类是私有链（如超级账本）。区块链是管理和执行智能合约的平台。智能合约是在区块链网络上运行的计算机程序，可以传递因素、规范和业务规则，从而实现复杂且可编程的转账交易[8]。下一节将详细探讨智能合约的运作流程。本章解释的区块链概念和工作原理如图 15.1 所示。

第15章 区块链智能合约的安全与隐私

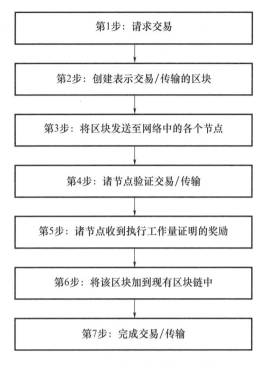

图 15.1 区块链工作环境中的步骤

15.1.1 智能合约的运作流程

各方议定并签署智能合约,然后将智能合约应用到区块链网络上,以进行传输[9]。这些传输(交易)在一个对等网络上发送,在得到验证后,(将这笔交易的金额)存储在区块链的区块中,如图 15.2 所示。

返回的参数将提供给合约的创建者(如合约地址)。之后,用户将通过提交返回的参数来应用合约,这称为商业交易或贸易。此系统的奖励特征将吸引矿工,他们将献出自己的计算资源来验证交易。在获得进行交易或启用交易的合约后,矿工将在自己的本地环境中创建一个合约或执行合约码[10]。合约将根据可信数据传送专线(也称为"预言机")的输入和系统状态决定当前条件是否达到了控制标准。如果满足条件,就必须严格执行应对活动。交易一旦完成身份验证,就会被塞到一个区块中,而这个数据更新区块一经整个网络同意就会被加到区块链中。下文将以超级账本 Fabric 和以太坊为例介绍

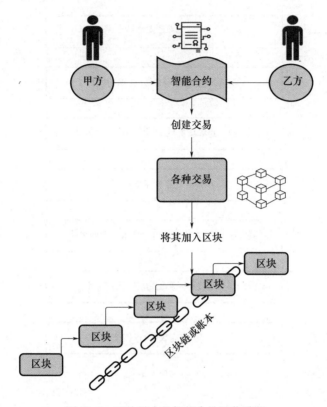

图 15.2　区块链中的智能合约运作流程

智能合约的运作流程[11]。以太坊是目前最常用于创建智能合约的框架。智能合约可以根据传输或运行解释为状态机。它从交易的初始状态开始,以增量方式执行交易,从而将其转换成单独的最终状态,即在以太坊世界中公认的标准"版本"的最终状态(条件)。

超级账本 Fabric[12] 由区块链架构改编而成,是 Linux 基金会下的一个超级账本项目。在区块链领域,仅可信用户可加入超级账本,而不是人人都可以参与到网络中的公有链(如以太坊和比特币)。在超级账本 Fabric 中,只有一些与业务有关的精选组织可以通过会员计划提供者及其网络进行连接,因此超级账本是安全的。从支付或状态改变的角度来说,账本是交易的循序记录,而且是防篡改的。状态变换是启用(交易)链码的产物,而交易的结果是收集账本生成、变换或删除的资源键值对。超级账本 Fabric 的交易工作流程包含三个阶段:

（1）提议。此任务是将一条交易请求发送至各组织的支持终端。提议阶段需要使用链码特征来读取账本中的数据或向账本写入数据，如包含在交易结果中的响应值、写集和读集。作为对交易提议的响应，交易发起方将接收这些属性的集合和交易验证者的签名。

（2）打包。此任务或应用将验证背书者的签名，审查该提议得到的答复是否相同。之后，程序把交易发送至排序服务（排序节点），由其更新账本。客户将过滤网络交易，并将其打包成一个区块，使之做好向与其相连的所有对等节点分发的准备。

（3）验证。区块内的每项交易都由与购买者相连的关联节点检查，确保相应组织已按照背书策略定期背书。值得注意的是，这一步不涉及链码的运行，而且只会在提议阶段完成。验证后，每个对等节点都将把该区块加入链中，并验证公共账本。

15.1.2　物联网安全和区块链智能合约的影响

物联网是一个由互联设备组成的网络，它采用嵌入式设备、传感器、人工智能和软件在互联网上发送数据。物联网应用在各种复杂的系统中。每个连接设备都有自己独有的身份[13]。

物联网的主要用途是将各种物体与人关联起来，使人们更容易在互联网上获取所需的知识，从而提升人们的生活标准[14]。物联网为物体与人之间的沟通或物体之间的沟通提供了一种新的方式。但物联网除了会给人类带来了许多舒适之处，还会引发许多安全问题。黑客发起的种种攻击，目标都是提取这些物联网设备中的机密数据。物联网的三层（感知层、应用层和网络层）全都存在安全问题。这些安全问题的起源，部分在于使物联网设备便宜、简单且轻便，违反了安全策略。"区块链"一词通常指数据结构，偶尔指网络或系统。区块链就是由多个有序区块组成的一个列表，而且每个区块都存储着多项交易。所有区块都与区块链中的前序区块相关联，并且包含前序区块的哈希值。因此，若不完全变换区块链内容，就无法更新或移除区块链的交易历史。

以下几点将讨论智能合约（SC）的优点：

（1）降低风险。区块链具有防篡改性，因此智能合约一经发布，就无法进行单方面更改。除此之外，整个分布式区块链系统上存储和复制的所有交易都是可以审计与跟踪的。因此,可以最大限度减少恶意行为,如金融欺诈。

(2)降低服务和调解成本。区块链通过分布式共识过程维持整个系统的信用,消除了对中间人或中心化代理的需求。存储在区块链中的智能合约可以去中心化的方式自动激活。由于无须第三方干预,可以显著降低和节省管理和运营支出。

(3)提升业务流程的效率。消除对中间人的依赖,将显著提升业务流程的效率。在供应链系统中,一旦达到预先设定的要求(如消费者确认收到产品),就会立即以对等方式完成财务交易。如此,将显著缩短周转时间。

15.2 区块链智能合约领域的挑战和近期研究

在讨论区块链智能合约面临的挑战之前,应该先按智能合约的生命周期对挑战进行分类[15]。智能合约分为创建、部署、执行和完成 4 个阶段,如图 15.3 所示。

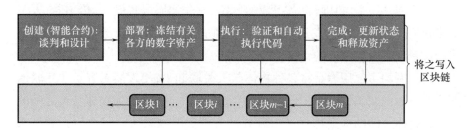

图 15.3 智能合约的生命周期

虽然目前有许多问题尚未解决,但智能合约仍是一种前景广阔的技术。根据智能合约生命周期的 4 个阶段,我们把这些重大挑战分成 4 组,具体阐述如下:

15.2.1 智能合约创建阶段的挑战

合约的开发是执行智能合约必不可少的一步。用户只需对各自的合约进行编码,然后将其部署在不同的区块链平台上。区块链是持久化的,故基于区块链的智能合约在执行后将无法更改。所以,开发人员必须慎重考虑以下问题:

15.2.1.1 可读性

大部分智能合约都是用计算机语言编写的,如 Go 语言、Java 语言、Solidity 语言和 Kotlin 语言。编写后,智能合约会编译和执行源代码。因此,不同时期的系统会有截然不同的代码类型。如何使各种类型的程序可读,依旧是个大挑战。

15.2.1.2 功能问题

最新的智能合约系统存在各种各样的技术问题,而且面临着一些独有的挑战:①重入意味着有可能再次安全地记住被中断的功能。虚假用户或恶意用户可能利用这个瑕疵盗窃数字货币。②区块(即生成的区块)的随机性可能被用在一些智能合约应用中,如彩池和彩票。随机性通过在区块或随机数区块时间戳中生成假的随机数来实现。另外,有些不怀好意的矿工可能构建假区块来偏离假随机生成器的输出。攻击者可能以这种方式影响概率分布的结果。

15.2.1.3 超负荷

智能合约未充分优化,故而可能超负荷。循环操作和重复的计算都是超负荷模式的特征。

15.2.2 部署阶段的挑战

区块链网络上的智能合约将在开发后执行。但为了防止可能的错误,需要谨慎地审查智能合约。另外,智能合约的设计者需要知道合约的交互模式,从而最大限度地降低可能因恶意行为而产生的损失(如攻击和欺诈)。

15.2.2.1 合约的正确性

智能合约一旦运用到区块链上,就几乎很难进行任何更改。因此,在正式运用之前确定智能合约的正确无误至关重要。但智能合约难以建模,所以很难检查智能合约的准确性。

15.2.2.2 动态控制流程

智能合约的防篡改性并不会保证智能合约控制流程也具有防篡改性。一般来说,智能合约可以与其他智能合约沟通(如形成一个新的合约或向合约转移资金)。在创建智能合约时,必须仔细考虑控制流程。随着时间的推移,智能合约之间的相互作用可能会使互联的合约数量增加,合约的行为也很难预见。此外,尽管运行环境并不总是准确的,但目前大多数方法都侧重于用系统中的动态控制流程来识别可能出现的问题。因此,还必须测试执行环境是否可靠。

15.2.3 执行阶段的挑战

对于智能合约而言,执行阶段非常关键,因为它将决定智能合约的最终状态。在智能合约的执行阶段,必须解决各种各样的问题。

15.2.3.1 可靠预言机

除非智能合约具有真实的实践经验,否则智能合约无法运行。例如,"欧洲博球"(一种智能足球博彩合约)就对学习欧洲杯的结果感兴趣。另外,有一种智能合约设计在沙箱中运行,与互联网的其余部分相隔离。预言机在智能合约中充当代理,寻找和检查真实世界中的事件,并将之传送至智能合约。因此,诞生了如何选择可靠预言机的问题。

15.2.3.2 依赖交易顺序

在智能合约中,由用户提交交易来启用功能,而矿工负责将交易加载到区块中。区块链分支节点在分叉后存在不确定性,因此交易的顺序不是确定的。这种混乱可能导致依赖顺序的交易出现不一致的情况。

15.2.4 完成阶段的挑战

在智能合约已经执行并传送至每个节点后,系统状态的变化将被打包成一项交易。但智能合约的出现带来了更多问题。

15.2.4.1 安全和隐私

目前,大多数智能合约和区块链平台都缺乏交易隐私和隐私保护机制。尤其是,交易数据分布在整个区块链网络上。因此,人人都可以访问网络上的所有交易。与此同时,有些区块链系统还采用匿名公钥来提高交易的保密性。大多数交易信息(如余额)仍然是公开的。智能合约系统本身也还存在着一些软件错误,容易遭到恶意攻击。另外,在区块链网络上运行的智能合约往往容易受到框架影响。

15.2.4.2 诈骗

区块链和智能合约作为新技术,容易遭到诈骗分子发起的恶意攻击。尤其对于合约用户而言,识别骗局至关重要,因为这样能让他们及早中断投资,防止不必要的损失。

区块链平台上的智能合约是近年来开发的。区块链框架为开发人员提供了构建智能合约应用的简单接口。许多框架都会支持各种现有区块链平台之间的智能合约。超级账本、以太坊、恒星币、Corda 和 Rootstock 都是智能合约平台的例子。我们之所以选择区块链框架,主要是因为集群增长的普及,以及隐含的技术成熟度。

15.3 智能合约的应用

图 15.4 展示了智能合约在分布式系统安全、金融、共享经济、公共部门、物联网和数据溯源方面的应用。下文将详细探讨每种应用。

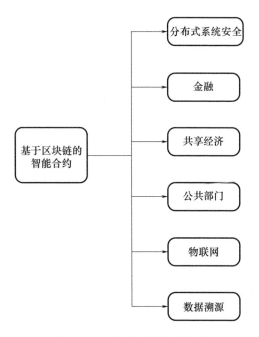

图 15.4 智能合约的各种应用

15.3.1 分布式系统安全方面的智能合约

在改进分布式系统的安全方面,智能合约具有明显优点[16]。计算机网络面临的主要安全威胁之一是分布式拒绝服务(DDoS)攻击。

攻击者可能用过量的不需要的请求"淹没"目标设备,导致互联网服务失效或暂停[17]。为打击分布式拒绝服务攻击,近期有人提出了一种协作框架。相比于传统的解决方案,这种方法侧重于智能合约,能够以完全去中心化的方式处理攻击。尤其是,在攻击者瞄准服务器之前,攻击者的 IP 地址就会自动存储在智能合约中。因此,其他节点会知道攻击者的 IP 地址。下文将介绍其他安全机制,如过滤来自恶意用户的流量。

云技术是一项颇有前景的技术,它使用户对共享计算和数据服务池具有通用存取权限。用户通常会从可信的云服务提供商(Colud Service Provider, CSP)处购买云服务。但云服务提供商时常勾结起来,谋取更多利润,因此检查云服务提供商的可信度就成了一个问题。几位研究人员在其论文中提出了一种侧重于智能合约和博弈论的应变方法[18]。这种方法的基础构想是让一个客户预订两个云服务器来执行相同的任务。在这个过程中,智能合约将在两个云服务提供商之间种下紧张、背叛和怀疑的"种子"。这样用户会很快就能确定哪些云服务提供商不会冲突和作弊。为了验证这个构想是否可行,有人基于 Solidity 语言的合约在获得授权的以太坊网络上进行了测试。

此外,云计算中还经常采用代理——代理审查客户的请求,使不同供应商的服务保持一致。但是,代理应该同时得到客户和服务提供商的信任。重要的是,为了劝人停止使用代理,有研究人员在其论文中建议使用智能合约。其策略的基础构想是采用共享的云服务级协议,通过智能合约来定义规范[19]。与此同时,还有人设计了一个实用功能来解决不匹配问题,该功能根据双方的意愿和需求来评价合约。当代理被放弃或劫持时,双方都会失去信用。

15.3.2 公共部门方面的智能合约

智能合约正与区块链技术一起重塑公共部门的管理方式。区块链基本上可以避免数据盗窃,透明地提供公共信息[23]。以公开招标为例,区块链和智能合约的结合将证明投标人和招标组织的身份,自动进行招投标流程,支持审查审计。电子投票系统目前还存在许多障碍,如验证用户身份和保护用户隐私(或确保投票的匿名性)。智能合约也为电子投票系统提供了解决方案。为了在不泄露用户隐私的情况下验证用户身份,有人提出了基于区块链的电子投票系统——名为"Follow My Vote"。不过,这个系统仍然依赖可信的第三方权威来说服选民不泄露消费者/用户的隐私。

此外,还有可能用智能合约来创建个人数字身份和可信度[24]。清华大学用户声誉系统(Tsinghua University User Reputation System,TURS)就是一个基于智能合约的在线身份管理系统。清华大学用户声誉系统中的个人档案有职业声誉、个人声誉和在线声誉三个基础因素。智能合约通过可编程条款向其他参与者授予存取权限。通过智能合约,人们可以保护自己的隐私信息(声明)。与此同时,记录在区块链中的所有交易均无法操纵或删除。

15.3.3 金融方面的智能合约

理论上,智能合约将最大限度降低金融风险,降低管理和运营成本,以及提高金融服务的效能[20]。后文将解释说明智能合约在以下传统金融服务中的优点。

(1)保险。在保险行业使用智能合约可降低处理成本和节省费用——主要是在理赔时。以汽车保险为例,汽车保险涉及代理商、驾驶人、修车厂、交通运输提供者和医院。通过在分布式公共账本上交换法律文件,智能合约将自动进行诉讼和解、提高性能、缩短索赔的处理时间,以及控制成本。

(2)商业银行业务和零售银行业务。与资本市场有关的智能合约运用也可能给抵押贷款行业带来好处[21]。在贷款发放、借贷和服务阶段,传统的抵押贷款通常很复杂,进而导致成本增加和时间延迟。但通过在区块链中将法律文件数字化,使抵押流程自动化,智能合约将降低成本、缩短延迟时间。

(3)投资银行业务和资本市场。漫长的结算时间一直困扰着传统资本市场。智能合约将把结算时间从18~22天显著缩短至6~10天,从而增加对消费者的吸引力。因此,预计未来会带来5%~6%的需求增长并带来高额利润。

15.3.4 物联网方面的智能合约

物联网是最激动人心的创新之一,它将支持许多项目[25],即库存跟踪系统、供应链管理、图书馆、制造商、存取控制、工业互联网、电子医疗健康系统等。物联网的关键成就是将"智能物件"(即物)结合到互联网中,并且给用户提供不同的设施[26]。有人暗示采用物联网来简化不同的商业交易。加入智能合约,可以解除对物联网能力的束缚。以工业制造为例,目前,大多数生产商都是以集中方式管理自己的物联网生态系统。例如,通过从设备向服务器查询,固件改进只能由多个物联网设备在中央服务器上手动访问。智能合约为此问题提供了一个自动化的解决方案。制造商可以通过分布式部署在整个区块链网络的智能合约,定位固件更新的哈希值。之后,设备将自动从智能合约接收固件的哈希值。这种方式可以显著节约资源。

智能合约也可能为物联网的电子商务模型增加优势。例如,为解决购买问题,传统电子商务范式还涉及让第三方来充当代理。但这种集中式付款方式既昂贵,又没有充分利用物联网的优势。有人建议用分布式自治组织(Distributed Autonomous Corporation,DAC)将交易自动化[27]。分布式自治组织中没有处理付款的常规位置,如政府或公司。在通过智能合约执行时,分布式自治组织可以自动运作,无须人为干预。此外,智能合约还将帮助加快传统的供应链。例如,供应链与智能合约的结合将使付款和商品配送期间的合同权利及义务自动行使和履行,且双方都认为整个过程是可信的。

15.3.5 数据溯源方面的智能合约

除金融服务外,智能合约(SC)还用于保障科研和临床健康领域的知识质量。在近几年的临床试验中,常常出现数据被篡改或伪造的情况。例如,小保方晴子(Haruko Obokata)2009年发布于《自然》杂志的一篇论文就存在伪造的数据[28]。生成的数据可能误导正在进行的调研方案,或者耽误患者康复。因此,数据质量可能严重削弱科学信心和公信力。

为缓解这个问题,有人建议数据溯源。数据溯源的基础构想是存储元数据知识的数据根、派生数据和转换数据。不过,数据源很难应用。除了对隐私敏感的信息(如存取时间、用户ID和UI角色),大多数记录工具都在存储信息活动,如Progger和可信平台模块(Trusted Platform Module,TPM)[29]。隐私知识的保护是个问题。数据源方案侧重于智能合约,且拉玛钱德朗(Ramachandran)和坎塔尔乔格鲁(Kantarcioglu)提出了区块链。研究人员可以将自己的加密数据发送至此框架。当数据发生任何变化时,智能合约将记录监控数据的转换。这种方式可以记录任何恶意伪造的行为。

另外,为了保护创新数字媒体的知识产权,也可以使用智能合约。每个数字产品(如客户的产品标识和数字钱包的地址)都有一个独特的数字水印[30]。假设存在侵权(如买家在未获得创作者许可的情况下向他人出售数字产品),则执法官员可使用数字水印的提取结果监督非法文件,并将买家的数字钱包地址与原文件进行比较。如此便可轻松发现侵犯知识产权的行为。通过智能合约和区块链,可以完成整个程序。

15.3.6　共享经济方面的智能合约

共享经济带来了许多好处,如通过出借和回收商品降低消费品价格,改进客户服务,将资本最大化,以及降低环境影响[22]。但是,目前大多数共享经济网络都因为中心化而面临着隐私泄露、消费者交易成本高、可信第三方不可靠等问题。从理论上讲,智能合约将通过把共享经济的平台去中心化来重组。有研究人员基于以太坊的智能合约提出了一种共享经济的新系统。尤其是,该系统允许用户在没有可靠第三方的情况下交换和登记对象,同时还会对个人数据保密。功能应用也确认了该系统的效率。将智能合约与物联网结合起来,还可以开发经济共享应用。

同时,一篇与基于区块链实现共享经济有关的论文提出了一种尊重隐私的策略。由于区块链具有公开透明的特点,该方案主要解决了基于区块链结构的隐私泄露问题。该方法尤其适用于零知识证明方式,拟议过程的可行性也展示了实际的执行情况。

15.4　关于使用区块链智能合约保障云安全的案例研究

物联网的安全和隐私依然是一个根本性的挑战,这主要是因为目前存在着广泛的互联网络。虽然有多种区块链方法保证去中心化的隐私和保护,但仍需要大量能量,而且消息的传递存在延迟,系统开销计算对大多数资源有限的物联网设备而言并不充分。因此,智能合约可以充当其解决方案。在本案例研究中,将云和基于区块链的智能合约用于智能家居环境中,由智能家居、叠加层和云存储三个基础层级组成。每个智能住宅都配有一个在线高资源设备,称为矿机,由其处理室内外的所有通信[31]。此外,矿机还维持着一个室内区块链,用以控制和审核通信。通过全面分析区块链智能家居架构在基本安全目标(如可用性、保密性和完整性)方面的安全,将确保区块链智能家居架构的安全。

以下将讨论智能家居的主要组成部分及其工作原理:

(1)交易。覆盖节点与本地设备之间的通信称为交易。区块链赋能的智能家居存在许多交易,每项交易都是为了某个具体目的而构建的。数据存储设备将创建存储交易。为访问云存储,提供者将对云或房主发起访问交易。房主或服务提供者为持续监督系统信息发起监督交易。创始交易的用途是将新设备连接至智能家居,而设备的移除是通过移除流程进行的。上述所有交易均使用公钥来保护通信。轻量级哈希计算用于在传输期间识别任何交易的内容变化,即在附近用一个专用的安全区块链来存储所有往来智能家居的交易。

(2)用于智能家居管理的本地区块链及其安全。每个智能住宅中,都会有一个本地私有链跟踪交易,还会有一个策略头部来执行输入输出的交易策略。从创始交易开始,每个设备的交易都以不可变的引导段形式连接到一起。每个区块有区块头和本地区块链策略头部。为使区块头保持不可变,区块链具有前序区块的哈希值。策略头部用于给设备授权和执行房主的家居控制策略。

策略头部包含4个参数。"Requester"参数系指收到覆盖层交易后,出现在覆盖层交易期间的 PK 申请者。本地设备列相当于"设备 ID"列。策略头部的第二列显示请求的交易行动,可以是在本地存储数据、保存云数据、访问存储的设备数据和监督来自特定设备的实时数据访问情况。策略头部的第三列是设备的智能家居 ID。最后一列显示为遵守之前的交易特点而采取的措施。

除头部外,每个区块还有几项交易。每项交易都应在本地区块链中保存5个参数。在前两个参数中,一个设备的所有交易都链接到一起,而且每项交易均在区块链中单独标识。第三列中插入了交易所对应的设备 ID。交易类型可以是访问交易、存储交易、创始交易或监督交易。如果交易来自覆盖网络,则会存储在第5列;否则,该列留空。本地区块链由本地矿机支持和维护。如图 15.5 所示。

第15章 区块链智能合约的安全与隐私

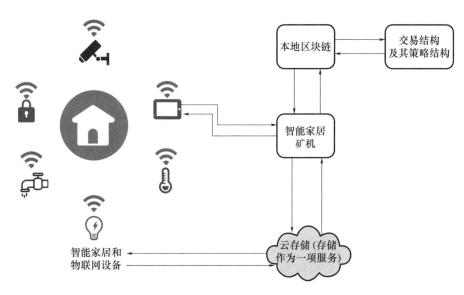

图15.5 用于智能家居的区块链智能合约

(3)智能家居矿机。家居自动化挖矿系统将集中智能家居输入和输出的交易。矿机通过单独的一台独立计算机集成到互联网网关中。挖矿公司将认证、允许和控制交易。矿机把所有交易汇编到一个区块中,再将整个区块连接到区块链。为获得额外的算力,矿机会保持一个本地库。

(4)本地存储器。这是计算机使用的本地数据存储装置,如备份驱动器。这个存储器可以与矿机结合,也可以使用单独的装置。存储器采用先进先出系统来将每个设备的数据存储在其原始链中。

本案例研究的下一部分将讨论基于区块链的智能家居。以下将介绍初始化过程、交易的处理和共有/共享覆盖层。

(1)初始化。此处将解释说明添加本地区块链设备和策略头部的程序。矿机将通过与设备交换智能家居设备的密钥来创建一个创始交易。矿机与计算机之间的相互密钥可以在创始交易期间保存。房主在策略头部概念上创建自己的策略,再将策略头部添加到第一个区块中。矿机在区块链最新的区块中使用策略头部,使房主能变更当前区块的策略头部,从而变更策略。

(2)交易的处理。智能设备可以直接彼此交流或与智能家居外的个体交流。住宅中的每台设备都可以请求其他内部设备提供特定的服务。例如,当一个人进入住宅时,灯泡请求提供移动传感器数据,以自动开灯。要让用户控制家庭自动化传输,矿机应该给设备提供相互密钥,从而直接彼此通信。矿机检查策略头部,或请求房主给予分配密钥的许可,然后在设备之间分配共享密钥。设备取得密钥后,只要密钥正确,就能立即进行通信。矿机通过向设备发送控制消息来将分配的密钥标记为无效,从而拒绝授予授权。这样有两个优点:一是矿机(即房主)有一份关于数据共享设备的列表;二是设备之间存在共享密钥的交互。住宅中其他可能的交易流程是将数据存储在本地计算机中。每台计算机必须经过身份验证,才能使用共享密钥在本地存储数据。计算机必须请求矿机提供密钥,而矿机将在空间获得批准后生成一个共享密钥并发送设备密钥和存储空间。本地存储器将通过获得密钥创建一个包含共享密钥的起点。计算机可以用共享密钥将数据直接存储在本地存储器中。设备可能需要将称为存储交易的数据存储在云存储器中。

为进行匿名身份验证,请求者需要一个包含区块编号和哈希值的起点。服务提供者(如 Nest 恒温器)可能拥有和管理云存储器,或者为房主付款(如在线云盒)。在前一种情况中,矿机通过用设备密钥创建已签名的交易来请求起点。在后一种情况中,付款通过比特币进行。存储器在收到请求后生成一个任意形式的起点,并将其发送给矿机。如果计算机需要把数据存储在云上,存储器还将传输数据和矿机的请求。矿机接受请求后,将授权云存储系统存储数据。如果计算机获得了批准,使存储器进行了一次传输,并且将数据传输到了存储器中,则矿机将从本地区块链中提取最终的区块和哈希值。在保存数据以便存储器进一步传输之前,云存储器将把新的区块编号返回给矿机。

其他可能的交易包括跟踪和访问交易。房主开展这些交易主要是为了跟踪或监督设备执行住宅外定制服务的情况。如果请求的数据在覆盖层上有一个节点访问交易,则矿机会针对本地存储器或云存储器进行测试。当数据存储在本地数据库时,矿机请求本地存储信息并将其传输至请求者;当数据存储在云上时,矿机请求云存储数据并将其传输至请求者,或者向请求者发送前序区块的编号和哈希值。

还有一种情况,允许请求者通过设备读取存储在云存储器中的完整数据,而且适合存储的数据是用于唯一设备的情况。否则,用户的隐私可能在连接攻击中受到威胁。收到监督交易后,矿机将当前数据从请求计算机发送至请求者。在允许请求者收集信息一段时间后,只要请求者发送请求且结束了交易,矿机就会定期发送数据。监督交易允许定期传输数据的房主查看摄像头或其他设备。房主可在几分钟内确定周期数据的阈值,从而避免产生系统开销或防止未来攻击。矿机向请求者发送超出阈值的数据时,矿机终止连接。

(3) 共享覆盖层。当一个人有多个住宅时,他需要给每个住宅配备单独的矿机和存储器。在这种情况下,为降低成本和管理系统开销,将定义一个共享覆盖层。共享覆盖层[32]至少包括两个智能住宅,而且这些智能住宅被一个共享矿机当作一个住宅集中管理。共享覆盖层与智能家居相同,但共用的区块链结构与智能家居结构不同。每个住宅都有一个共享的区块链创世区块,而且共享的覆盖层矿机在创始交易中串联起了所有设备。共享覆盖层的另一个区别涉及矿机与住宅之间的通信。与矿机同在一个住宅的设备不会发生变化。同时,会在互联网网关和共享覆盖层矿机[34]之间建立一个虚拟专用网络(Virtual Private Network,VPN)[33],以将数据包路由传至共享矿机[35],供位于其他住宅的设备使用。

15.5 结论

随着区块链技术应用日益普及和深化,新兴的智能合约成为学术界和工业界的一个热门研究课题。在没有可信权威机构或中央服务器的情况下,智能合约的去中心化、可执行性和验证特征使合约条款得以在互不信任的双方之间执行。据预测,智能合约还将彻底改变许多传统行业,如银行、行政管理、物联网等。基于智能合约的技术正在重塑传统行业和部门的处理过程。嵌入区块链的智能合约允许一项安排的合约条款在没有可信第三方参与的情况下自动执行。正因如此,智能合约将最大限度降低行政管理成本,节省服务成本,提高业务流程的效率,以及最大限度地降低风险。尽管业务流程的最新一波创新有望推动智能合约进步,但仍有一系列挑战尚待解决。本章介绍了智能合约面临的挑战和近期的技术发展,也比较了传统智能合约平台和一些有代表性的例子和案例,并对智能合约应用进行了分类。

参考文献

[1] Zhao, J. Leon, Shaokun Fan, and Jiaqi Yan. "Overview of business innovations and research opportunities in blockchain and introduction to the special issue." *Financial Innovation* 2, (2016): 1 – 7.

[2] Beck, Roman, Michel Avital, Matti Rossi, and Jason Bennett Thatcher. "Blockchain technology in business and information systems research." *Business & Information Systems Engineering* 59, (2017): 381 – 384.

[3] Morkunas, Vida J., Jeannette Paschen, and Edward Boon. "How blockchain technologies impact your business model." *Business Horizons* 62, no. 3 (2019): 295 – 306.

[4] Feng, Qi, Debiao He, Sherali Zeadally, Muhammad Khurram Khan, and Neeraj Kumar. "A survey on privacy protection in blockchain system." *Journal of Network and Computer Applications* 126 (2019): 45 – 58.

[5] Tsai, Wei – Tek, Libo Feng, Hui Zhang, Yue You, Li Wang, and Yao Zhong. "Intellectual – property blockchain – based protection model for microfilms." In *2017 IEEE Symposium on Service – Oriented System Engineering (SOSE)*, pp. 174 – 178. IEEE, 2017.

[6] Chatterjee, Rishav, and Rajdeep Chatterjee. "An overview of the emerging technology: Blockchain." In *2017 3rd International Conference on Computational Intelligence and Networks (CINE)*, pp. 126 – 127. IEEE, 2017.

[7] Park, Lee Won, Sanghoon Lee, and Hangbae Chang. "A sustainable home energy prosumer – chain methodology with energy tags over the blockchain." *Sustainability* 10, no. 3 (2018): 658.

[8] Drescher, Daniel. *Blockchain Basics*. Vol. 276. Berkeley, CA: Apress, 2017.

[9] Watanabe, Hiroki, Shigeru Fujimura, Atsushi Nakadaira, Yasuhiko Miyazaki, Akihito Akutsu, and Jay Kishigami. "Blockchain contract: Securing a blockchain applied to smart contracts." In *2016 IEEE international conference on consumer electronics (ICCE)*, pp. 467 – 468. IEEE, 2016.

[10] McCorry, Patrick, Alexander Hicks, and Sarah Meiklejohn. "Smart contracts for bribing miners." In *International Conference on Financial Cryptography and Data Security*, pp. 3 – 18. Springer, Berlin, Heidelberg, 2018.

[11] Pan, Xiongfeng, Xianyou Pan, Malin Song, Bowei Ai, and Yang Ming. "Blockchain technology and enterprise operational capabilities: An empirical test." *International Journal of Information Management* 52 (2020): 101946.

[12] Kyoung-Tack, Song, Shee-Ihn Kim, and Seung-Hee Kim. "A design for a hyperledger fabric blockchain-based patch-management system." *Journal of Information Processing Systems* 16, no. 2 (2020): 301–317, DOI: 10.3745/JIPS.03.0136.

[13] Sengupta, Jayasree, Sushmita Ruj, and Sipra Das Bit. "A Comprehensive survey on attacks, security issues, and blockchain solutions for IoT and IIoT." *Journal of Network and Computer Applications* 149 (2020): 102481.

[14] Hakak, Saqib, Wazir Zada Khan, Gulshan Amin Gilkar, Basem Assiri, Mamoun Alazab, Sweta Bhattacharya, and G. Thippa Reddy. "Recent advances in Blockchain Technology: A survey on applications and challenges." *arXiv preprint arXiv* 2009 (2020): 05718.

[15] Sanchez-Gomez, N., L. Morales-Trujillo, J. J. Gutierrez, and J. Torres-Valderrama. "The importance of testing in the early stages of smart contract development life cycle." *Journal of Web Engineering* 19, no. 2, (2020): 215–242.

[16] Zheng, Zibin, Shaoan Xie, Hong-Ning Dai, Weili Chen, Xiangping Chen, Jian Weng, and Muhammad Imran. "An overview on smart contracts: Challenges, advances, and platforms." *Future Generation Computer Systems* 105 (2020): 475–491.

[17] Chen, Meizhu, Xiangyan Tang, Jieren Cheng, Naixue Xiong, Jun Li, and Dong Fan. "A DDoS attack defense method based on blockchain for IoTs Devices." In *International Conference on Artificial Intelligence and Security*, pp. 685–694. Springer, Singapore, 2020.

[18] Choi, Tsan-Ming, Ata Allah Taleizadeh, and Xiaohang Yue. "Game theory applications in production research in the sharing and circular economy era." *International Journal of Production Research* 58 (2020): 118–127.

[19] Alzubaidi, Ali, Ellis Solaiman, Pankesh Patel, and Karan Mitra. "Blockchain-based SLA management in the context of IoT." *IT Professional* 21, no. 4 (2019): 33–40.

[20] Treleaven, Philip, Richard Gendal Brown, and Danny Yang. "Blockchain technology in finance." *Computer* 50, no. 9 (2017): 14–17.

[21] Gupta, Richa, Vinod Kumar Shukla, Sindhu Suresh Rao, Shaista Anwar, Purushottam Sharma, and Ruchika Bathla. "Enhancing privacy through "Smart Contract" using blockchain-based dynamic access control." In 2020 *International Conference on Computation, Automation and Knowledge Management (ICCAKM)*, pp. 338–343. IEEE, 2020.

[22] Islam, Md Nazmul, and Sandip Kundu. "IoT security, privacy and trust in homesharing economy via blockchain." In Kim-Kwang Raymond Choo, Ali Dehghantanha, Reza M. Parizi (eds.) *Blockchain Cybersecurity, Trust and Privacy*, pp. 33–50. Springer, Cham, 2020.

[23] Zheng, Zibin, Shaoan Xie, Hong-Ning Dai, Weili Chen, Xiangping Chen, Jian Weng, and

Muhammad Imran. "An overview on smart contracts: Challenges,advances,and platforms." *Future Generation Computer Systems* 105 (2020): 475 – 491.

[24] Toapanta, Segundo Moises, Felix Gustavo Mendoza Quimi, Maximo Geovani Tandazo Espinoza, and Luis Enrique Mafla Gallegos. "Proposal of a model to apply hyperledger in digital identity solutions in a public organization of Ecuador." In 2019 *ThirdWorld Conference on Smart Trends in Systems Security and Sustainability (WorldS4)*, pp. 21 – 28. IEEE,2019.

[25] Zhang, Yuanyu, Shoji Kasahara, Yulong Shen, Xiaohong Jiang, and Jianxiong Wan. "Smart contract – based access control for the internet of things." *IEEE Internet of Things Journal* 6, no. 2 (2018): 1594 – 1605.

[26] Cha, Shi – Cho, Kuo – Hui Yeh, and Jyun – Fu Chen. "Toward a robust security paradigm for bluetooth low energy – based smart objects in the Internet – of – Things." *Sensors* 17, no. 10 (2017): 2348.

[27] De Filippi, P, and S. Hassan, 2020. "Decentralized autonomous organizations. glossary of distributed technologies." *Journal on Internet Regulation* 10, no. 2. DOI: 10. 14763/2021. 2. 1556.

[28] Ariail, D., and D. Crumbley. "Fraud triangle and ethical leadership perspectives on detecting and preventing academic research misconduct." *Journal of Forensic & Investigative Accounting* 8, no. 3 (2016): 480 – 500.

[29] Awad, Abir, Sara Kadry, Brian Lee, Gururaj Maddodi, and Eoin O'Meara. "Integrity assurance in the cloud by combined PBA and provenance." In *2016 10th International Conference on Next Generation Mobile Applications, Security and Technologies (NGMAST)*, pp. 127 – 132. IEEE,2016.

[30] Li, Zujian, and Zhihong Zhang. "Research and Implementation of Multi – chain Digital Wallet Based on Hash TimeLock." In *International Conference on Blockchain and Trustworthy Systems*, pp. 175 – 182. Springer, Singapore, 2019.

[31] Dorri, Ali, Salil S. Kanhere, Raja Jurdak, and Praveen Gauravaram. "Blockchain for IoT security and privacy: The case study of a smart home." In *2017 IEEE International Conference on Pervasive Computing and Communications Workshops (PerCom Workshops)*, pp. 618 – 623. IEEE,2017.

[32] Zavodovski, Aleksandr, Nitinder Mohan, Suzan Bayhan, Walter Wong, and Jussi Kangasharju. "Icon: Intelligent container overlays." In *Proceedings of the 17th ACM Workshop on Hot Topics in Networks*, pp. 15 – 21. 2018.

[33] Santosh, S. Venkata Sai, M. Kameswara Rao, P. S. G. Aruna Sri, and C. H. Sai Hemantha. "Decentralized application for two – factor authentication with smart contracts." In *Inventive*

Communication and Computational Technologies, pp. 477 – 486. Springer, Singapore, 2020.

[34] Gleichauf, Paul Harry. "Blockchain mining using trusted nodes." U. S. Patent 10,291,627, issued May 14,2019.

[35] Sanchez, Cesar, Gerardo Schneider, and Martin Leucker. "Reliable smart contracts: State – of – the – art, applications, challenges and future directions." In *International Symposium on Leveraging Applications of Formal Methods*, pp. 275 – 279. Springer, Cham, 2018.

第 16 章

选举中数字身份管理的区块链应用

拉杰夫·库马尔·古普塔
斯韦塔·古普塔
拉吉·奈尔

○ 区块链在信息安全保护中的应用

16.1 简介

区块链技术于2008年实现,当时中本聪创造了名为比特币的加密货币[1]。比特币区块链技术使用去中心化公共账本,结合基于工作量证明(PoW)的随机共识协议,并用财务激励来记录一个完全有序的区块链序列。在每项交易中,链都会经过重复、密码签名,并且可以公开验证,从而使任何人都无法干扰写在区块链上的数据。区块链结构是一种仅添加的数据结构,它允许写入新数据块,但不允许更改或删除。这些区块呈链状相连,每个区块都具有基于前序区块的哈希值,同时确保具有防篡改性。尽管比特币区块链已经释放了链的所有元素,但其他形式的区块链通常侧重于公有链、私有链或联盟链。公有链为每个网络用户赋予读取权限和进行交易的能力。这种形式的区块链主要用于加密货币(如比特币、以太币、狗狗币和极光币)。联盟链是"部分去中心化"的区块链,由预选节点组控制共识阶段[2]。假设一个联盟由15家金融机构组成,每家机构有一个节点。每个区块要想合法,必须得到其中10个节点的签名。读取区块链的能力可以是公开的,也可以是仅参与者才可读取的。私有链不仅限制单个成员的写入权限,也限制其读取权限,这些成员可从内部确认交易。这使得私有网络上的交易更加便宜,因为只有少数具有高处理能力的可信节点必须进行验证[3]。人们希望节点连接情况极好,缺陷也能通过人工干预迅速得到修复,从而允许使用共识算法在更短的区块时间后给出结果。区块链可用于不同领域的数据保护,如卫生部门[4]、教育行业[5]、银行部门[6]、股票市场分析[7]等。

我们的方案将使用得到授权的区块链,即联盟链的变体。这种区块链使用权威证明(PoA)共识算法。交易和区块由权威证明网络中名为验证者的获授权账户进行身份验证。此方法是自动的,无须验证者持续监督机器。使用权威证明共识算法的许可区块链有助于通过对多个选定认可实体的身份和可信度施加限制条件来任意验证和认证区块链,以及审查交易。此操作也可由共享区块链上的矿工用共识工作量证明算法完成。不同于公有链中的挖矿费,此系统中的验证者是为其提供的验证服务付费。此外,使用私有网络限制窃听者跟踪流量或读取输入数据的能力。对于遵守投票权,让选民能够在不暴露其身份或投票数据的情况下进行投票而言,这非常重要。

16.2 选举过程中的安全漏洞

1. 被黑客攻击的选民登记数据库

对已登记选民进行投票攻击同样会损害人们的投票权。将可能支持某位候选人的选民排除在外,有可能对一场势均力敌的选举造成决定性影响。如果个人的身份被删除,则无法在选举中进行投票登记。删除整个州注册数据库的攻击有可能会导致选举延迟甚至停止[8]。特别检察官罗伯特·穆勒(Robert Mueller)的起诉书指控[9],在2016年的总统大选中,某国情报人员有效地破坏了选民记录数据库,但该指控并未表明该国的参与是否影响了投票结果。

起诉书与美国参议院情报委员会的论断相似,该论断称该国至少能够在有限数量的地区更改或擦除选民的登记数据。对选民数据库进行网络攻击在一定程度上也是对隐私的攻击。这些数据库包含姓名、地址、电话号码等个人信息。通过在非法暗网市场上出售这些信息[10],黑客可操纵个人身份信息(PII),从而可能瞄准选民提供虚假信息和进行宣传。

2. 人们对无意知道的内容或废弃数据感兴趣

人们在选举前接收的媒体宣传有助于塑造他们的政治信仰。但由于有针对性的虚假信息宣传,选民可能难以依据事实来指导投票。选举前的网络宣传会严重影响选举结果。机器宣传、数字跟踪照片和图像、精心设计的社交媒体等都可能阻碍选举进程。

在美国中期选举前夕,分析人士称美国本土的虚假信息活动开始看起来同某国对2016年大选实施的影响一样。脸书报告称,发现了559个页面和251个美国人账户允许在网上放大错误内容、建立错误的共识。同时,具有国际影响力的活动并没有停止。8月,脸书披露,在中期选举前发现并删除了一个试图控制美国人的来自某国的网络。

3. 投票设备遭到黑客攻击

黑客可以利用投票设备和制表系统中的漏洞,管理投票和选举结果[11]。从网络安全角度来看,所有包含某种电子设备和软件的选择组件(尤其是连接到互联网时)都容易受到黑客攻击。但是,安全专家认为互联网是高度易受攻击的投票机、制表系统和网络。对于受损的投票机,一大担忧是投票设备类别受损,安全漏洞破坏整个系统和整类系统。

利用软件漏洞窃取一家公司的数据属于犯罪。尽管如此,成千上万的公司被发现在软件中存在一个共同的漏洞,这是爆炸性新闻。漏洞百出的供应链造成了广泛的选举安全漏洞。"DEFCON 黑客"专注于许多部件非美国制造的投票机案例,这种投票机表明外国行动者有能力利用易受攻击的选举供应链[12]。选举基础设施供应链中的漏洞使黑客能够发现破坏整个投票机型号或品牌的唯一进入点。大多数地方委员使用的软件系统来自技术有限的提供者。

美国选举部门有三家强大的公司:Domination、Hart InterCivic,以及最重要的投票系统和软件公司——ES&S[13]。过去 10 年,美国 92% 的选民在这三家公司之一的投票机上进行投票。以其中一家或多家公司为目标的攻击者可通过数以千计的管辖区传播恶意软件,同时影响数百万使用其选举设备的选民。

4. 报告系统中的相互矛盾

有偏差的报告系统可能报告不准确的投票结果。哈佛大学贝尔弗尔科学与国际事务研究中心的研究人员预计,如果用自动数据流来通知新闻机构,攻击者将利用这些信息欺骗报告出错误的胜者[14]。黑客也可能接管官方社交媒体账户,直接发布虚假结果。

不久,我们就会发现官员制作欺骗性视频,宣布伪造选举活动的获胜者。使用生成对抗网络(Generative Adversarial Network,GAN)———一种用于执行无检查机器学习的人工智能[15],可以创建高度逼真的假视频。生成对抗网络通过相对的神经网络来生成越发逼真的音频、照片和视频材料。

5. 选举后审查

可以立即要求进行选举后审查——对比数字结果与纸质选票。但是,没有正确的投票机,选举后检查就容易不准确。专家认为,只有书面记录才能用于确保选举后审查准确无误[16]。这意味着,仅记录电子选票的投票机(往往通过接触网屏实现)不适合用于保证选举廉正。

纸质选票系统是最安全的光学扫描投票机。在这些方法中,选民在纸质选票上圈出自己的投票。然后,在投票站用计算机扫描纸质选票,形成电子表格。如今,美国的国内事务均不包含纸质投票系统。新泽西州、乔治亚州、内华达州等州没有必要的纸质选举记录。最新《确保美国投票和选举安全法案》(The Securing American Votes and Elections Act)提出,所有州和市的选举要保证对纸质选票进行审查。风险限制审查视为最准确、最具成本效益的选举后审查。

实质上,评价选举结果质量所需的唯一度量标准就是选票数量。风险限制审查通过手动估算获胜优势,确定需要审查的票数比例。风险限制审查是一种新的审查,在选举管辖区没有实施标准。目前,仅28个地区要求进行选举后审查。

16.3 区块链解决方案

区块链关键特征——透明性、防篡改性和可追溯性——强调技术在确保选举安全方面的潜力[17]。尽管区块链支持者宣称,技术可以增加选民投票总数,增强保护。但部分计算机安全专家和选举专家表示,其他联网投票系统一样,区块链使选举过程复杂化,也确保了选举过程的安全,但这是不必要的。尽管没有达成共识,但全球有无数试点项目正在开始为区块链投票奠定基础。以下是基于区块链的潜在稳定方案背后的技术。

1. 通过密码技术进行媒体验证

数字内容同样通过基于区块链技术的加密技术,保证安全、可靠[18]。本质上,选民仅使用具有加密身份的媒体。该身份可以表明媒体的来源,因为它是在持久记录的区块链中交叉引用的。如果没有标识符,媒体将被认为不那么具体。在这种情况下,检查媒体的区块链系统应与政府和非政府机构合作。

2. 基于投票过程的应用(通过区块链)

怀疑论者指出,互联网上的每张选票均不安全,而手机广告的复杂度进一步削弱了安全性和透明度。手机投票运动参加者认为,通过移动设备进行选举可以提高选举的投票参与率。区块链是漏掉的路由网络投票入口连接。在11月的中期选举中,西弗吉尼亚州将为来自55个国家的海外选民提供移动区块链投票[19]。

该项目最初由风险投资家布拉德利·图斯克(Bradley Tusk)资助了15万美元的赠款。优步公司前顾问希望增加选民投票总数,尤其是海外的现役军事人员投票总数。中尉斯科特·华纳(Scott Warner)在参与西弗吉尼亚州的试点计划后称,"只要我能停下来看YouTube视频,我就必须履行自己的公民义务"。他被视为最先在区块链联邦大选中登记自己选票的一名选民。选举官员必须手动复制华纳的选票,然后扫描到计算机中。西弗吉尼亚州的试点计划采用了一家总部位于波士顿的投票公司——Voatz。

Voatz计划依据西弗吉尼亚州的法律,使用面部识别软件验证选民身份[20]。区块链上的选票保存在名为"数字保险箱"的云中。数字保险箱是安全防毁的云存储,具有区块链不可变的分布式账本技术。县书记员在第一天打开选票并将其制成表格。

其他构建区块链的公司有Votem公司、Obey My Vote公司、Votebox公司和XO.1公司。特别是,在手机网络上进行选举可以延长数字投票窗口。例如,爱沙尼亚允许选民在预选阶段根据自己的意愿通过互联网投票基础设施进行登录并投票。由于上一次的投票可以在任何新投票点取消,选民可以提前选择。

3. 区块链投票和数字身份

区块链可能有助于对投票身份进行集中管理[21]。区块链选举必须记录大量身份,包括公开发布的ID和在线注册期间获取的生物特征数据,将其与在线投票注册数据库中的选民数据文件进行比较。虹膜和面部数据等生物识别技术连同区块链投票越来越多地用于证明身份。政府或党派可以指定大学、非政府机构等构成的联盟(其协议确认身份,决定选区)来组织进行选举。区块链纯粹主义者认为,依赖联盟与区块链中心概念(即去中心化)相违背。中央机构分配和撤销选民身份后,仅由少量管理人员决定哪些选票有效,因此选民还是听任这些管理人员摆布。

微软的高级密码学家乔什·贝纳洛(Josh Benaloh)称区块链是一种振奋人心且有用的分布式共识技术,没有中央机构[22]。但这种模式并不符合选举。区块链拥护者必须面对一系列技术挑战,如果不加以解决,就会限制技术改变选举的能力。区块链能够在不可变的分布式账本中发挥作用,帮助安全地存储选票。对于待有效检查的选民身份,尽管数据库是安全的,但是大部分投票供应商的区块链需要使用另外的技术来对投票保密,同时让选民可以跟踪、验证选票。

4. 通过区块链进行选举后审查

每位选民均可在公有链中验证记录的选票总数是否准确,而不必披露选民自己的身份或投票选择。如今,Votem 和 Voatz 区块链投票公司为选民提供允许确认选票的选民系统。选民具有选票,且选票上有二维码。通过使用新系统检查二维码,可以让选民确信其选票已得到正确报告。尽管这种方法并不会确保选民知晓其选票是否是最终选举结果的一部分,但也没有其他方式能保证某种形式的投票确实得到了使用。区块链选民表示,监督和审查可以通过其他方式快速完成,即减少支持选举有效性所需的资金量。

5. 选举过程的黄金标准

对于选举,可以通过端到端(end-to-end,E2E)验证来检查黄金标准。E2E 可验证选举的三个关键组成部分如下:

(1)使选民确信他们的决定会得到仔细记录。

(2)所有选民应确认其选票已计入官方结果。

(3)公众应确保选举结果正确。

未来,安全专家和选举官员应共同构建选举基础设施和体现 E2E 可验证选举需求的过程。

16.4 基于区块链的电子投票系统

区块链实验可能是迈向 E2E 可验证目标的重要一步。然后,基本的网络安全举措也会在选举安全中发挥关键作用,如数据保护、网络和端点监测、渗透测试及诸多其他措施。

本章讨论并评估全国电子投票系统纳入基于区块链的现有电子投票系统的可行性。我们已据此构建了区块链电子投票框架,优化了确定的需求和注意事项。后续段落中,首先描述了履行智能电子投票合约的各个功能和组成部分,然后探讨了各种不同的区块链系统,以便引进和开展智能选举。对于拟议结构的性质和架构,相关讨论见最后一段。

16.4.1 智能合约形式的选举

智能合约包含澄清协议(此处指选区合约)所涉及的角色,以及在此合约过程中发现的不同组成部分和替代方案。我们首先解释说明选举角色和选举机制。

在我们的方案中,选举允许个人或组织以及选举管理者参与,并以此角色注册若干可信机构和公司。

（1）选举官决定投票类型、开展投票、配置选票、登记选民、决定选举时长、分配授权的节点。

（2）选民。选民可以进行身份验证、加载、投票以及在选举后跟踪自己所投的选票，这是选民有权完成的。如果选民在智慧城市倡议中投票，可能收到凭证，不久还会收到代币。

（3）选区节点。选举管理员组织进行选举时，每次投票都会在区块链上使用代表各选区的智能合约。形成智能投票合约后，每个节点可与各自的智能投票合约通信。选民通过其相关智能合约投出自己的选票后，所有相关选区节点都会验证投票数据。达到区块时间后，区块链被并入每个商定的投票记录。

（4）引导节点。任何托管引导节点且允许访问网络的组织。引导节点可以找到选区节点并与之通信。引导节点不保存区块链状态，但具有静态 IP，因此其对等节点能够更快地识别本地节点[23]。

16.4.2 选举方法

在我们的研究中，每个投票过程均由区块链实例化选举管理员的若干智能合约来标记，并为每个选区创建了包含若干智能合约的区块链网络。用户在投票过程中验证自己的身份后，相关投票地点的每位选民将与相应选区签署智能合约。

（1）选举创建管理器使用去中心化应用生成选票。以下是选举过程中的主要活动（去中心化应用）[24]：去中心化应用与智能选举合约通信，定义管理员的候选人名单及选区。智能合约通过与候选人签订的若干智能投票合约为每个选区创建并提供区块链。每个选区均是智能投票的体现。做出选择后，各选区节点应与其相应的智能投票合约通信（图 16.1）。

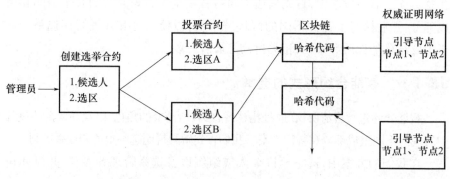

图 16.1　选举的智能合约

(2)选民登记。选举管理员应对选举点进行登记。进行选举时,选举管理员必须识别合格选民名单。这需要政府提供身份验证服务,以确保合格选民经过身份验证和批准。通过这些验证服务,每位合格选民均应拥有电子ID和PIN及其所在选区的详细信息。系统将为每位合格选民创建一个适当的选民钱包。每张选票均有资格获得为每位选民指定的钱包。系统本身并不知晓哪个钱包适合哪位选民,且NIKKP可以在整合后生成相应的钱包。

(3)投票交易。在选区进行投票时,选民通过智能投票合约与给定选区通信。这些智能合约通过相应的地区节点与区块链交互,如果大多数相应地区节点达成协议,就会增加票数。两种选票均作为交易存储在区块链上,同时向每位选民提供交易ID,以便验证。各区块链交易包括关于当选人及选票(先前已提及)所在地的详细信息。当且仅当所有适当的本地节点都同意投票数据验证时,每个投票都由其各自的智能合约投票追加到区块链。选民投出自己的选票后,其钱包的权重会减1,因此选民无法多次投票。交易数量、交易相关区块、交易时间、发送交易的钱包以及接收者、接收者收到的总和以及交易费,是公有以太坊区块链上的单独交易。

(4)所有这些信息均不是拟议框架中的交易所需的。单独交易仅具有交易所在之处的交易ID信息。智能合约发送后,此示例显示N1SC,即选票已从选区N1发出。最终,交易值是投票数据,所以D表示在交易中投给政党D的一票。因此,系统中的交易不包含投出特定选票的每位选民的信息。

(5)计算结果。在智能合约中,选举是动态决定的。每个智能合约投票都会在其相应地点的存储数据中进行相应的记录。每个智能合约的一个选项结束时,便会发布结果。如先前所述,每位选民都会收到其选票的交易标识符。

(6)投票验证。每位选民应在经过身份验证后联系其政府官员,出示自己的交易ID及其电子ID和PIN。政府官员利用选区节点对区块链的访问权限,通过必要的交易ID,使用区块链调查器定位区块链交易。之后,选民可以在区块链上看见自己的选票,显示其选票已计算在内,且计算无误。

16.5 评估区块链作为电子投票服务的情况

我们为智能选举的实现和开展设想的三种区块链系统是 Exonum、Quorum 和 Geth。以下对这三种区块链系统进行详细讨论。

（1）Exonum。Exonum 区块链的全部编程采用 RUST 语言进行，且始终稳健。对于私有链，创建了 Exonum。它采用自定义的拜占庭算法来达成网络共识。利用这种共识算法，Exonum 每秒最多可处理 5000 笔交易。Exonum 旨在添加 Java 绑定和平台相关接口说明，以迅速提高 Exonum 对开发者的友好度，进而解决其局限性[25]。

（2）Quorum。一种基于以太坊的交易/合约隐私账本协议，具有新的共识机制。它们是 Geth 分支，且正在根据 Geth 更新进行变换。Quorum 已变换共识机制，并以基于联盟链的共识算法为中心。这种共识允许每秒处理数十至数百项交易[26]。

（3）Geth。Go - Ethereum 或 Geth 是以太坊协议三个初始实现之一，它不停地运行智能、可靠的合约应用，无审查、无欺骗、无第三方干预。此系统促进了 Geth 协议之外的开发，是我们所评估的各种框架中最先进的一种。每秒交易数取决于区块链是建立为公用网络还是私有网络。由于有这些技能，Geth 曾是我们研究的论坛。对于这些系统，应该考虑与 Geth 一样有潜力的区块链架构[27]。

16.6　设计和实现

拟议系统设计应用安全的身份验证方法。此系统使用射频识别扫描器和 Nexus 软件。假设一位用户用电子身份签名，并为相应身份选择了 6 位数的 PIN。因此，用户将在投票站扫描自己的 ID 和提供相应的 PIN，在机器上验证自己身份，从而识别自己。

（1）选区的任何工具均可供合格选民使用，因为选区有详细信息。选民有权为名单上的相应选举人投票。为利用读卡机和软件在选区成功进行身份验证，应给予有效的 ID 和 PIN。

（2）如果身份验证成功，则会发起相应的智能合约进行持续选举。上述选举是一种智能合约，包含选民可选择的候选人名单。

（3）假设选民为申请人选择了一名候选人并投出选票。在此情况下，选民应通过添加 EPI 对应的投票 PIN，继续用其普通选民的 PIN 签署投票名单。

第16章 选举中数字身份管理的区块链应用

（4）在选票上签字后，还必须通过相应选区代码审查投票数据。选票可通过该选区代码进入有关选区的智能合约。上述选区节点批准投票数据后，大部分选区节点将接受投票数据。

（5）选区中的大部分节点支持投票数据。某个选票存在多数票。然后用户接收并打印交易 ID，其选票作为相应交易的射频码。选票投出并经过审查后，智能合约中的一张选票将被授予相应党派。智能合约系统的这个功能用于评估各选区的结果。图 16.2 展示了我们所采用的步骤。

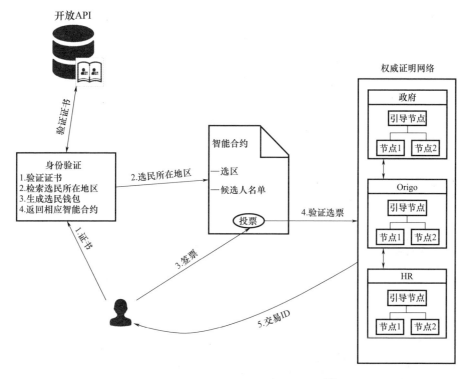

图 16.2 选民的自我身份验证和投票[28]

（6）在持续区块阶段期间获得和审查的所有交易均于区块链截止日期后在区块链上开展（图 16.3）。每个新区块加入区块链后，各选区节点便会更新其账本副本。

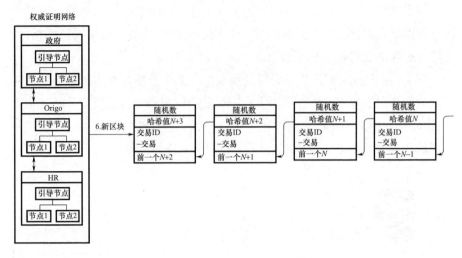

图 16.3　向区块链添加区块[28]

16.7　结论

在当代社会,变换自动投票系统,使民主选举过程更经济、更快速、更简单的概念颇具说服力。它使全体选民眼中的政治进程标准化,消除了在选民和当选官员之间进行管理的障碍,也为当选官员施加了一定的压力。它还为更直接的民主形式开辟了道路,使选民能够就特定的法案和提案表达自己的意愿。

本章介绍了基于区块链的独特电子投票系统,这种系统使用智能合约确保选举安全、具有成本效益,同时保证保护选民隐私。此外,本章还概述了应用架构、配置和系统安全分析。与先前的研究相比,我们证明区块链技术为民主国家提供了新机遇,使他们有机会从传统的纸笔选举转向更经济、更高效的投票方案,同时改进当前系统的安全措施,进一步提高透明度。通过以太坊私有链,可使用智能合约元素快速加载区块链,每秒向区块链发送数百项交易。在较大的国家,必须采取一定的措施来避免每秒处理过多的交易,如架构可按 1∶100 的比例减少存储在区块链上的交易,且不危及网络安全。选举方案要求每位选民在其偏好的选区投票,并确保每张选票按正确的选区计票,从而提高选民参与度。

 参考文献

[1] S. Nakamoto, "Bitcoin: A Peer – to – Peer Electronic Cash System," Satoshi Nakamoto Institute, 2008.

[2] B. Vitalik, "On Public and Private Blockchains," *Ethereum Blog Crypto renaissance salon*, 2015.

[3] R. Nair, S. Gupta, M. Soni, P. Kumar Shukla, and G. Dhiman, "An approach to minimize the energy consumption during blockchain transaction," *Mater. Today Proc.*, 2020, : DOI: 10.1016/j.matpr.2020.10.361.

[4] R. Nair, and A. Bhagat, "Healthcare Information Exchange Through Blockchain – Based Approaches," *Transforming Businesses With Bitcoin Mining and Blockchain Applications*, IGI Global, 234 – 246, 2019.

[5] M. Turkanović, M. Hölbl, K. Košič, M. Heričko, and A. Kamišalić, "EduCTX: A blockchain – based higher education credit platform," *IEEE Access*, 6, 5112 – 5127, 2018.

[6] S. Yoo, "Blockchain based financial case analysis and its implications," *Asia Pacific J. Innov. Entrep.*, 11, 312 – 321, 2017.

[7] R. Nair, and A. Bhagat, "An Application of Blockchain in Stock Market," 103 – 118, 2019.

[8] J. S. Dean, "Electronic voting with Scantegrity: Analysis and exposing a vulnerability," *Electron. Gov.*, 9, 27 – 45, 2012.

[9] M. Ramilli, and M. Prandini, "An integrated application of security testing methodologies to e – voting systems," in *Lecture Notes in Computer Science (including subseries Lecture Notes in Artificial Intelligence and Lecture Notes in Bioinformatics)*, 6229, 225 – 236, 2010.

[10] E. Jardine, "The Dark Web Dilemma: Tor, Anonymity and Online Policing," *SSRN Electron. J.*, 2018. DOI: 10.2139/ssrn.2667711.

[11] F. G. Birleanu, P. Anghelescu, and N. Bizon, "Malicious and deliberate attacks and power system resiliency," in Mahdavi Tabatabaei N., Najafi Ravadanegh S., Bizon N. (eds.) *Power Systems*, Springer, Cham, 223 – 246, 2019.

[12] L. Constantin, "Hackers found 47 new vulnerabilities in 23 IoT devices at DEF CON," *CIO*, 2016.

[13] C. Z. Acemyan, and P. Kortum, "Assessing the usability of the hart intercivic eslate during the 2016 presidential election," *Proceedings of the Human Factors and Ergonomics Society*, 61, 1404 – 1408, 2017.

[14] G. Allison, R. D. Blackwill, and A. Wyne, "Belfer Center for Science and International Affairs," in *Lee Kuan Yew*, 2020.

[15] J. Luo, and J. Huang, "Generative adversarial network: An overview," *Yi Qi Yi Biao Xue Bao/Chinese Journal of Scientific Instrument*, 40, 74 – 84, 2019.

[16] S. N. Goggin, M. D. Byrne, and J. E. Gilbert, "Post – Election Auditing: Effects of Procedure and Ballot Type on Manual Counting Accuracy, Efficiency, and Auditor Satisfaction and Confidence," *Elect. Law J. Rules, Polit. Policy*, 11, 36 – 51, 2012.

[17] A. Rodríguez – Pérez, P. Valletbó – Montfort, and J. Cucurull, "Bringing transparency and trust to elections: Using blockchains for the transmission and tabulation of results," in *ACM International Conference Proceeding Series*, 46 – 55, 2019.

[18] A. Lele, "Blockchain," in *Smart Innovation, Systems and Technologies*, 132, Springer, Singapore, 2019.

[19] A. Fowler, "Promises and Perils of Mobile Voting," *Elect. Law J. Rules, Polit. Policy*, 19, 418 – 431, 2020.

[20] S. Shankar, J. Madarkar, P. Sharma, Securing Face Recognition System Using Blockchain Technology. In: Bhattacharjee A., Borgohain S., Soni B., Verma G., Gao X. Z. (eds) *Machine Learning, Image Processing, Network Security and Data Sciences. MIND 2020. Communications in Computer and Information Science*, 1241, Springer, Singapore, 449 – 460, 2020.

[21] S. Namasudra, G. C. Deka, P. Johri, M. Hosseinpour, and A. H. Gandomi, "The Revolution of Blockchain: State – of – the – Art and Research Challenges," *Arch. Comput. Methods Eng.*, 28, 1497 – 1515, 2020.

[22] J. Taskinsoy, "Blockchain: A Misunderstood Digital Revolution. Things You Need to Know about Blockchain," *SSRN Electron. J.*, 1 – 25, 2019, DOI: 10.2139/ssrn.3466480.

[23] K. Toyoda, K. Machi, Y. Ohtake, and A. N. Zhang, "Function – Level Bottleneck Analysis of Private Proof – of – Authority Ethereum Blockchain," *IEEE Access*, 8, 141611 – 141621, 2020.

[24] Siraj Raval, *Decentralized Applications—Harnessing Bitcoin's Blockchain Technology*, O'Reilly Media, Sebastopol, CA, 2016.

[25] D. Korepanova, M. Nosyk, A. Ostrovsky, and Y. Yanovich, "Building a private currency service using exonum," in *2019 IEEE International Black Sea Conference on Communications and Networking, BlackSeaCom*, 1 – 3, 2019.

[26] A. Baliga, I. Subhod, P. Kamat, and S. Chatterjee, "Performance evaluation of the quorum

blockchain platform," *arXivpreprint arXiv*:1809.03421,1809,2018.

[27] E. Kanimozhi and D. Akila, "Blockchain smart contracts on iot," *Int. J. Recent Technol. Eng.*, 8,105 – 110,2019.

[28] F. P. Hjalmarsson, G. K. Hreioarsson, M. Hamdaqa, and G. Hjalmtysson, "Blockchain – Based E – Voting System," in *IEEE International Conference on Cloud Computing*,*CLOUD*,983 – 986,2018.

/第 17 章/

利用区块链技术提供去中心化的域名代理服务

桑吉塔·帕特尔
乌伊瓦尔·库马尔
里沙布·夏尔马
阿姆鲁塔·穆雷
里沙布·库马尔

区块链在信息安全保护中的应用

17.1 简介

随着区块链技术的出现,世界正在向去中心化转变。互联网界正在朝着去中心化架构迈进,争取让用户可以真正控制自己的数据。为消除各种案例研究中存在的代理和集中实体,目前正在进行多种尝试。其中,有一个用例虽然在近几年没有得到太多关注,但是非常值得探讨,即域名的二级市场。

当前的域名市场,由域代理提供买/卖域名的服务。域名代理就是集中实体,在买卖双方之间充当交换域所有权及其相关价值的中间人,从中收取向双方提供服务的佣金。交换结束时,买家获得域名的访问权,卖家获得约定的价格。

我们的目标是提供基于区块链技术的服务,从而使过程透明、最大限度地减少佣金。在拟议的服务中,没有欺诈的范围(参考17.4.4节),鉴于当前的市场情况,这是一个重大问题。如果在经济上可行,该服务有可能为域的销售创造一个竞争市场,以彻底取代域名注册商提供的其他域名托管服务。

17.1.1 应用

一个有意义且适当的域名可以通过提升搜索引擎优化(Search Engine Optimization,SEO)排名,增加网站的流量。人们可能想出售不再使用的域名,基于区块链技术提供域名代理服务将帮助这些人获得一些回报。此模式旨在将潜在买家和卖家联系到一起,实现域名所有权的转让。此模式的应用范围不是仅仅局限于公司或组织机构,而是几乎适用于互联网上的每个人。

17.1.2 动机

域名的二级市场呈指数式增长,促使我们研究一个构想,即随着互联网用户呈指数式增长,域名所有权也在发生着指数式增长,进而产生了巨大的域名需求。不同类别的域民(个人、组织机构等)纷纷意识到有吸引力且独一无二的域名具有价值,因此为域名创造了一个竞争性的二级市场。有吸引力的好域名十分稀有,这种域名甚至极少回到公共域。即使回到了公共域,也是因为事故或注册人疏忽。二级市场的发展,也标志着调解人或谈判人的出现,他们作为第三方在构建对交易有利的局势方面发挥着至关重要的作用。

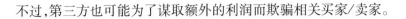

不过，第三方也可能为了谋取额外的利润而欺骗相关买家/卖家。

17.1.3 目标

拟议研究重点关注传统域名系统（DNS）架构的域名和实体的不断增长的二级市场。它在旧有系统之上实现基于区块链的服务，使域所有者（潜在卖家）及其买家可以直接交流，无须任何中间人。

这样做是为了让过程可靠、透明，最大限度地减少佣金，从而为域的买家/卖家提供无忧服务。在当前的市场情况中，欺诈是个重大问题，但拟议服务不存在欺诈空间。拟议服务在经济上可行，且有可能为域的出售创造一个竞争市场。拟议系统透明、可靠且具有成本效益，并且有望彻底取代域名注册商提供的其他域托管服务。

17.1.4 组织结构

17.1 节简要介绍了本章主题，突出强调了目标、应用，以及鼓励我们研究此用例的动力。17.2 节包含域名系统的背景和本研究中使用的术语，还提供了本章所有主题的理论背景，有助于读者深入了解本章主题。17.3 节涉及区块链技术的概念和背景。17.4 节讨论这个领域已经完成的相关研究，以及当前实现的方法。17.5 节包含一份详细报告。该报告涉及开展项目所需的基于区块链的拟议实现方法。17.6 节讨论工具的选择。17.7 节涉及系统分析和讨论。17.8 节总结了研究结论，介绍了公开的挑战。

17.2 域名系统简介

本节涵盖理解研究所需的理论背景，将详细解释区块链系统的所有术语。另外，本节还重点强调了与域名及其转让有关的术语。

17.2.1 域名

域名本质上是字母、数字和连字符的组合。域名的选择通常是为了传达一定的含义，或者是首字母缩写，甚至是品牌名。域名构成统一资源定位器（URL）的基础，故域名也可视为 URL 的一部分。另外，域名由几个不同的部分组成；但为了方便，本节将只探讨最上面的两层。

一个域名由几个不同的部分组成。这些部分称为标签,各个部分又通过点号连在一起,如 google.com。从最右侧开始,第一部分称为顶级域名(Top-Level-Domain,TLD);在 google.com 中,顶级域名是"com"。域名中的第二部分/标签称为二级域名;在 google.com 中,二级域名是"google"。域名各个部分从左到右代表域名系统的层次结构;左边每个标签又表示进一步细分的部分。顶级域名分为两类,即通用顶级域名(generic Top-Level Domain,gTLD)和国家码顶级域名(country-code Top-Level Domain,ccTLD)。最早在设计域名系统时共有 7 个通用顶级域名,但在 2018 年,共有 1200 多个通用顶级域名和 300 多个国家码顶级域名(图 17.1)。

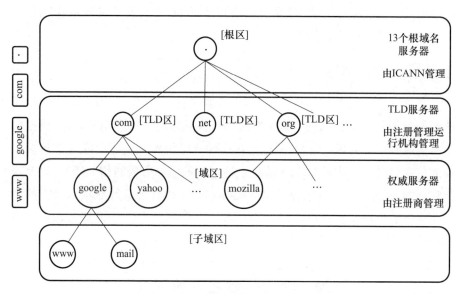

图 17.1　全限定域名中的标签层级结构

17.2.2　术语

引自参考文献[1]。本章采用以下与域名系统和域名转让有关的术语。

(1)TLD。顶级域名的首字母缩写词,TLD 的示例包括 com、org、uk、us、in。

(2)gTLD。通用顶级域名(一类顶级域名)的首字母缩写词,示例包括 com、org、net、gov。

(3)ccTLD。国家码顶级域名(第二类顶级域名)的首字母缩写词。它主要是 ISO-3166 国家缩写中的地区代码,长两个字符。

(4) DNS。域名系统的首字母缩写词。域名系统是互联网上的一项服务,维持着互联网上两个主要命名系统的映射,即域名和网际互联协议(IP)地址。该系统还负责回复将域名解析成相应 IP 地址的查询。

(5) 证书颁发机构(CA)。证书颁发机构是集中式分级公钥基础设施(PKI)中的可信实体,负责处理互联网上其他证书的审批事宜。

(6) 注册管理运行机构。注册管理运行机构是管理特定顶级域名(分为通用顶级域名和国家码顶级域名两类)注册中心(数据库)的实体,如运行". com"和". net"(二者都是通用顶级域名)注册数据库的 VeriSign。

(7) 注册商或域名注册商。注册商或域名注册商是管理互联网域名保留事宜的公司。

(8) 注册人。注册人是拥有注册域名的实体。

(9) 买家。本章中的买家是指有兴趣购买目前归其他实体所有域名的实体。

(10) 卖家。卖家是指目前拥有一个特定域名且有兴趣将该域名出售给其他实体的实体。

(11) 域代理服务。域代理服务是指各种实体为促成在两个意向方之间转让域所有权而提供的服务。这种实体在买家和卖家之间充当调解人,并且出于自身利益开展此业务。提供此服务的实体称为域代理。

17.2.3 域所有权验证

注册人在购买域名时,必须提供所需的详细联系信息(包括姓名、邮政地址、联系电话、电子邮件地址)。此信息由注册商存储,并且将在获取通用顶级域名时与注册数据库持有人共享。每个通用顶级域名数据库均由一个称为注册数据库持有人的组织管理,而注册数据库持有人则从注册商处获取信息。

通过电子邮件地址验证域名所有权是可以接受的,因为这是与注册人沟通的主要模式。另外,使用基于一次性密码的方法,可以轻松验证电子邮件地址。

17.2.4 访问注册数据库的数据

注册人数据(在注册时共享的信息)存储在注册商处,并与注册数据库共享。截至2018年5月,仍然可以用WHOIS[2]协议服务发现与域名有关的联系信息(姓名、电子邮件地址、联系电话、邮政地址)[3]。这之所以可能,是因为互联网名称与数字地址分配机构(Internet Corporation for Assigned Name and Number,ICANN)强制要求注册商和注册数据库执行此公共服务,以方便识别和联系域的所有者。但为了让此服务符合《通用数据保护条例》(GDPR)[4]政策(2018年实行),现在已对此服务进行了变换。所以,目前的WHOIS并不提供注册人的详细联系信息(邮政地址、电子邮件地址、联系电话),故无法在我们的验证流程中使用WHOIS。

但是WHOIS现在还有另一项服务,即注册数据访问协议(Registration Data Access Protocol,RDAP)[5],该协议将在之前的WHOIS协议之上提供许多特征。注册数据访问协议接替WHOIS协议,提供互联网资源相关信息(域名、IP地址和自治系统)的访问权限。

不同于WHOIS,注册数据访问协议提供:

(1)机器可读的数据表现形式。

(2)对数据的安全访问:通过HTTPS。

(3)差异化的访问包括:

①对匿名用户给予有限的访问权限。

②对经过身份验证的用户给予完全的访问权限。

(4)标准化的查询、应答和错误消息。

(5)国际化。

(6)延展性,即容易添加输出元件。

由于注册数据访问协议提供差异化的访问,因此既可以匿名查询注册数据访问协议服务,也可以在身份验证后查询。匿名查询的应答包含经过编辑的信息(经过编辑的电子邮件地址以及其他信息)。因此,在我们的案例研究中,需要对相应注册中心或注册商的注册数据访问协议服务发出经过身份验证的查询,从而通过电子邮件地址验证,验证域的所有权。

为获得经过身份验证的账户(以开展RDAP访问),注册商将为访问请求提供一份申请表(类似于参考文献[6]),并在申请成功后共享证书。这时,经过身份验证的查询将获得对所需信息的完全访问权限。

目前,已经运用了许多注册数据访问协议客户机,而且其中一部分已经完成部署,可以用于发送匿名查询,如参考文献[7-8]。

17.3 区块链技术的背景

17.3.1 区块链

区块链是一个分布式数据库,其中的数据以区块形式存储,每个区块(称为创世区块的第一个区块除外)包含前序区块的加密哈希值,因此形成了一个链式结构,如图17.2所示。这种链式结构使区块链成为一种不可改变的数据结构。区块链网络架构的另一个重要性质是"去中心化"。但是,不同的区块链平台有不同的去中心化程度,因为它们会在各种区块链特点之间进行权衡[9]。

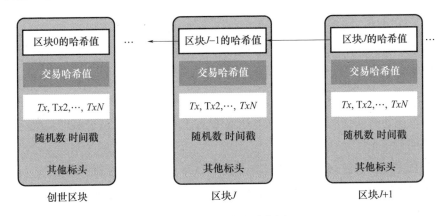

图17.2 区块链示意图

17.3.1.1 区块链的优点

相比于服务器-客户机方法,区块链技术本身具有很多优点。区块链的主要特点在于区块链是一个去中心化系统,这消灭了中央服务器。去中心化系统将数据库的副本分发至网络上的各个参与者,从而使系统几乎不可能遭到黑客攻击("51%攻击"除外)。区块链网络上的每位参与者都持有加密形式的完整区块链信息。这些分发的副本会持续且定期地同步;因此消除了单点故障,确保了可用性。区块链的优点在于它使系统变得透明,进而使几乎所有操作都易于追溯。每当新信息加入数据库时,都会以新区块的形式添加。这些新数据在得到网络上其他所有已注册节点的集体同意后,才会成为链的一个固定部分。这使区块链成为一个只能添加的数据库。由于交易具有不可逆性质,因此公开发布的数据库在网络上依旧可信。这种数据库实质上无处不在——区块链技术不仅适用于金融业,也适用于其他领域。

17.3.1.2 区块链类型

区块链有公共链和私有链两种类型。

(1)公有链。公有链网络是开放的,任何人都可以随时加入和离开,无须任何许可。在公有链中,不会为了达成共识而在参与者之间传递消息,而是以某种方式选出一个人,给予奖励,激励其决定下一个状态,再让其他参与者进行验证。因此,与这种区块链有关的大多是货币资产。

(2)私有链。在私有链中,用户仅在获得相应授权后才能加入或离开。在专用网络中,可以通过各种经典算法达成共识,因此没有货币与之关联。

17.3.1.3 智能合约

智能合约是存储在区块链中的代码段。当满足预先写入的特定条件时,开始执行智能合约。智能合约消除了参与者开展任何欺诈活动的风险。

17.3.1.4 共识协议

在区块链网络中,共识协议能让互不信任的节点或参与者对即将加入区块链的下一个区块达成一致。

在许可私有链网络中,参与节点具有认证机构等机构颁发的有效身份,且为彼此所知。这种区块链网络采用经典的共识协议来达成一致,如 Paxos、Raft、实用拜占庭容错(Practical Byzantine Fault Tolerance,PBFT)、冗余拜占庭容错(Redundant Byzantine Fault Tolerance,RBFT)等。另外,公有链网络中的参与节点彼此匿名,要达成一致,就需要进行领导选举。领导选举可以有多种方式,而且会导致这种网络目前存在多种共识协议。选出的领导将对下一个区块提出一个决定,再由其余参与节点确认新提议的区块。以下将讨论我们的项目中,涉及领导选举的一些共识协议:

(1)工作量证明(Proof of Work,PoW)。工作量证明涉及领导选举,并且以解出与哈希计算直接相关的复杂数学题为基础。选出的问题很难求解,但可以通过网络中的其余节点轻松验证。复杂问题的求解首先需要较高的计算能力,因此选为领导的概率直接取决于计算能力。比特币[10]和以太坊[11]网络均使用工作量证明来达成共识。不过,以太坊一直在努力朝权益证明①方向转变[12]。

(2)权益证明(Proof of Stake,PoS)。权益证明涉及领导选举,被选中的概率直接取决于节点/参与者持有的权益量(可以是加密货币的数量)。

(3)权益授权证明(Delegated Proof of Stake,dPoS)。权益授权证明[13]协议自权益证明机制变化而来。在涉及的程序中,网络参与者投票选出固定数量的代表。代表,也称为"证人",将决定下一个区块。

17.3.1.5 比较公有链网络

公有链网络主要有比特币、以太坊和EOS,具有比较如表17.1所列。

表17-1 比较公有链网络

项目	比特币	以太坊	EOS
共识	工作量证明	工作量证明	权益授权证明
交易费	是	是	否
智能合约	否	是	是
TPS	7~8	15~20	4000
去中心化程度	高	高	低

(1)比特币。这是一种以广泛分布的比特币网络为基础的对等(Peer to Peer,P2P)电子货币系统,所有交易均以转移加密货币(即比特币)的方式进行。比特币采用对等网络和强大的共识算法——"工作量证明"来确保经典的双花问题得到解决。它利用称为"比特币脚本"的特殊脚本来管理交易活动,如送出比特币、认领比特币等。

(2)以太坊。这是一个开源公有链网络。以太坊连同与之关联的加密货币,能在其主干区块链上携带其他资产。以太坊的状态变化可通过智能合约轻松管理。智能合约在以太坊虚拟机(Ethereum Virtual Machine,EVM)上执行。为使以太坊交易上的交易得以成功执行,需要收取费用,名为gas。一个人愿意为交易支付的gas量越大,其交易在以太坊网络上执行的时间就越早。

---

① 2022年以太坊成功过渡到权益证明共识机制。——译者

(3)EOS。这是一个公有链网络,其上允许构建去中心化应用。EOS 还使用智能合约来管理交易,但它不同于现有的公有链平台,因为在某种意义上,EOS 上的交易是完全免费的。EOS 使用混合版的权益证明(称为权益授权证明)来消除网络中的交易费用。但这存在轻微去中心化的代价。

17.3.2 详细比较以太坊和 EOS

以太坊平台引入了智能合约的概念,还向世界介绍了去中心化应用(或 dApp)。以太坊问世后,不久就开始越来越受开发者社区的关注。但以太坊去中心化应用的用户主要担忧改变智能合约状态所需的 gas 价格。

为解决用户担忧的这个问题,诞生了 EOS。EOS 声称自己是适合去中心化应用的平台。而且,这个平台上必须付费的是开发人员,不是用户。因此,EOS 平台没有交易费。EOS 通过扩张来收回成本,从而避免了用户交易费。

以太坊采用基于挖矿的共识协议,称为工作量证明。挑战的解决需要竞争和时间,故以太坊的交易通量低。因此,以太坊目前还面临着可扩展性问题。另外,关于下一区块的决定权掌握在通过权益证明选出的 21 个区块生产者手中。节点在共识过程中的参与程度较低,使整个过程变得更快,让 EOS 的交易通量更高。

EOS 有可能在基于工作量证明的区块链平台中朝管理少数矿池的方向转变,这表明 EOS 的去中心化程度更高,而 EOS 总是通过这个事实来证明自己的存在。但其自身的管理掌握在 21 个区块生产者手中,这说明 EOS 在相关权衡中更倾向于去中心化水平上的通量。

17.3.3 智能合约安全威胁

正如上文所解释的,智能合约就是代码段,里面包含着管理资金转移和其他区块链相关交易的业务逻辑。这些代码一旦部署,就无法更新,难以应用任何安全补丁。代码是用编程语言编写的,因此在编写智能合约时显然会引入一些错误,而这些错误可能导致资产的合法所有者损失资产。

智能合约中的主要缺陷包括:

(1)重入。这是智能合约的一种漏洞,致其发生的原因是攻击者在智能合约中发起无意的递归调用[14]。假设存在一个众包智能合约"A",且这个智能合约存在简单的存放和提取函数。如果"A"中存在重入漏洞,则另一个攻击智能合约"B"的后退函数可能对"A"的提取函数发起递归调用,从而提走所有众包资金。

(2)上溢和下溢。在与智能合约相关的语言中,可变数据类型有一个确定的最大容量来存储值。最大值和最小值本质上具有周期性。如果某个特定变量的值增加至最大值之上,则最终会得到一个值较小的数字,称为"上溢"。相反,如果某个值在减少时得到一个较大的值,称为"下溢"。这两种攻击常见于编写智能合约时。由于上溢和下溢,攻击者可以通过提供无效输入来利用智能合约。通过制止接受的输入,可以轻松应对这两种攻击。

(3)短地址攻击。这种攻击更常见于用户接口级,而不是智能合约级。短地址攻击发生在用户输入无效地址且智能合约引擎在填充后执行该地址时。

(4)委托调用。此函数与普通"调用"方法略有不同。"委托调用"总是在调用者的环境中执行。这种调用的主要用途是编写可以升级的智能合约。但这些优点也可能带来严重漏洞。如果委托调用的函数签名和调用者的合约函数不匹配,则执行将跳至回退,并且可能引起许多攻击。

除上述漏洞外,智能合约还存在几种攻击,如时间戳操纵、默认可见性、异常障碍、类型转换不一致、堆栈容量限制等。如欲了解这些漏洞及更多细节,请参阅参考文献[15-16]。

17.4 当前实现方法

当前的域名转让系统由代理构成,代理充当参与者之间的中间人。域名代理是集中实体[17]。

17.4.1 域代理

提供代理服务的实体有几种,如主机提供商。注册商也可能提供第三方服务,从而充当域代理,但域名注册商是必然包含的实体。要完成所有权转让过程,就需要域名注册商来变换最终的所有权记录。

以 GoDaddy 为例(该组织提供托管服务、域代理服务,而且本身也是一个域名注册商)。人们可以在 GoDaddy 购买一个新域。但如果检索"paytm.com"(该域已被某实体拥有),GoDaddy 的界面将提供一个采用其域代理服务的选项。界面上显示的"代理服务费"在 4000 印度卢比以上。这个费用就是用于雇用个人代理的(GoDaddy 将其称为"购域代理")。一旦有实体购买其服务,就会开始与"paytm.com"的当前注册人进行谈判(该注册人可能有出售意向,也可能没有)。如果谈判圆满结束,买家将必须支付该域的最终结算价格,外加服务提供商收取的任何佣金。GoDaddy 对此收取的佣金为结算价格的 20%。因此,买家总共将向 GoDaddy 支付(4000 + 1.2 × (域价格))印度卢比,而"paytm.com"的原所有者将获得(域价格)印度卢比。

17.4.2 注册人之间的域转让

要将一个域名转让给其他注册人,所有者可通过联系当前注册商(通常是通过网页界面联系),发起注册人变更。之后,注册商将通过一个安全机制(通常采用向已注册的域名持有者发送电子邮件的形式)要求所有者进行确认。

所有者必须在注册商规定的天数(不超过 60 天)内予以确认,否则不会进行转让。注册商收到所有者的确认后,就会立即处理转让,并在转让完成后通知所有者和新注册人,如图 17.3 所示。

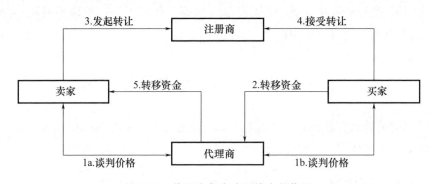

图 17.3　代理在集中式环境中的作用

从域名转让过程来看,注册人之间的所有权转让显然不涉及任何额外费用,但当前的域代理服务却收取了高额费用。

17.4.3　典型的(集中式)托管服务

卖家(域名的当前所有者)通过界面将一份清单放在代理的列表上。感兴趣的买家可通过按要求展示自己的兴趣来访问该界面,以查看不同的清单。或者,感兴趣的买家或潜在卖家也可在这个过程中雇用代理来谈判价格。待双方就域名的最终价值达成一致后,就将启动所有权转让的域名资金结算过程。

买家向托管提供商的账户支付议定的价格和托管佣金。一旦托管提供商收到资金,就会相应通知卖家,并启动后续的转让过程。卖家必须向买家转让该域的所有权(或向托管提供商转让,具体取决于服务条款)。待上述步骤按顺序完成后,托管提供商将资金转移至卖家账户,并将域名所有权转让给买家。这个过程中的所有进展都会相应地更新,任何一方都可以随时查看状态。托管提供商也可以对整个过程中涉及的步骤设置一定的截止期限(如买家支付议定金额的截止期限)。

17.4.4 集中式方式的问题

二级市场目前的运作方式存在与相关各方之间的信任有关的缺陷。当前的架构可能容易出现以下问题。

首先,买家向代理转移资金,卖家转让域名所有权,但代理使诈,拒绝向卖家转移资金。其次,买家向代理转移资金,但卖家不转让域名的所有权,而且代理在从买家收到的资金上不诚实。再次,代理的存在给各种骗局带来了机会,如钓鱼攻击、单击诱饵、伪装攻击等。最后,系统不透明让代理有了很大的操作空间,供其谋取更多利益。因此,买家可能不得不支付更多资金。

17.4.5 相关研究

目前,在域名的二级市场上,我们可以看到一些主要参与者已经入场好几年了。他们在这个市场里颇受信任,而且相当稳定。

Sedo.com[18]是一个很受欢迎的网络域名拍卖平台,也是一个买卖域名的市场,还可以寄放域。另外,Sedo 还提供域代理服务。但 Sedo 采用集中运作模式,而且这个组织就是为这些服务提供便利的中央实体。

Escrow.com[19]也是一个很受欢迎的域名出售平台。这个平台并非专攻域的二级市场,但却是为商品和服务的线上买卖提供便利和托管服务的通用平台。此外,Escrow.com 自 10 多年前成立开始,就是一个成熟的平台。Escrow.com 也以集中模式为基础。

除了这些涉及域名二级市场的综合平台,还有一些颇受欢迎的参与者都是以域名为中心的大型组织,如提供拍卖平台[20]和代理服务[21]的 GoDaddy。

尽管存在这些常见平台,但它们的运作模式都是集中式的,而且一旦出现更新的技术可以用于设计开放且更安全的机制来开展域市场中的这些交易,这种运作模式就会变得不太可信。迄今为止,域名的二级市场还没有去中心化的平台。

17.5 基于区块链的域代理系统

基于区块链的服务将取代目前由各种实体提供的代理服务,如图 17.4 所示。该服务将取代这个过程中涉及的一些昂贵、虚假、半透明的做法。

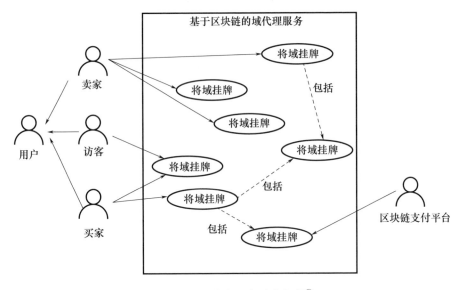

图 17.4 系统中的各种参与者①

17.5.1 优点

中间人在旧有域名系统中发挥着重要作用,但发生骗局的可能性也很高。基于区块链的新方式取消了中间人,将确保欺诈没有生存空间。此外,基于区块链的模型是一个去中心化系统。这种方式确保代理不会垄断系统,

---

① 此图为便于读者理解原文内容所加。——译者

也不会从双方手上抽走不合理的金额。而且,在这个系统中运用智能合约还会鼓励买家与卖家之间彼此信任地转让所有权。

另外,值得注意的是,一旦完成与特定买家和卖家有关的交易,相应域名的详细所有权信息就会保留在系统中,这些信息不可改变且永久存在。

17.5.2 实现

在相关案例研究中,我们希望采用智能合约进行管理,在不需要任何集中式法定货币的情况下,以数字货币的形式在交易的买卖双方之间建立信任。考虑到这几点,在选择的案例研究中选择公有链平台就更加可行。

实现方式将包括可供卖家列出待售域的网页界面。卖家在第一次请求将域挂牌出售时,必须在平台上设定一个底价。感兴趣的买家可以对其想要购买的域出价。这个拍卖过程将完全由一个单独的智能合约管理。出价期间,访客必须将其出价金额转移至合约地址。

竞拍成功者支付的金额将在域的所有权转让完毕后转移至卖家账户,池中的其余金额将转回竞拍者的地址。与域挂牌相关的所有数据,都将受另一个智能合约管理。

17.5.2.1 使用拍卖域名的价值主张

AFNIC 在其一份议题文件[17]中提出,域名的价值主要由多个无法轻易表达(至少目前尚未明确表达)的因素决定(如搜索引擎排名、域名含义、公众认知、关键词竞争、流量分析等)。此外,个人/组织可能对这些因素给出不同的优先顺序排列(基于自己的意见),使估值更加困难。

因此,我们认为竞拍平台是最适合确定域名相关价值的方式。对于当前讨论的情况,我们决定采用英国式拍卖类型,以使竞拍过程对竞拍人直观展现出来,竞拍将公开(即所有出价都将在竞拍过程中公开)。此外,一个人可以对同一个挂牌出售的域进行多次出价[22]。

17.5.2.2 组成部分

在我们的解决方案中,整个架构均包含以下组成部分:①面向用户的应用,也称为"去中心化应用";②公有链平台;③与去中心化应用相连并执行所需链下任务(如电子邮箱验证、域名所有权验证、域名转让验证)的集中式服务;④为拍卖过程管理业务逻辑和自动结算资金的智能合约。

17.5.2.3 详细程序

整个过程(图17.5)始于卖家将其拥有的域名在平台上挂牌出售时。挂牌时,卖家应通过我们的网页界面提供一些详细信息——联系电子邮箱、域名、底价。对于提交挂牌的域,将检查卖家的所有权。若系统能够确认当前所有权属于卖家,该域就可成功挂牌,供人竞拍(将其添加到区块链中)。否则,会(通过界面)向卖家显示错误。

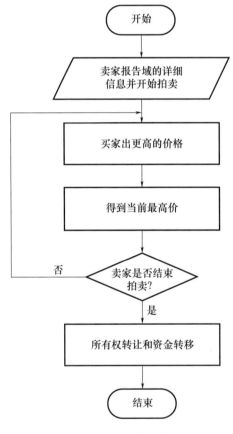

图 17.5　拍卖活动

在所有权验证过程中,将向中央服务器发送一条请求,该服务器将使用从注册数据访问协议(Registration Data Access Protocol,RDAP)服务提取的信息,处理链下验证。验证成功后,将向智能合约安全传达一条应答。一旦域名挂牌供人竞拍,卖家就可以选择开始竞拍;竞拍过程中,卖家也可以结束竞拍。在域挂牌出售的竞拍期间,潜在买家可以出价(同样通过界面出价,并且受智能合约管理)。同时,网页上还会展示与域挂牌有关的信息(出价价值和竞拍人)。竞拍人要参与竞拍,就必须支付其出价的金额。

竞拍结束时,出价价值最高的竞拍人就是潜在买家。卖家应该在给定时间(停拍时间)内将域名的所有权转让给出价最高的竞拍人(且我们的服务会向卖家发出相应的通知)。服务的后端结构将检查向合法所有者转让所有权的进展。如果转让在给定时间内成功完成,就会向卖家结算资金,并退还池中其他竞拍人的资金。但如果所有权转让未在给定时间内完成,就会撤销该次竞拍,将池中的所有资金退还相应竞拍人,如图17.6所示。

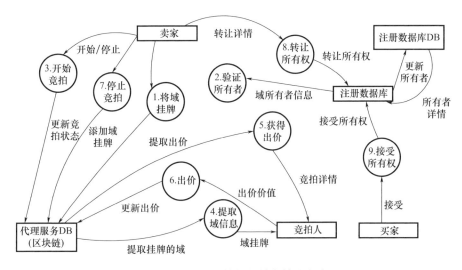

图17.6 基于区块链的域名转让方式

17.5.2.4 参与者

与我们系统交互的不同参与者有卖家、买家/出价最高的竞拍人、投标人和访客。

17.6 选择工具

必须选择正确的区块链平台,因为这也会决定过程中将使用的其他工具、框架、软件开发工具包(Software Development Kit,SDK)、集成开发环境(Integrated Development Environment,IDE)。

从 17.3.2 节的详细比较中,可以了解平台所做的权衡。根据服务的要求,我们认为以太坊是一个不错的区块链平台选择。因为以太坊是一个公有链框架,有助于开发去中心化应用,而且在软件和协议的普及和改进方面已经成熟。除此之外,开发工具、应用程序编程接口(API)、集成开发环境、编程语言和编译程序全都受到社区的良好管理,而且非常受欢迎。此外,社区对以太坊的支持一直在增长。

对于去中心化应用(在以太坊上称为"dApp")的构建,以下工具、库和框架就已足够:Remix IDE、Ganache、Truffle JS、Web3 JS 和 Metamask。

Remix IDE 是一种为以太坊编写智能合约的集成开发环境。它支持 Solidity 和 Vyper 等知名语言,还允许对智能合约进行高效调试。

Ganache 是在本地实现以太坊的框架,用户可在自己的机器上运行此框架。它允许本地系统测试去中心化应用。

Truffle JS 是方便在用户系统上开发去中心化应用的 JavaScript 库。它提供编译智能合约的本地 solidity 语言编译程序,还允许将智能合约部署到本地 ganache 网络或以太坊测试网络上。

Web3 JS 也是一个 JavaScript 库,它有助于在以太坊区块链和网络应用之间建立连接。

Metamask 是一个钱包,它有助于签署交易和将去中心化应用连接到本地的以太坊 ganache 网络、测试网络或主网络。

17.3.3 节讨论了智能合约漏洞,还提及了合约中的小错误给参与者带来巨大经济损失的一些情况。这也导致人们对区块链平台的信任问题提出了质疑。为避免智能合约存在错误,目前有一些常用工具(称为模糊测试程序)可自动对智能合约进行模糊测试,从而找到潜在错误。Echidna 和 SmartCheck 也属于为以太坊和 Solidity 语言提供支持的工具。

17.7 系统分析与讨论

区块链可以充分抵挡传统的网络攻击,因此 17.4.4 节中提及的问题很容易处理,因为拟议工作流程的核心函数将受智能合约管理,而智能合约包含检查所有权转让和资金转移的业务逻辑。

尽管在区块链技术上建立的二级市场会提供 17.5.1 节中讨论的优点,但其架构并不能绝对防止各种攻击,因为网络犯罪分子总是会专门针对区块链技术开发新的方式。另外,区块链技术存在一定的局限,可能影响系统性能、效率和系统资源。本节试图解释系统可能遭遇的攻击,以及区块链带来的挑战——可能影响区块链系统的挑战。

拟议架构遭到的攻击可以基于系统中涉及的组成部分进行分类。在最高级别,系统可能面临的攻击可分成:(协助核心去中心化组成部分的)集中式组成部分/服务面临的攻击,以及去中心化组成部分面临的攻击。

17.7.1 去中心化组成部分面临的攻击

部分攻击瞄准节点的区块链网络或对等网络。这之所以能够实现,是因为网络用于通信的协议目前存在多个漏洞,如分布式拒绝服务(DDoS)、路由攻击(如边界网关协议(Border Gateway Protocol,BGP))、时间劫持和日蚀攻击。

另外,还有重点利用区块链平台所用共识协议中漏洞的攻击,以及专攻区块链平台核心的攻击。例如,51%攻击、远程攻击和"女巫"攻击。

随着区块链平台普及程度和用户基础的提高,出现了加密货币钱包。这些钱包服务的架构大多为集中式,而且不属于基于区块链的服务。因此,加密货币钱包容易遭到钓鱼攻击、字典攻击等。

智能合约是为了将数据添加到区块链数据库中而执行公正交易的方式(无须第三方或监管机构参与)。由于智能合约是开发人员编写的一段程序,因此非常有可能给区块链技术的这一关键部分引入错误。这些错误不仅会对区块链平台造成不良影响,也会造成巨大的经济损失。智能合约容易出现的问题是短地址攻击、整数上溢/下溢、重入等。

前三个组成部分遭到的攻击是系统中现有错误的结果,因此为其开发解决方案超出了本案例研究的范围。不过,其中一些攻击可以通过选择能够抵御尽可能多的网络攻击的区块链网络来防范。另外,也可以选择利用共识协议来抵御大多数攻击的区块链网络。

但在为拍卖编写合约池时,仍需特别注意,因为重入、下溢和上溢等问题可能使智能合约遭到各种攻击[23]。智能合约一旦部署在网络上,就无法更新安全补丁。这是因为智能合约是通过区块链网络上的区块交易而部署的,而且区块链具有防篡改性,故区块链网络上的所有内容都无法变换。著名的去中心化自治组织攻击[24]就是智能合约遭到安全攻击的好例子。在该攻击中,仅仅因为智能合约代码中的错误,就造成了数百万美元的损失。

因此,需要通过各种智能合约分析和模糊测试工具来进行智能合约漏洞的分析。模糊测试是一种软件测试技术,它借助畸形/半畸形数据的注入,查找实现错误。模糊测试程序是用于将模糊测试过程自动化的软件工具。Echidna和SmartCheck属于最常用的模糊测试工具。

17.7.2 区块链的局限

1. 可扩展性问题

区块链网络无法扩展,无论是横向上还是纵向上,这是区块链网络很大的一个局限。究其原因,共识机制整体独立于网络容量,但因其必须解出工作量证明中的复杂数学题,故又需要依赖单个节点的计算能力。代理服务等服务可能需要相对可扩展的架构。

解决方案:为了让区块链网络具有可扩展性,目前提出了闪电网络和Plasma框架两种解决方案。这两种解决方案都试图在网络上的两方/两个节点之间创建安全的通道,使其能够以不受原区块链网络限制的速度交换信息,从而提高任何区块链网络的TPS。

2. 效率低

从存储和计算的角度来讲,区块链网络视为高度冗余。共识算法和挖矿操作(构成区块链的核心部分)高度冗余,因为每个节点都要单独对自己的数据库副本(分布式账本)进行这些操作。从计算角度来讲,区块链网络存在很高的计算冗余,因此可以说这个系统效率低下。工作量证明的共识机制就是如此。

解决方案:①工作量证明方式目前(虽然安全但)效率高度低下,采用新的共识机制可以解决这个问题,如权益证明、权益授权证明。②前文所述的闪电网络也可以解决这个问题。

3. 庞大数据库

区块链的部分能力来自具有分布式数据库的对等网络。由于区块链数据库是只能添加的公共账本,因此其规模可能发生指数式增长。截至2020年第3季度,比特币网络总共达到了302GB[25]。基于类似的原因,以太坊数据也在2020年第3季度达到了551GB[26]。即使出于验证目的,也不需要整个数据库(简单支付验证允许仅用需要的区块进行验证),但要让区块链网络分布得更广,就应该有大量节点来下载整个数据库。因此,只有具备丰富资源的系统才能参与网络,而这会降低去中心化水平。

解决方案:①一种解决方案是部署数据服务器。②默克尔树的概念可以将数据库的规模缩小至大约1/200。这个问题有几种解决方案,而且都很容易解决。其中一种可能的解决方案是"分片"[27]。

17.8 结论和公开的挑战

本章探讨了有关域名当前二级市场及其运作的研究,介绍了当前集中运作模式面临的各种问题,以及如何利用区块链的固有特征来设计出没有这些问题的架构。另外,本章还探讨了我们基于区块链的实现方式如何能被视作当前市场的替代品。除实现外,本章还通过探讨我们实现方式的最佳架构选择做出的各种权衡,以及基于区块链的新服务(给当前模式)带来的改进,讨论了我们所采用的方式。此外,本章也讨论了架构各个组成部分之间的数据流,以及它们之间的连接方式。总而言之,这种基于区块链的服务可以用现有技术实现,现有技术将为买卖域名的二级市场提供一个去中心化的平台。

本章讨论的拟议解决方案试图在可扩展性、去中心化、共识和成本4个因素之间做出适当的妥协。但鉴于目前的区块链技术仍在高速发展,这个解决方案可能又会在几年之后变得不太合适。除基于区块链的方式给域名二级市场带来的所有优点及费用降低影响之外,这种方式还面临着一个严重挑战——可扩展性。正如上文所讨论的,公有链平台更适合此案例研究,但公有链的权衡通常会降低性能。为案例研究找到符合高性能基准的正确解决方案将是个挑战。两层的区块链解决方案有可能解决这个问题。另一个挑战是,我们的系统要处理两个数据库:链上数据库(区块链)和链下数据库(注册数据库)。将这两个数据库连接到一起可能会产生许多安全漏洞,影响整个系统。这将需要进一步测试和深入分析拟议解决方案。目前,只要需要智能合约来处理链下数据,就会使用预言机;但考虑可扩展性因素和成本因素,这个解决方案可能并不可行。

缩写词

英文缩写	英文全称	中文释义
AFNIC	Association Francaise Pour Le Nommage Internet en Coopération	法国互联网合作协会
BGP	Border Gateway Protocol	边界网关协议
CA	Certificate Authority	证书颁发机构
ccTLD	Country Code Top Level Domain	国家码顶级域名
DAO	Decentralized Autonomous Organization	去中心化自治组织
DDoS	Distributed Denial of Service	分布式拒绝服务
DNS	Domain Name System	域名系统
dPoS	Delegated Proof of Stake	权益授权证明
EVM	Ethereum Virtual Machine	以太坊虚拟机
GDPR	General Data Protection Regulation	通用数据保护条例
gTLD	Generic Top Level Domain	通用顶级域名
HTTPS	Hypertekt Transfer Protocol Secure	超文本传输安全协议
ICANN	The Internet Corporation for Assigned Names and Numbers	互联网名称与数字地址分配机构
OTP	One Time Password	一次性密码
P2P	Peer to Peer	对等
PBFT	Practical Byzantine Fault Tolerance	实用拜占庭容错
PKI	Public Key Infrastructure	公钥基础设施
PoS	Proof of Stake	权益证明
PoW	Proof of Work	工作量证明
RBFT	Redundant Byzantine Fault Tolerance	冗余拜占庭容错
RDAP	Registration Data Access Protocol	注册数据访问协议
SEO	Search Engine Optimization	搜索引擎优化
TLD	Top Level Domain	顶级域名
TPS	Transactions Per Second	每秒交易数
URL	Uniform Resource Locator	统一资源定位器

参考文献

[1] ICANN, *Resources*, [online] Available: www. icann. org/resources.

[2] ICANN, *WHOIS*, [online] Available: https://whois. icann. org/en/about - whois.

[3] ICANN, *Temporary Specification for gTLD Registration Data*, [online] Available: https://www. icann. org/en/system/files/files/gtld - registration - data - temp - spec - 17may18 - en. pdf.

[4] GDPR, *What is GDPR*, [online] Available: https://gdpr. eu/what - is - gdpr/.

[5] ICANN, *Registration Data Access Protocol (RDAP)*, [online] Available: https://www. icann. org/rdap.

[6] RDAP Access, *RDAP Access request form from GoDaddy for. biz domain*, [online] Available: https://rddsrequest. nic. biz/.

[7] Tool, RDAP Client, [online] Available: https://client. rdap. org/.

[8] ICANN, *RDAP client on ICANN*, [online] Available: https://lookup. icann. org/.

[9] Niclas Kannengießer, Sebastian Lins, Tobias Dehling, Ali Sunyaev, "Trade - offs between Distributed Ledger Technology Characteristics", *ACM Computing Surveys*, Vol. 53, No. 2, p. 42, May 2020.

[10] Satoshi Nakamoto, "Bitcoin: A peer - to - peer electronic cash system", 2008, [online] Available: https://bitcoin. org/bitcoin. pdf.

[11] Dr. Gavin Wood, "Ethereum: A secure decentralised generalised transaction ledger, EIP - 150 revision", 2014, [online] Available: https://gavwood. com/paper. pdf.

[12] Ethereum, "Introducing Casper the Friendly Ghost | Ethereum Foundation Blog", [online] Available: https://blog. ethereum. org/2015/08/01/introducing - casper - friendly - ghost/.

[13] BitShares, "Delegated Proof of Stake (DPOS) —BitShares Documentation", [online] Available: https://how. bitshares. works/en/master/technology/dpos. html.

[14] Chinen, Yuichiro, Yanai, Naoto, Cruz, Jason Paul and Okamura, Shingo, "Hunting for Re - Entrancy Attacks in Ethereum Smart Contracts via Static Analysis", 2020 *IEEE International Conference on Blockchain (Blockchain)*, pp. 327 - 336, doi: 10. 1109/ Blockchain 50366. 2020. 00048.

[15] Atzei, Nicola, Bartoletti, Massimo and Cimoli, Tiziana, "A survey of attacks on Ethereum smart contracts", [online] Available: https://img. chainnews. com/paper/f8084c122c0dfefd33e6bf03246597e8. pdf.

[16] S. Sayeed, H. Marco‐Gisbert and T. Caira, "Smart Contract: Attacks and Protections," *IEEE Access*, Vol. 8, pp. 24416‐24427, 2020, doi: 10.1109/ACCESS.2020.2970495.

[17] AFNIC, "The secondary market for domain names", 2010, [online] Available: https://www.afnic.fr/medias/documents/afnic‐issue‐paper‐secondary‐market‐2010‐04.pdf.

[18] Sedo, "Sedo company details, the best place for domains is Sedo.com", [online] Available: https://sedo.com/us/about‐us/.

[19] Escrow, "About Escrow.com, The Online Escrow Service—Escrow.com", [online] Available: https://www.escrow.com/why‐escrowcom/about‐us.

[20] GoDaddy Broker Service, "Domain Broker | Your Domain Buy Service—GoDaddy", [online] Available: https://godaddy.com/domains/domain‐broker.

[21] GoDaddy Auction, "Domain Auction | Buy & Sell Distinctive Domains—GoDaddy", [online] Available: https://auctions.godaddy.com/.

[22] Wikipedia.Org, "Online auction—Wikipedia" [online] Available: https://en.wikipedia.org/wiki/Online_auction.

[23] S. Sayeed, H. Marco‐Gisbert and T. Caira, "Smart Contract: Attacks and Protections," *IEEE Access*, vol. 8, pp. 24416‐24427, 2020, doi: 10.1109/ACCESS.2020.2970495.

[24] X. Zhao, Z. Chen, X. Chen, Y. Wang and C. Tang, "The DAO attack paradoxes in propositional logic," *2017 4th International Conference on Systems and Informatics (ICSAI)*, Hangzhou, 2017, pp. 1743‐1746, doi: 10.1109/ICSAI.2017.8248566.

[25] Blockchain.com, "Blockchain Charts", [online] Available: https://www.blockchain.com/charts/blocks‐size.

[26] Etherscan.io, "Ethereum Full Node Sync (Default) Chart | Etherscan", [online] Available: https://etherscan.io/chartsync/chaindefault.

[27] S. S. M. Chow, Z. Lai, C. Liu, E. Lo and Y. Zhao, "Sharding Blockchain," *2018 IEEE International Conference on Internet of Things (iThings) and IEEE Green Computing and Communications (GreenCom) and IEEE Cyber, Physical and Social Computing (CPSCom) and IEEE Smart Data (SmartData)*, Halifax, NS, Canada, 2018, pp. 1665‐1665, doi: 10.1109/Cybermatics_2018.2018.00277.

第 18 章

基于区块链的数字版权管理

尼尔马尔·库马尔·古普塔

阿尼尔·库马尔·亚达夫

阿希士·贾恩

18.1 简介

版权是知识产权的重要组成部分,与文化和创新有着天然的联系。加强版权保护是任何国家成为文化强国的关键。然而,随着社交媒体时代的到来,数字内容创作的门槛正逐渐降低,网络文学、图片、音频和视频等数字内容呈现爆炸式增长。数字内容市场正迎来快速繁荣,而与此同时,版权侵权问题也变得日益严重。海量数字内容通过当前的互联网生态环境快速传播。数字内容的"可重复性、非排他性和易篡改性"等"内在不足",使数字版权侵权行为无处不在,网络版权诉讼频发[1]。网络转载、短视频、动画、网络直播、知识分享、有声读物、网络影视、网络文学、网络音乐等领域,以及电商平台、应用商店、网络云存储空间等平台,都是盗版侵权的目标领域。

数字内容产品通常包括数字音乐、数字图书、数字视频、数字游戏等。在数字内容产品的全生命周期中,主要环节涉及数字内容产品的制作、复制、流通和传播。区块链的优点在于对数据的防篡改和可追溯性,从而保障了数据的真实性、完整性、公开性、透明性和可追溯性,而且能解决数字内容的"可重复性和易篡改性"等不足之处[2]。区块链可以追溯数字版权内容的整个生命周期。

本章主要聚焦数字版权发展的现状和存在的问题,分析了如何将区块链技术与数字版权应用更好地结合在一起。本章内容可分为7个部分。第一部分重点介绍数字版权的相关概念、内涵和数字版权产业链;第二部分介绍数字版权行业的现状和数字版权保护中存在的问题;第三部分主要分析区块链数字版权应用的可行性和应用方向;第四部分主要分析区块链数字版权应用的现状、区块链版权应用模式、技术架构和典型案例;第五部分重点分析区块链数字版权应用面临的挑战;第六部分主要分析区块链数字版权应用的发展趋势;第七部分针对区块链数字版权应用的发展提出了建议。

18.2 数字版权的基本概念和内涵

18.2.1 版权的起源

版权概念最早出现在文艺复兴后期。这个词源于英文单词"copyright",即复制的权利,反映了法律为防止他人未经许可复制作品,损害作者经济利益而创设的权利。

在印刷术问世之前,并不存在版权概念和保护机制。中世纪时期,书籍都是手抄的,制作盗版的成本与制作原版书籍的成本一样,因此不存在盗版的动机。到15世纪中叶,印刷术的发明使出版业开始了大规模生产。1709年,为了保护印刷商和作者的利益,英国颁布了《安妮女王法令》,该法令规定版权源于作者,保护作者在一定时期内印刷、再版和发表作品的专有权[3]。人们认为《安妮女王法令》是世界上第一部版权法,它使版权成为一项普通的权利,人人都可以拥有版权。

18.2.2 版权的获取

版权可以通过自动获取和注册获取两种方式进行获取。

自动获取版权是《伯尔尼保护文学和艺术作品公约》规定的一项原则,也是世界上大多数国家版权法规定的一项版权获取原则。在印度,规则允许自动获取版权,不需要办理任何手续。作品制作完成后就会自动产生版权,不需要任何手续。然而,版权注册证书及为此创建的条目可充当最高法院解决版权占用纠纷时的明确证据。

版权注册证书是版权所有者享有作品版权的初步证据。通过版权注册明确版权归属,有助于解决因版权归属而引发的版权纠纷,并为解决版权纠纷提供了初步证据(图18.1)。

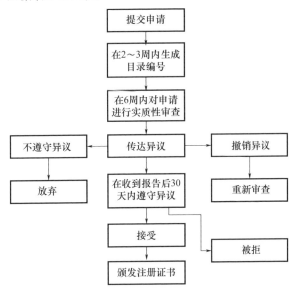

图 18.1 印度版权注册流程

18.2.3 数字版权

数字版权是进入数字时代后对版权进行的丰富和补充。它以数字方式保存、复制和分发数字作品是作者的权利。数字作品通常以二进制数字的形式固化在硬盘、光盘等物理介质或载体中,并以数字信号的形式通过网络传播。

18.2.3.1 数字作品

数字作品是数字版权保护工作的对象。业界对数字作品的定义并不统一。一般而言,数字作品包括两种类型:一种是将传统作品数字化后的作品。采用数字编码形式将传统作品固化在硬盘或光盘等有形载体中,并从本质上改变作品的表达形式和固定形式,但不会对作品的"原创性"和"再现性"产生任何影响,如报纸、期刊、书籍等传统出版物的数字化作品,以及电影的数字化作品;另一种是天然以数字形式存在的作品,如计算机软件、手机游戏等[4](表18.1)。

表 18.1 受版权保护作品的覆盖范围

文学作品	包括书籍、可验证作品、十四行诗、文章、论文、散文、演讲、广告、话语和软件程序
音乐作品	包括旋律与和声的任意组合,其中任何一种都可转换为作曲,或以图形方式创建或复制
戏剧作品	包括戏剧、电影剧本、歌剧、舞蹈表演和任何伴奏音乐。任何需要戏剧性表现的作品都可能是戏剧作品
编舞和哑剧作品	编舞和哑剧也被认为是受版权保护的戏剧作品。编舞是指构思和策划整个音乐(通常如此)中的舞蹈动作和舞蹈套路。与编舞不同,哑剧是指模仿或表演事物、角色或其他事件的艺术
绘画、图形和雕塑作品	绘画、写实和雕塑作品包括二维或三维的写实素描、图画、照片、印刷品、艺术复制品、地图、地球仪、图表、模型和专业图纸及构图方案
电影和其他视听作品	电影和其他不同的媒体作品由一系列关联的图片组成,而这些图片预计将通过使用机器或小工具,以及声音(如有)表现出来,涵盖了广泛的电影作品,包括电影、磁带、视频圈和其他媒体
录音	录音是指录制的声音,可以是音乐的,也可以是非音乐的。这一类别包括各种类型的作品,如录制的音乐、歌曲、有声读物、音效、演讲和采访录音、音频播客、原声带等
汇编	可将多份现有资料收集在一起,并将这个集合作为一个整体进行版权保护

18.2.3.2 数字版权产业链

数字版权行业链可划分为上游、中游、下游和数字版权服务 4 个部分[5]。上游部分主要包括原创者和内容提供者,如出版社、数字期刊和报纸、唱片公司、游戏和动画制作人、导演、音乐人、摄影师等企业组织和个人。数字内容作品主要涉及音乐、电影、电视剧、文学作品等,如表 18.1 所列。

中游主要包括渠道销售平台等平台服务提供商。平台服务提供商本身并不制作内容,主要依赖于自身掌握的技术、网络渠道、流量门户网站等优势,整合数字内容资源,对外提供检索门户网站和搜索服务。平台服务提供商利用技术优势整合和运营数字资源,有助于内容提供者专注于优质内容的制作。

下游主要包括硬件终端制造商、软件终端开发商和数字发行商。终端制造商和数字发行商最接近用户,因此可视为出版业的下游。数字发行商通常划分为发行商、零售商和在线发行平台三大类。在线发行平台是当前最重要的发行商。

数字版权服务主要是为数字内容出版物提供版权注册、版权交易、版权评估、版权保护等一系列服务的技术和解决方案提供商。数字版权服务是数字版权产业链的重要组成部分。

数字版权服务的重点是保护数字版权,目的是实现版权价值的安全流通。通常,数字版权保护包括数字版权确认、数字版权监测、侵权取证、数字版权保护[6]。其他数字版权服务还包括数字版权交易、数字版权价值评估和数字版权费用结算。

18.3 数字版权产业的发展现状与问题

版权是指改写或复制的权利。纵观历史,复制技术总共经历了印刷技术、电子技术和数字技术三次重大飞跃。每次飞跃都会为复制方法带来一场革命。内容作品的形式将突破版权法的适用范围,使全球版权法体系面临新的挑战。世界各国不得不通过修订和完善版权法来应对挑战。

美国作为全球出版业最发达的国家之一,拥有最完备最成熟的版权法,最早制定了数字版权保护法律。美国的法律条例详细具体、可操作性强且频繁修订[7]。美国的法律建设已经形成了相对完备的数字版权法律体系,包括《版权法》《知识产权与国家信息基础设施》和《千年数字版权法案》。英国、德国等国家积极修订并出台了一系列与数字版本相关的法律体系来处理数字内容版权保护问题[8],并且积极参与版权法律法规的制定,努力根据国际法律保护国家利益。

18.3.1 数字版权保护

多种技术解决方案的出现,为数字内容作品带来了新的形式,发行模式的快速变化给数字版权保护带来了挑战,也迫使数字版权保护技术不断演进。根据版权保护技术在版权传播循环中发挥作用的阶段,版权保护技术方案可分为传播前、传播中和传播后三个主要阶段[9]。

随着互联网技术的迅猛发展,基于社交媒体的新型媒体逐渐占据了各大数字出版领域的主流。数字内容的制作成本大大降低,媒体革命和传播方式的革命激发了数字内容作品的复制和再创作。传播趋于"零成本",传播渠道多元化。互联网日益成为侵权和盗版行为的高发领域。互联网盗版给以创新为核心的版权产业带来了严峻挑战。

18.3.2 数字版权产业存在的问题

数字版权服务侧重于数字版权保护,是数字版权产业的核心。特别是数字版权保护是数字版权产业发展的重要保障。对于激发数字版权创作者的创作热情,推动数字版权产业健康快速发展,促进任何国家的文化繁荣而言,数字版权服务都具有重要意义。然而,由于数字作品在持续演化、传播渠道日益多样化、覆盖空间和影响范围巨大、侵权成本低、侵权方式隐蔽、司法权利保护成本高,数字版权保护仍面临诸多困难[10]。

18.3.3 版权确认难

作品版权注册是一种重要的版权保护方式。版权注册有助于解决因权利归属而引发的版权纠纷,并且为解决版权纠纷提供司法证据[11]。然而,传统的版权注册仍然存在以下问题:首先,版权注册周期长。传统的版权注册依靠线下人工审核,等待时间较长。从版权注册到获得证书通常需要20~30个工作日。其次,作品的版权注册成本相对较高。如果注册人没有委托中介机构办理版权注册,则可能会由于注册人缺乏专业指导,导致注册材料被退回变换和完善,进而增加了时间成本和工作量;如果注册人委托中介机构办理,则除了注册费用,还需要额外支付一笔办理服务费,大大增加了成本;而且,版权所有者对注册不太积极。当前的版权保护流程效率较低,而且版权所有者往往因为预计保护权利困难重重而没有动力注册版权。

18.3.4 侵权监测难

自媒体时代到来后,数字内容的创作门槛逐渐降低,网络文学、图片、音频、视频等数字内容创作呈现爆炸式增长。各大媒体平台和朋友圈使用与传播了海量的数字内容,侵权行为也有所增加。出于以下原因,很难有效监测侵权行为:首先,仅凭人工监测完全无法应对海量的数据。只有原创者才会关注数字内容是否被侵权。在海量数据的情况下,完全无法仅凭原创者自己监测来判断是否侵权。此外,数字作品的侵权证据可能容易被篡改,并且难以追溯。其次,缺乏技术识别能力。受技术水平限制,人工智能识别技术尚无法完全识别通过篡改进行的侵权行为[12]。再次,监测范围较小,监测网络单一。监测网络的范围仅限于部门网站、社区和社交媒体,尚不可能对整个网络进行监测。此外,大多数现有侵权监测系统只能监测某一领域的数字内容,如图片。最后,很难追溯侵权网站。为躲避监测和追溯,侵权网站会频繁更改外观。

18.3.5 取证难

在互联网应用场景中,渠道繁多,而且流通非常快,因此非常复杂。数字内容经盗版处理后,几乎无法追溯。特别是,侵权方式和渠道越来越多变、多样、隐蔽,导致侵权行为屡禁不止。这是因为各方对原创作品缺乏有效的保护技术和保护方法。另外,维权难、取证难也助长了侵权行为。维权难是版权保护的老大难。其主要原因如下:首先,网络环境下难取证。网络侵权行为的虚拟性、隐蔽性和无时空限制,加大了取证的难度。在版权侵权案件中,版权所有者在举证时需要通过网页截图等方式证明侵权行为。但法院并不一定会采信这样的证据,甚至会要求公证机构出具公证文书,还原获取这些数据的完整过程。此外,公证成本相对较高、取证延迟可能导致证据丢失等不利于取证的其他因素。其次,司法资源有限,维权渠道匮乏,维权程序复杂,维权成本高。维权通过诉讼进行,但司法诉讼流程复杂,并且周期冗长。

18.3.6 版税结算难

除了侵犯版权所有者权利的盗版猖獗外,版税结算难和版税低也在侵害着版权所有者的权利。导致版税结算难和版税低的原因如下:首先,利益分配体系不健全。在数字出版产业中,数字平台运营商和终端设备制造商掌控着数字作品的发行渠道,并在版权收益分配体系中占据主导地位。内容提供者或原创作者的议价能力较弱,无法按照收益分配获得作品的真正价值[13]。其次,收入计算方法不透明。以音乐产业为例,发行商控制着发行渠道。唱片制作、现场音乐演出、影视剧使用音乐作品的收费相对透明,版权收入相对确定。然而,数字出版渠道趋于多元化。音乐原创作者会将版权授权给音乐平台,其收入计算依据的是歌曲的下载量和点击率。但上述数据不透明、易篡改、难以监测,并且原创作者和内容提供者对此无法控制,导致版税结算不透明、收入滞后,难以保障原创作者的利益。

18.3.7 限制内容广泛传播难

传统的数字权利管理系统(Digital Rights Management System,DRM)过于注重版权安全,将版权限制在一个封闭的系统中使用,反而忽视了数字内容版权的传播和影响力的扩大。在当前的数字作品版权保护和管理应用中,各个公司开发的系统互不兼容,导致作品无法在系统间流通。如果某一件作品支持某一项技术,该作品就必须始终用于支持该项技术的播放,否则就会导致内容发行受阻。

随着社交媒体和用户生成内容模式的兴起,数字内容作品的小型化和快速传播逐渐取得显著效果,数字内容的创作热情高涨,人人都可创作的时代已经到来。广大原创者的作品不仅需要版权保护,还需要合法复制、传播、共享,才能最大化传播范围,最大限度提高版税。数字版权保护系统的封闭性与数字内容版权的开放性之间的矛盾日益突出,单纯的技术封锁难以为继,亟须一个更开放的技术系统来支持数字内容版权的安全传播、公平交易和广泛共享。

18.4 区块链在授予数字版权方面的作用

区块链技术具有数据不可篡改、防伪、可追溯等特点，与数字版权保护天然契合，给数字版权保护带来了机遇。

18.4.1 确定数据权利的归属

区块链可以为各种媒体数据提供唯一的标记，通过哈希算法提取数据"指纹"，在"数据对象"与其"指纹"（哈希值）之间建立一对一的映射关系，并通过非对称加密技术确定数据本身，从而确保数据对象的真实性、完整性和唯一性。区块链还会在数据私钥所有者与数据对象之间建立硬链接，实现数据权利的确认，并为确定数据内容作品的版权归属提供技术手段[14]。

在数字版权确认阶段，采用区块链技术将图片、音乐、视频等数字内容作品的"指纹"信息（数字摘要/哈希值）、作者信息、创作时间等信息快速打包在链上；采用整合存储、时间戳、共识算法等分布式技术实现上述信息和数据的防篡改性；发挥明确版权归属、固化证据的作用；完成原创数字作品的版权注册和认证流程。使用区块链可以极大地简化向监管机构申请版权认证的传统流程。

18.4.2 防篡改性、防伪性和可追溯性

区块链技术实现了数据的分布式存储。每个节点都保存一份数据副本。单个节点丢失数据并不会影响数据的完整性。此外，共识机制的设立确保了单个节点很难篡改数据。区块链通过哈希算法提取数据"指纹"，并在数据与"指纹"之间建立一个链接。任何伪造数据的行为都会导致数据"指纹"发生变化。此外，区块链将数据存储在一个链中，所有数据运算和活动都可以进行查询和追溯，因而提供了一种在整个生命周期中审核和追溯数据的方法。综上所述，区块链技术的防篡改性、防伪性和可追溯性等特点，确保了数据的真实性和可追溯性，并且能够"验证数据的真实内容"，实现证据的固化。

数字版权服务涉及数字内容版权注册、交易和传播等多个阶段。其中任何一个环节出现问题不仅会影响版权保护，还会对数字化制作市场的秩序和稳定性产生不良影响。区块链具有数据防伪、开放、透明和可追溯的特点[15]，

可以解决数字内容"可复制性、非排他性、易篡改性"等"内在不足",使版权内容在全生命周期内可追溯、可检查、可审核,从而推动数字版权全生命周期服务体系的建立。

18.4.3 确保安全交易的智能合约

区块链智能合约可以编写为自动执行的合约条款,帮助诸多参与者依据事先商定的规则处理交易和结算交易,从而完成数字资产的交付和转移。此外,区块链共识机制和智能合约还为在去中心化环境下生成、传输、计算和存储数据构建了规则协议,为以数据为载体的数字内容作品和资产价值的安全流动创造了条件。因而实现了价值转移的基本协议,促进了数字版权的交易、使用和流通。

18.4.4 侵权证据整合

人们可以利用区块链数据不可篡改的技术特点,并使用特征值分析和比较算法来查找可疑的侵权行为。减少了网页截图、视频录屏等进一步取证工作,只需在线一键取证并记录可疑的侵权行为和内容。采用区块链时,司法取证方法可信度高、取证成本低,为后续维权提供了技术支持和司法证据。

区块链将侵权记录存储在区块链上,并且能够通过跨链方式连接到互联网法院的司法区块链,也可以作为与互联网法院、公证处、司法鉴定中心、仲裁委员会、版权局等联盟的成员节点。司法机构构建了区块链司法联盟链,以实现电子证据与司法系统的互联互通[16]。用户提起诉讼时,法院直接从第三方区块链数字版权平台,或第三方区块链数字版权平台司法区块链,或用户提起诉讼时的司法区块链,提取相关信息并做出判决。用户举证维权、法官核查的整个流程方便快捷,提高了司法效率。

18.4.5 数字版权交易结算透明

数字版权涉及多方参与和收益分配。以数字音乐为例,参与者包括音乐内容制作者、唱片公司、在线音乐服务平台和用户。跨组织、跨平台追溯版权信息本身就难,再加上复杂的交易流程,进一步加剧了追溯的难度,利益分配不均也导致了版权纠纷。

区块链作为一种公开透明的分布式账本,可以实现多方参与、授权认证和共同治理,从而使数字内容的存储、访问、发行和交易透明化,重塑数字版权价值链,同时确保和平衡数字版权符合价值链中各参与方的利益。发行和传播数字内容作品时,由于区块链具有防篡改性、开放性和透明性特点,数字内容作品的阅读量、下载量、交易量有效记录在区块链网络上,从而杜绝了中心化平台的暗箱操作,确保原创者获得应得利益,提升原创者的创作积极性。

此外,在区块链去中心化网络的基础上,可以引入一种针对数字内容传播者的激励机制,以降低数字版权发行平台的市场集中度和渠道控制能力。它在一定程度上激励消费者和传播者以转帖、点赞、评论、投资等方式支持、分享和传播作品内容,使每位沟通参与者均可获益,从而加强多渠道发布作品的能力,提高原作品的曝光度,进而使作品价值最大化。在交易环节,它可通过智能合约协助多个参与者,如原创者、内容提供者、内容平台发行者、数字内容传播者等,根据共识和协议实现收入的自动分配,平衡各方利益,促进构建良好的数字版权交易生态。

18.5 基于区块链的数字版权保护服务

基于区块链的数字版权保护服务通常包括版权存储、版权监测和预警、侵权取证以及司法权利保护4个部分[17]。这种保护服务还通过证书存储、监测、权利保护预警提供全环节服务,同时高效实现数字作品的"全生命周期"管理。

1. 版权存储

一是用户将真实姓名登记在版权保护平台中并获得账户,同时完成身份验证流程。二是用户提交需要记录到版权保护平台的文本、图片、音视频及其他数字内容作品。三是版权保护平台将为作品信息获取版权,计算时间戳和其他数据以获取作品哈希值,并将哈希值存储在版权区块链上。此外,通过跨链操作,将版权区块链哈希值存储在司法区块链上。然后,司法区块链将上述存储信息的存储编号返回至版权区块链,版权区块链再将司法区块链的上述信息存储编号和版权区块链上的存储编号所对应的信息文件返回用户。最后,用户可以下载版权保护平台发布的电子数据存储凭证。用户还可以通过数字版权保护平台查询数字作品的所有权、存储时间、发布机构、公钥等信息。

2. 版权监测和预警

大数据爬虫、大数据分析、采集卡及其他技术均用于实时监测整个网络的侵权情况,分析和对比受监测内容及作品的特征[18]。如果相似度达到阈值,将收集侵权作品及侵权情况作为证据,包括收集相关侵权网页、网站、图片、音视频线索,并将证据存储在数字版权区块链系统中。

3. 侵权取证

侵权线索是通过监测平台发现的。侵权线索存储在版权区块链上,且上述侵权线索的哈希值通过跨链操作存储在司法区块链上。司法区块链将上述信息的存储地址返回至版权区块链,版权区块链再将司法区块链上的存储地址和版权区块链信息文件的存储地址返回给用户。

4. 司法权利保护

当出现侵权行为时,用户在互联网法院的电子诉讼平台上在线立案,同时提交诉状、用户身份验证信息、权利确认的源文件、侵权证据的源文件,以及包含区块链存储编号的文件。电子诉讼平台通过调用司法区块链来验证用户提交的信息。如果验证结果表示案件所涉证据并未在存储到司法区块链后受到篡改,将返回验证成功的消息。法官决定是否根据法官工作平台提交的信息和信息的验证情况立案。

18.5.1 技术架构

通用区块链数字版权平台技术的总体架构主要分为基础层、核心层、服务层、应用层及管理层[19]。

(1)基础层。基础层是整个系统的基本资源层,为核心技术层提供弹性、灵活的计算、存储和网络资源。例如,大量数字版权内容信息可以存储在分布式系统的基础层中。

(2)核心层。核心层是构成版权区块链的核心技术层,涵盖区块链的所有重要功能模块和组成部分,包括共识算法、智能合约、隐私保护、加密算法、数字签名、时间戳及其他技术。核心层主要为上层提供区块链存储服务。上述技术是通过将版权、侵权及其他数据信息的哈希信息存储在由平台运营商、司法机构、内容机构、版权保护等组成的区块链系统中,来保障版权信息不可篡改。

(3)服务层。服务层主要为应用层提供基本服务,如分布式检索、监测、身份验证、证据比较以及 API 接口。例如,通过大数据、分布式爬虫及其他技术,在全网搜索文本、图片、音视频等各种数字内容,并实时监测可能的侵权行为;通过人工智能和大数据技术,搜索和监测可能遭到侵权的文本和图片。对比视频与原作品,确认侵权情况。司法权利保护和版权交易等核心产品功能包括版权存储证明、侵权监测、版权确认、版权交易和司法权利保护。

(4)管理层。管理层首先为区块链系统中的数据提供权威信用背书,然后存储信息并通过版权认证中心、互联网法院和仲裁中心进行身份验证,以确保流通过程中的数字版权真实无误。此外,管理层还有效监督和控制许可、密钥和证书等关键配置,从而确保区块链数字版权系统的整体可靠性。

18.5.2 关键技术和方法

基于区块链的数字版权系统所涉及的关键技术和方法包括身份验证、数据上链和数据存储、智能合约、数字内容检索、数字水印和隐私保护。

(1)身份验证。数字版权保护的所有参与方构成联盟链,数字版权区块链技术提供商负责联盟链的运营。新用户加入联盟链时,需要通过第三方认证机构的认证,且需要在加入前得到联盟链的批准。新成员的加入可由版权保护参与者投票决定,或由所有参与者共同商讨后决定。新成员获得许可后,由运营商分配区块链身份和节点类型,生成公钥和私钥,然后新成员获得相应的权限。

(2)数据上链和数据存储。数字版权保护中的重要一步是注册数字版权,即数字作品的版权信息必须"上链"。鉴于区块链的性能和数据块的大小,为防止影响区块链的效率,文本、音视频等数字内容作品不能直接存储在链上。链仅保留轻量级的数字作品版权数据,包括图片、音乐、视频等数字内容作品的指纹信息(数字摘要哈希值),以及作者信息、作品创作时间信息、时间戳等。数字版权上链注册信息仅限获授权用户访问,且数字内容作品文件存储在云中。

数字版权信息保存可分为以下步骤:首先,数字内容作品文件分为若干大小相等的数据块。使用非对称加密算法生成用户公钥和私钥对,对数据文件进行加密。其次,从数字内容文件数据提取关键信息,存储在链上。鉴于区块链交易共识的效率和区块链系统的运行性能,会有少量数字版权信息、数字作品文件哈希信息和文件存储地址等文本信息存储在区块体中[20]。最后,使用默克尔树分析数字内容作品文件,然后进行验证,以确保完整性。

(3)智能合约。区块链智能合约可以在没有第三方的情况下实现可信交易,也有助于数字版权价值的安全流通。业界已尝试将区块链数字版权交易系统中的智能合约设计成内容预购模式、零售模式和分销模式三种[21]。

内容预购模式是指采用智能合约使数字内容创作者提前出售未来的创作作品。在创作作品之前,数字内容创作者和预购用户分别向智能合约支付一定的保证金和预购金额。保证金用于降低内容创作者违约的风险,预付款用于使用户在作品上市后以较低的价格购买。作品完成后,智能合约自动将数字内容作品分配给参与预售的用户,并将保证金和预购金额转移给内容创作者。如果作品未在规定时间内完成,智能合约会将创作者的保证金作为补偿金支付给预购用户。同时,会将预付款退还给预购用户。

零售模式是指通过智能合约授权用户使用数字内容作品的次数和时间。一旦超出次数限制,则无法获得授权。

分销模式是指数字作品创作者将作品销售权委托给分销商,并通过智能合约商定共享模式。例如,根据分销商分销内容的次数,按比例向内容创作者支付收入。

(4)数字内容检索。数字内容检索是数字版权侵权监测中的重要技术。通过提取数字内容中的特征,进行相似度匹配,可以识别和检测数字内容是否被盗用或侵权。数字内容检索的基本步骤主要包括提取特征、生成指纹和匹配相似度。例如,就数字图形和图像而言,提取图像内容的视觉信息等物理特征,包括底层视觉信息(如颜色、纹理、形状)和高层视觉信息(如对象、空间关系、场景、行为和情绪),并将特征信息与整个网络图像相结合。对特征进行比较后,相似度超出一定阈值的图像可以视为涉嫌侵权。

就数字音乐而言,通过旋律曲线几何配准和旋律特征表征模糊匹配的相似度测量方法,根据十二平均律表示旋律特征,并在全网进行相似度匹配。视频和其他数字内容的检索技术原理与图像检索原理相似。对视频提取特征就是从视频提取关键帧,然后转换为图像检索问题。

尽管近年来特征值提取的影响和比较精度已得到持续改进,数字内容检索技术也已逐渐成熟,但音视频混合、图形和文本清洗等新的侵权形式不断涌现,如何使用深度学习算法进行识别和解决仍是一个需要探索的主题。

(5)数字水印。在数字作品中嵌入唯一的识别水印后,无论数字作品是否传播到各种新媒体平台,均可通过水印识别和跟踪。一旦数字版权侵权监测平台发现侵权行为,就会立即收集证据[22]。此外,在数字作品创作、流通和消费的整个生命周期中,数字作品版权的每次授权和转让均可进行记录和跟踪。这不仅可以优化数字作品创作者的管理方法,还可以为各种争议提供司法证据。

(6)隐私保护。通过多重签名,可以用多个私钥对一条信息或数据签名,表示信息由多人签名、管理和控制。对于多重签名的信息,其验证和协作需要签名者多次授权来完成。对于 $1<M<N$ 的 M/N 多重签名,N 个人持有 N 个私钥,至少 M 个人同意才能对信息进行签名。其中,最常见的是 2/3 组合,即 3 个人中至少需要 2 个人同意签字才能操作数字资产。

18.6 区块链数字版权应用面临的挑战

区块链数字版权应用面临诸多挑战。部分挑战如下文所述。

18.6.1 多部门整合

区块链+数字版权是一种跨界应用,涉及多个组织和部门,如区块链、数字版权和司法机关。各方的认知存在差异,同时行业资源也难以整合。受多种因素影响,如缺乏对新技术的了解、技术阈值高和商业模式不成熟,许多数字版权机构和企业仍然信息不足。事实上,区块链数字版权应用的主要驱动力来自区块链公司;但未来在推进区块链数字版权大规模商业化方面,区块链公司还会面临更大的挑战。首先,区块链公司大多来自互联网公司,或以区块链技术起家的创业团队,远离数字版权产业链的各个环节,难以与行业资源对接。其次,在技术方面,区块链公司和司法机关仍处于弱势地位,其资源整合能力相对较差。最后,区块链数字版权应用未能给数字版权公司带来可预测的效益,版权产业也缺乏参与动力。

18.6.2 区块链平台互联

由于存在各种基于区块链的版权服务平台,版权信息可能无法实现互操作。如果版权信息被侵犯,抄袭的用户注册到其他版权平台,就可能很难发现侵权行为和维护原创者的权利。如果无法确定作品的真实所有权关系和作者身份信息,容易导致平台之间以及平台和用户之间出现争议。因此,信息无法互联会使版权信息成为一个假命题。此外,数字版权侵权无法接入互联网,且任何保护平台均无法实现实时、无缝监测全网的版权侵权行为,严重削弱了版权保护效果,产生了不良用户体验,影响了区块链数字版权应用的发展。

18.7 区块链数字版权应用的发展趋势

18.7.1 更广泛的发展范围

版权交易是数字版权流通价值中的重要环节。它可以通过版权许可或转让,使数字作品版权中的全部或部分经济权利实现版权所有者的经济权利。基于通过区块链构建的可信网络,预计版权所有者会绕过内容平台提供商、内容发行平台和版税收取协会,独立实现版权交易,降低市场信息不对称性,同时实现版权所有者与消费者之间的面对面交易。根据智能合约,版权交易过程可以根据交易双方商定的条件自动触发和执行[23]。此外,区块链可以解决版权内容的访问、发行和获利程序复杂的问题,也可以解决参与者过多和伪造数据的问题。它可以阻止不透明交易,创造免费、公平、高效的数字版权交易环境,也可以保护原创者的权益,最大化原创者的经济效益,激发原创者的热情,促进版权交易市场的蓬勃发展。未来,数字版权交易有望迎来更大的发展空间。

18.7.2 区块链数字版权服务的快速发展

在为版权行业提供服务的过程中,区块链数字版权平台与人工智能和大数据等技术的深度应用不可分离。要发现可能的网络侵权行为,理论上需要实时监测互联网上的所有网页数据。事实上,通用搜索爬虫技术难以处理,这种技术依赖于分布式爬虫和大数据分析技术自动爬取和连续存储大量网页数据。此外,人工智能技术可用于区分图片、音视频的相似度,识别和分析上述捕捉到的数据。一旦发现侵权线索,可立即收集侵权证据。一般而言,当前的人工智能技术可以识别对原数字作品所进行的简单变换,如原图和经修图软件变换的图片。但是,仍然难以识别文学手稿和图片创作中的抄袭行为。未来,随着不断升级和改进,人工智能技术有望得到广泛、深入的应用,成功实现对上述侵权行为的识别。

区块链数据版权促进了高质量内容的产生,版权付费氛围有望形成基于区块链的版权区块链平台,实现版权确认、版权认证和保护,并通过版权透明度减少"侵权损失"。交易增加"原始收入",保障数字版权作品的价值、版权创作者的权利,使数字版权更好地实现和最大化版权所有者的收入,激发版权创作者的创作热情,并协助他们生产质量更佳的内容作品。随着版权所有者版权保护意识的增强,版权保护工具和方法(包括法律和技术手段)多管齐下,整个社会有望形成尊重版权和版权付费的氛围。

18.8 改进措施

针对区块链数字版权应用的改进,我们提出了一些可在不同层面实施的建议。

18.8.1 政府层面

政府层面的建议包括:

(1)积极支持数字版权领域中区块链等新兴技术的发展和应用,如人工智能、大数据和区块链,为网络环境中的版权保护提供新的方法和模式。在国家层面,可发布相关指导,积极推进区块链等新技术与数字内容产业的深度整合,规范数字版权秩序,构建健康的数字版权生态,加速我国数字版权产业的发展。

(2)推动建立区块链数字版权产业联盟,实现跨界资源整合与合作。积极支持为区块链产业和数字版权产业建立跨行业、多组织、多部门的区块链数字版权生态联盟,搭建合作与交流平台,以促进跨界资源的整合。

(3)推进区块链数字版权服务应用的试点示范,支持应用效果好、示范性强的典型区块链数字版权申请案例,支持在基本领域和有条件领域进行试点示范,彻底提升区块链在数字版权领域的应用。

18.8.2 企业层面

加强多方合作,建立区块链版权的全链条一站式服务平台非常重要。数字版权保护涉及版权整个生命周期中的所有环节,包括版权认证、归属、交易和侵权保护。对于区块链数字版权服务运营公司而言,仅发展区块链数字版权认证服务会面临更大的市场竞争压力。在数字经济时代,平台策略和生态策略已发展为重要的商业模式。区块链版权服务公司应积极加强与各版权内容方和司法机关的合作,为区块链版权的整条链建立一站式服务平台,为用户提供便利的区块链侵权取证和司法权利保护服务,搭建商业桥梁,从而提高自身的竞争力。

18.8.3 技术层面

技术层面的工作包括:提高数字版权侵权监测能力,积极将人工智能和大数据技术应用于数字版权侵权监测,加速人工智能用于识别侵权活动(如"洗稿"和创造性抄袭)的研究,拓宽对网站和社交媒体平台的通道监测宽度和深度,提高发现文本、图像、音视频侵权行为的能力。

另外,还可以推动跨链技术在区块链数字版权领域的应用。这需要强化区块链数字版权平台技术和商业合作,积极推进跨链技术的发展,以实现平台之间数字版权信息的互联,打破信息孤岛,共同促进我国健康版权保护生态的建设。

18.9 结论

当下,数字内容创作技术的进步使得人人都可以传播内容、分享内容,但管理相应内容的权利对商业平台和创作者本身仍然很重要,因此需要以高效的方式来管理和证明作品中版权信息的所有权。由此可见,使用基于区块链技术的数字权利管理系统,对数字资源的权限进行认证、共享和管理,也可以处理与产品版权相关的所有信息。这种系统也专用于管理数字作品权利相关的信息,具有多种功能,可以证明电子数据的创建日期和时间,记录可验证的信息且难以伪造,识别先前注册的作品,允许参与者分享和验证电子数据交易的生成时间和生成者。除创建电子数据外,这种系统还会自动验证数字作品的权利生成情况。这种系统可以管理电子账簿、教育、音乐、电影和戏剧等各种数字内容的版权。

参考文献

[1] Lichtman, D. and Landes, W. M. ,2002. Indirect liability for copyright infringement: an economic perspective. *Harv. JL & Tech.* ,16, p. 395.

[2] Cao, S. ,Cao, Y. ,Wang, X. and Lu, Y. ,2017. A review of researches on blockchain. In *Wuhan International Conference on e – Business*. Association For Information Systems.

[3] Loewenstein, J. ,2010. *The author's due: Printing and the prehistory of copyright*. University of Chicago Press.

[4] Fabunmi, B. A. ,Paris, M. and Fabunmi, M. ,2009. Digitization of library resources: Challenges and implications for policy and planning. *International Journal of African & African – American Studies*, 5(2) ,pp. 23 – 36.

[5] Holland, M. , Nigischer, C. and Stjepandic, J. ,2017. Copyright protection in additive manufacturing with blockchain approach. *Transdisciplinary Engineering: A Paradigm Shift*, 5, pp. 914 – 921.

[6] Savelyev, A. ,2018. Copyright in the blockchain era: Promises and challenges. *Computer law & security review*, 34(3) ,pp. 550 – 561.

[7] Bodó, B. ,Gervais, D. and Quintais, J. P, 2018. Blockchain and smart contracts: the missing link in copyright licensing? . *International Journal of Law and Information Technology*, 26(4) , pp. 311 – 336.

[8] Heft, A. , Mayerhöffer, E. , Reinhardt, S. and Knüpfer, C. ,2020. Beyond Breitbart: Comparing right – wing digital news infrastructures in six western democracies. *Policy & Internet*, 12(1) ,pp. 20 – 45.

[9] Ginsburg, J. (2001). Copyright and Control over New Technologies of Dissemination. *Columbia Law Review*, 101(7) ,pp. 1613 – 1647. doi: 10. 2307/1123809.

[10] Nair, S. B. ,Digital Piracy in Music Records Industry: An Economic and Legal Analysis on DRM Provisions in India. *International Journal of Research in Engineering, Science and Management*, 1(10) ,pp. 11 – 16.

[11] Bodó, B. ,Gervais, D. and Quintais, J. P. ,2018. Blockchain and smart contracts: the missing link in copyright licensing? . *International Journal of Law and Information Technology*, 26(4) ,pp. 311 – 336.

[12] Latonero, M. , 2018. *Governing artificial intelligence: Upholding human rights & dignity*. Data & Society, New York.

[13] Heilig, L., Schwarze, S. and Voß, S., 2017. An analysis of digital transformation in the history and future of modern ports. *Proceedings of the 50th Hawaii International Conference on System Sciences (HICSS)*, Waikoloa Village, Hawaii.

[14] Van Rijmenam, M. and Ryan, P, 2018. *Blockchain: Transforming your business and our world.* Routledge, London.

[15] Fohlin, E. and Ysberg, J., 2019. *Utilization of Blockchain technologies for enhanced transparency and traceability in the Supply Chain.*

[16] Xiong, Y. and Du, J., 2019, January. Electronic evidence preservation model based on blockchain. In *Proceedings of the 3rd International Conference on Cryptography, Security and Privacy* (pp. 1–5).

[17] Qureshi, A. and Megías Jiménez, D., 2020. Blockchain-Based Multimedia Content Protection: Review and Open Challenges. *Applied Sciences*, 11(1), p. 1.

[18] Edelenbos, J., Hirzalla, F., van Zoonen, L., van Dalen, J., Bouma, G., Slob, A. and Woestenburg, A., 2018. Governing the complexity of smart data cities: Setting a research agenda. In *Smart Technologies for Smart Governments* (pp. 35–54). Springer, Cham.

[19] Savelyev, A., 2018. Copyright in the blockchain era: Promises and challenges. *Computer law & security review*, 34(3), pp. 550–561.

[20] Vatsalan, D., Sehili, Z., Christen, P. and Rahm, E., 2017. Privacy-preserving record linkage for big data: Current approaches and research challenges. In *Handbook of Big Data Technologies* (pp. 851–895). Springer, Cham.

[21] Kemmoe, V. Y., Stone, W., Kim, J., Kim, D. and Son, J., 2020. Recent advances in smart contracts: A technical overview and state of the art. *IEEE Access*, 8, pp. 117782–117801.

[22] Saini, L. K. and Shrivastava, V., 2014. A survey of digital watermarking techniques and its applications. *arXiv preprint arXiv*:1407.4735.

[23] Savelyev, A., 2018. Copyright in the blockchain era: Promises and challenges. *Computer law & security review*, 34(3), pp. 550–561.

《颠覆性技术·区块链译丛》
后　记

区块链作为当下最热门、最具潜力的创新领域之一，其影响已远远超出了技术本身，触及金融、经济、社会等多个层面。因此，我们深感责任重大，希望这套丛书能帮助读者构建一个系统、全面、深入的区块链知识体系，让大家更好地理解和把握技术的发展脉络和前沿动态。

丛书编译过程中，我们遇到了许多挑战，也积累了些许经验。我们不仅仅是翻译者，更是学习者。通过翻译学习，我们更深入了解了区块链最新进展，也进一步拓展了知识面。谨此感谢所有与丛书编译有关的朋友们，包括且不限于原著作者、翻译团队、审校专家，以及编辑校对人员和艺术设计人员等。我们用"多方协同与相互信任"的区块链思维完成了这套译丛，并将其呈献给读者。多少次绵延至深夜的会议讨论，多少轮反反复复的修改订正，业已"共识"，行将"上链"，再次感谢大家的努力与付出！

未来，我们将继续关注区块链发展动态，不断更新和完善这套丛书，让更多人了解区块链的魅力和潜力，助力区块链技术在各个领域应用发展，共同迎接区块链的美好未来！

丛书编译委员会
2024 年 3 月于北京